一流本科专业一流本科课程建设系~~~~

MATLAB 教程及实训

第 4 版

主　编　曹　弋
副主编　张　钢　闵富红
参　编　张　华　许彦武
主　审　王恩荣

机 械 工 业 出 版 社

本书是基于 MATLAB R2021a 产品族，以教程和实训紧密结合的形式编写而成的，深入浅出地介绍了 MATLAB 的应用。教程部分比较系统地介绍了 MATLAB 的基本运算、数据的可视化、符号运算、程序设计和 M 文件、MATLAB 高级图形设计、Simulink 仿真应用和线性控制系统的分析等内容，以先讲解后实例的方式，图文并茂，例题选取典型且丰富，突出应用。实训部分与教程内容相互配合，先提出知识要点，然后按部就班地指导操作，方便学生循序渐进地上机操作；同时提出部分功能修改的操作，最后给出自我练习，对学生的掌握程度进行检验。通过教程的理论讲解与实训的练习操作，可以进行授课、实验和自学。

　　本书可作为大学本科和专科有关课程的教材或教学参考书，也可作为使用 MATLAB 进行开发的用户的学习参考书。

　　本书配有电子课件等电子资源，欢迎选用本书作为教材的教师登录 www.cmpedu.com 注册下载。

图书在版编目（CIP）数据

MATLAB 教程及实训 / 曹弋主编. -- 4 版. -- 北京：机械工业出版社，2024.9. --（一流本科专业一流本科课程建设系列教材）. -- ISBN 978-7-111-76620-9

Ⅰ. TP317

中国国家版本馆 CIP 数据核字第 20241HS538 号

机械工业出版社（北京市百万庄大街 22 号　邮政编码 100037）
策划编辑：路乙达　　　　　　责任编辑：路乙达　聂文君
责任校对：樊钟英　刘雅娜　　封面设计：马精明
责任印制：李　昂
河北泓景印刷有限公司印刷
2024 年 11 月第 4 版第 1 次印刷
184mm×260mm · 23 印张 · 571 千字
标准书号：ISBN 978-7-111-76620-9
定价：69.80 元

电话服务　　　　　　　　　　　网络服务
客服电话：010-88361066　　　机 工 官 网：www.cmpbook.com
　　　　　010-88379833　　　机 工 官 博：weibo.com/cmp1952
　　　　　010-68326294　　　金 书 网：www.golden-book.com
封底无防伪标均为盗版　　机工教育服务网：www.cmpedu.com

前　言

MATLAB 是 MathWorks 公司于 1984 年开发的，目前已经发展成国际上最流行、应用最广泛的科学与工程计算软件之一。MATLAB 集矩阵运算、数值分析、图形显示和仿真等于一体，被广泛应用于自动控制、数学运算、计算机技术、图像信号处理、汽车工业和语音处理等领域，也是国内外高校和研究部门进行科学研究的重要工具之一。近年来，MathWorks 公司以每年两个新版本的速度进行升级。MATLAB R2021a 产品族运算速度更快，很多工具箱的功能更加完善，Simulink 功能更强。

本书于 2008 年推出第 1 版，是以当时流行的 MATLAB 7.3 版和 Simulink 6.5 版为平台编写的。第 1 版出版后受到了很多高校老师和学生的欢迎，重印多次。因此，在 2013 年和 2018 年又分别以 MATLAB R2010a 和 MATLAB R2015b 为软件平台进行修订；随着 MATLAB 的飞速发展和版本升级，再次以 MATLAB R2021a 版本对本书进行修订，对本书中的软件环境相应进行修改，并对内容进行了部分调整和增删。第 1 章增加了 Live Editor 实时编辑器的介绍，第 2 章增加了映射、时间表等数据类型，第 6 章增加了 App Designer 等内容，并对各章节内容和例题也进行了相应的调整，以适应 MATLAB 的功能扩展。

本书分教程和实训两部分，教程部分采用先讲解后实例的方式，前 5 章较系统地介绍了 MATLAB R2021a 的基本功能和应用，在第 6 章的图形用户界面中详细地介绍了 App Designer 界面设计的方法，第 7 章介绍了 Simulink 的应用，第 8 章全面介绍了运用 MATLAB 对线性控制系统进行分析，从实用的角度出发，选取的例题典型且丰富。实训部分与教程内容相互配合，先提出知识要点，然后按部就班地指导操作，并在操作中提出修改练习，最后以自我练习引导学生思考和检验，使学生逐步掌握各章的知识。本书在附录后配有例题索引，在目前的 MATLAB 教材市场中具有鲜明的特色。此外，本书还提供了部分章节的微课视频资源以及习题参考答案，读者可以通过扫描下方的二维码获取。

本书内容介绍深入浅出，有丰富的例题和详尽的操作指导，不仅适合本科、专科的教学，也适合广大科研工作人员的各类培训，在毕业设计和研究生课程中也可以作为参考书。通过阅读本书的教程，结合实训指导进行练习，就能在较短的时间内基本掌握 MATLAB 的应用技术。对于短课时课程（35~50 学时）可以选择本书的第 1、2、3、4、5 和 7 章的内容授课；对于长课时课程（50~70 学时）可以讲授所有章节内容；对于非控制专业可以使用前 7 章的内容学习。

本书由南京师范大学曹弋担任主编，南京师范大学张钢、闵富红担任副主编，南京师范大学张华、许彦武担任参编，并由南京师范大学王恩荣教授担任主审。

由于编者水平有限，不当之处在所难免，恳请读者批评指正。

主编 E-mail：caoyi@ njnu. edu. cn。

全书授课视频 　　　微课视频资源 　　　习题参考答案 　　　课程思政微视频

编　者

目　录

VI

第 2 篇　MATLAB 实训

第 1 篇

MATLAB教程

第1章

MATLAB概述

MATLAB 是目前世界上最流行、应用最广泛的工程计算和仿真软件之一，它将计算、可视化和编程等功能同时集于一个易于开发的环境。MATLAB 主要应用于数学计算、系统建模与仿真、数学分析与可视化、科学与工程绘图和用户界面设计等。

MATLAB 是 Matrix Laboratory 的缩写，它的产生是与数学计算紧密联系在一起的。1980年，美国新墨西哥州大学数学与计算机科学教授 Cleve Moler 为了解决线性方程和特征值问题和他的同事开发了 LINPACK 和 EISPACK 的 Fortran 子程序库，后来又编写了接口程序取名为 MAT-LAB，MATLAB 开始应用于数学界。经过 30 余年的补充和完善，MATLAB 每年发布两个新版本，分别是上半年的 a 版和下半年的 b 版。现在 MATLAB 的产品家族更加丰富，功能更加专业。

MATLAB 是一个交互式开发系统，其基本数据要素是矩阵。MATLAB 的语法规则简单，适合于专业科技人员的思维方式和书写习惯；它用解释方式工作，编写程序和运行同步，键入程序立即得出结果，因此人机交互更加简洁和智能化；而且 MATLAB 可适用于多种平台，随着计算机软、硬件的更新而及时升级，使得编程和调试效率大大提高。

目前，MATLAB 已经成为数学、控制理论、机器人、数据科学、实时仿真、图像处理、金融和生物学等专业的基本数学工具，各国的高校纷纷将 MATLAB 正式列入本科生和研究生课程的教学计划中，成为学生必须掌握的基本软件之一；在研究设计单位和工厂企业中，MATLAB 也成为工程师们必须掌握的一种工具。本书对 MATLAB R2021a 产品族进行介绍，MATLAB R2021a 在 MATALB 环境的 Live Editor、Simulink 编辑器以及多个工具箱都进行了性能的改进，并新增了雷达、卫星通信和数据分布服务等工具箱。

1.1 MATLAB R2021a 简介

1.1.1 MATLAB 产品家族的组成

MATLAB 的产品家族主要包括 MATLAB、Simulink 和 PolySpace 产品族。

1）MATLAB 语言是基于矩阵的编程语言，能实现数学运算和对数据使用图形进行可视化。

2）Simulink 是模块图环境，与 MATLAB 相集成，可用于进行动态系统的建模和仿真，应用于工业自动化、汽车系统、信号处理、航空应用等，以及使用 Simscape 软件进行物理系统建模。

3）PolySpace 由 Bug Finder 和 Code Prover 组成，Bug Finder 使用语义分析的方法查找代码中的运行时错误、并发问题、安全漏洞和其他缺陷，Code Prover 使用抽象解释法证明源代码中不存在溢出、被零除、数组访问越界等运行时错误，PolySpace 在汽车、航空航天、铁路、医疗等行业得到广泛应用。

1.1.2　MATLAB 的系统组成

MATLAB 系统由 MATLAB 开发环境、MATLAB 语言、数学函数库、图形处理系统、APP 设计工具和 MATLAB 外部语言接口等部分组成。

1）MATLAB 开发环境是一个集成的工作环境，包括 MATLAB 命令窗口、文件编辑器、工作空间、数组编辑器和历史命令窗口等。

2）MATLAB 语言具有程序流程控制、函数、数据结构、输入输出和面向对象的编程特点，是基于矩阵/数组的语言。

3）数学函数库包含了大量的计算算法，能够解决高等数学、线性代数、积分变换、插值、优化、图论和计算几何学等领域的计算问题。

4）图形处理系统能够将二维和三维数组的数据用图形表示出来，并可以实现图像处理、动画显示和表达式作图等功能。

5）APP 设计工具包含交互式控件，如菜单、树、按钮和滑块，可以方便地设计交互界面，可以以交互方式或编程方式创建 APP。

6）MATLAB 外部语言接口使 MATLAB 语言能与其他编程语言进行灵活的双向集成，从而能够重用原有代码。

1.1.3　MATLAB 的特点

MATLAB 现在不再是"矩阵实验室"，它已经发展成为具有广泛应用前景的计算机高级编程语言。MATLAB 具有以下特点：

1. 运算功能强大

MATLAB 是以矩阵为基本编程元素的程序设计语言，它的数值运算要素不是单个数据，而是矩阵，每个变量代表一个矩阵，矩阵有 $m×n$ 个元素，每个元素都可看作复数，所有的运算包括加、减、乘、除、函数运算等都对矩阵和复数有效；另外，通过 MATLAB 的符号工具箱，可以解决在数学、应用科学和工程计算领域中常常遇到的符号计算问题，强大的运算功能使其成为世界顶尖的数学应用软件之一。

2. 编程效率高

MATLAB 的语言规则与笔算式相似，矩阵的行列数无须定义，MATLAB 的命令表达方式与标准的数学表达式非常相近，因此，易写易读并易于在科技人员之间交流。

MATLAB 是以解释方式工作的，即它对每条语句解释后立即执行，键入算式无须编译立即得出结果，若有错误也立即做出反应，便于编程者立即改正。这些都大大减轻了编程和调试的工作量，提高了编程效率。

3. 强大而智能化的作图功能

MATLAB 可以方便地用图形显示二维或三维数组，将工程计算的结果可视化，使数据间的内在联系清晰明了。MATLAB 能智能化地根据输入的数据自动确定最佳坐标，可规定多种坐标系（如极坐标系、对数坐标系等），可设置不同颜色、线型、视角等。

4. Simulink 动态仿真功能

Simulink 是一个交互式动态图形环境，用户通过框图的绘制来模拟一个系统，Simulink

能够实现系统级设计、仿真、自动代码生成以及嵌入式系统的连续测试和验证。Simulink 的强大功能使 MATLAB 有别于其他计算软件，优势明显。

5. 可扩展性强

MATLAB 有良好的外部语言接口，可以调用 C++、C、MEX、Java、Python、.NET 库，并能够调用 Web 服务。并且 MATLAB 的可扩展性也反映在其具有大量的工具箱，工具箱是为某个学科领域的应用而定制，每年都会进行工具箱的功能扩展。

1.1.4　MATLAB 工具箱

MATLAB 的工具箱（Toolbox）实际上是 MATLAB 的 M 文件和高级 MATLAB 语言的集合，用于解决某一方面的专门问题或实现某一类的新算法。MATLAB 的工具箱可以任意增减，不同的工具箱给不同领域的用户提供了丰富强大的功能。任何人都可以自己生成 MATLAB 工具箱，因此很多研究成果被直接做成 MATLAB 工具箱发布。

在"HOME"工具栏中单击"HELP"按钮 ❔ ，打开帮助文档，可以看到各种应用下面的 Toolbox，用于各个专业领域。

1.2　MATLAB R2021a 的开发环境

MATLAB R2021a 的用户界面集成了一系列方便用户的开发工具，大多是采用图形用户界面，操作更加方便。

1.2.1　MATLAB R2021a 的环境设置

MATLAB R2021a 启动后的运行界面称为 MATLAB 的工作界面（MATLAB　Desktop），是一个高度集成的工作界面，分三个常用的面板：主面板（HOME）、绘图面板（PLOTS）和应用软件面板（APPS）。图 1-1 为主面板，包括当前文件夹窗口（Current Folder）、命令

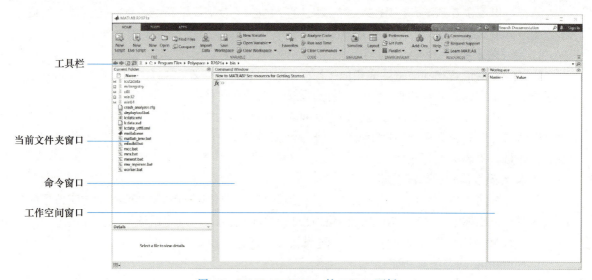

图 1-1　MATLAB R2021a 的 HOME 面板

窗口（Command Window）和工作空间窗口（Workspace）。

MATLAB R2021a 工作界面使用户可以更加方便地控制多文档界面，并可定制自己的界面。

1.2.2　工具栏

MATLAB 操作界面的面板主要是按功能来划分的，HOME 面板为 MATLAB 的主要界面，另外还有绘图面板（PLOTS）和应用软件面板（APPS），当打开其他窗口时还会根据不同窗口增加面板。下面对各个面板分别进行介绍。

1. HOME 面板工具栏

在工具栏中提供了一系列的菜单和工具按钮，工具栏根据不同的功能分了六个区，分别是"FILE""VARIABLE""CODE""SIMULINK""ENVIRONMENT"和"RESOURCES"。HOME 面板工具栏如图 1-2 所示。

图 1-2　HOME 面板工具栏

（1）"FILE"区工具栏　"FILE"区用于对文件进行操作，工具栏中各按钮的常用功能见表 1-1。

表 1-1　"FILE"区常用功能表

下拉菜单		功　　能
New	Script	新建 M 脚本文件，打开 Editor 窗口
	Live Script	新建实时脚本文件，打开 Live Editor 窗口
	Function	新建 M 函数文件，打开 Editor 窗口并预先编写函数声明行
	Live Function	新建实时函数文件，打开 Live Editor 窗口并预先编写函数声明行
	Class	新建类，打开 Editor 窗口并预先类函数
	System Object	新建系统对象，包括 Basic、Advanced 和 Simulink Extension
	Simulink Project	新建 Simulink 项目
	Figure	新建图形，打开图形窗口
	APP	新建用户交互界面，打开 App Designer 窗口设计界面
	Stateflow Chart	新建一个流程表
	Simulink Model	新建一个仿真模型
Open		打开已有文件
Find Files		打开查找文件对话框查找文件
Compare		比较两个文件的内容

（2）"VARIABLE"区工具栏　"VARIABLE"区工具栏主要是对变量的操作，各按钮的常用功能见表 1-2。

表 1-2 "VARIABLE"区常用功能表

下拉菜单	功　　能
Save Workspace	使用二进制的 MAT 文件保存工作空间的内容
New Variable	创建新变量
Open Variable	打开工作空间中已经创建的变量，单击下拉箭头选择工作空间的变量
Clear Variable	清空工作空间的变量，单击下拉箭头选择变量和函数
Import Data	导入其他文件的数据

（3）"CODE"区工具栏　"CODE"区工具栏主要是对程序代码的操作，各按钮的对应常用功能见表 1-3。

表 1-3 "CODE"区常用功能表

下拉菜单	功　　能
Favorites	将经常使用的程序生成快捷方式进行收藏，方便查找使用
Analyze Code	代码分析
Run and Time	程序运行时间，查看每句程序的运行时间
Clear Commands	清除 Command Window 和 Command History 窗口

（4）"SIMULINK"区工具栏　"SIMULINK"区工具栏只有一个"Simulink"按钮，打开 Simulink 界面。

（5）"ENVIRONMENT"区工具栏　"ENVIRONMENT"区工具栏主要进行界面的环境设置，各按钮的常用功能见表 1-4。

表 1-4 "ENVIRONMENT"区常用功能表

下拉菜单	功　　能
Layout	设置集成开发环境的布局，可以选择窗口显示成两列或者只显示命令窗口，设置需要显示或隐藏的窗口和工具栏
Preferences	设置 MATLAB 工作环境外观和操作的相关属性等参数
Set Path	设置搜索路径
Parallel	并行运算管理，对分布式运算任务进行设置和管理
Add-Ons	管理插入的工具和应用

（6）"RESOURCES"区工具栏　"RESOURCES"区工具栏主要是对 MATLAB 的资源管理，包括"Help"（帮助资料）、"Community"（网上社区资料）、"Request Support"（需求支持资料）和"Learn MATLAB"（打开网站进行视频学习）。

2. 绘图面板工具栏

在图 1-1 中选择面板"PLOTS"则切换到绘图面板，当工作空间创建了变量"a"并选中该变量时，工具栏如图 1-3 所示，工具栏按照功能分三个区，分别是"SELECTION""PLOTS"和"OPTIONS"。

（1）"SELECTION"区　在工作空间中选择需要绘图的变量，可以是一个或多个变量，图中选择变量"a"。

图 1-3　PLOTS 面板工具栏

（2）"PLOTS"区　根据"SELECTION"区选择的变量，显示不同的绘图类型，在图中根据变量"a"显示的绘图类型包括二维曲线 plot，也包括特殊图形 area、bar、pie、histogram、semilogx、semilogy、loglog、comet、stem、stairs 和 barh 等，单击最右边的向下箭头还可以打开更多的图形类型。

（3）"OPTIONS"区　"OPTIONS"区有两个选择"Reuse Figure"和"New Figure"，表示是在原来的图形窗口绘图，还是新建图形窗口。

3. 应用软件面板工具栏

在图 1-1 中选择面板"APPS"则切换到应用软件面板，工具栏如图 1-4 所示，分成两个区，分别是"FILE"和"APPS"。

图 1-4　APPS 面板工具栏

（1）"FILE"区　主要是对 MATLAB 应用软件的操作，选择"Design App"可以打开 App Designer 窗口来设计用户界面，窗口如图 1-5a 所示；选择"Get More Apps"时打开"Add-on Explorer"窗口，可以查找 App 并选择后添加，窗口如图 1-5b 所示；"Get More Apps"和"Install App"是打开文件夹安装 App，"Package App"是打包 App。

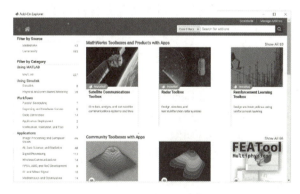

a）App Designer 窗口　　　　　　　　b）"Add-on Explorer"窗口

图 1-5　APPS 应用窗口

（2）"APPS"区　"APPS"区是常用的 App 工具，当单击下拉箭头时出现分类的各种 App，图标如图 1-6 所示。

8

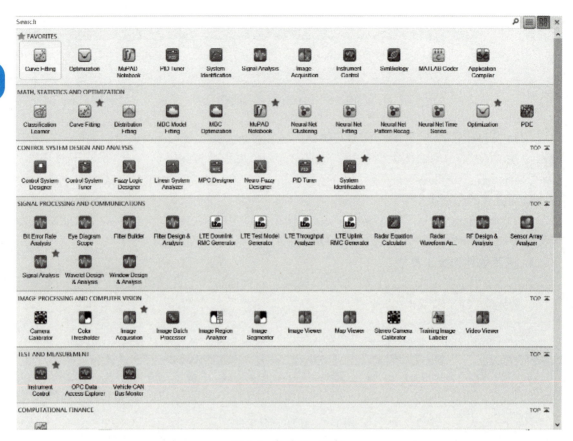

图 1-6　各种 App 图标

1.2.3　通用窗口

MATLAB R2021a 的 HOME 面板如图 1-1 所示，默认有三个窗口，都是最常用的窗口，分别是：命令窗口、当前文件夹窗口和工作空间窗口。

所有窗口都可以单独显示，在窗口右上角单击下拉箭头 ⊙，从快捷菜单中可以选择菜单项 "Undock"，就可以将窗口单独显示在 MATLAB 工作界面中。

1. 命令窗口

命令窗口（Command Window）是进行 MATLAB 操作最主要的窗口，可以把命令窗口看成 "草稿本"，在命令窗口中输入 MATLAB 的命令和数据后按回车键，立即执行运算并显示结果，命令窗口如图 1-7 所示。

在图 1-7 中，单击 "fx" 下面的下拉箭头可以查找 MATLAB 的函数，例如，查找 "sin" 可以看到函数的帮助信息。

（1）命令行的语句格式　MATLAB 在命令窗口中的语句格式为

```
>>变量=表达式;
```

说明：命令窗口中的每个命令行前会出现提示符 ">>"，没有 ">>" 符号的行则是显示的结果。

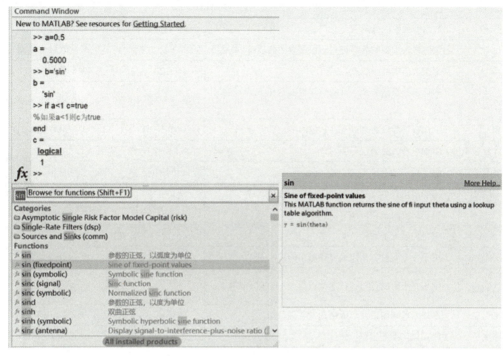

图 1-7　命令窗口

【**例 1-1**】　在命令窗口中输入不同的命令和数值，并查看其显示方式。

```
>> a=0.5
a =
    0.5000
>> b='sin'
b =
sin
>> if a<1 c=true
%如果 a<1 则 c 为 true
end
c =
    1
```

程序分析：

● 命令窗口内不同命令采用不同的颜色，默认输入的命令、表达式以及计算结果等采用黑色字体，字符串采用赭红色，关键字采用蓝色，注释用绿色；如图 1-7 所示变量 a 为数值，变量 b 为字符串，变量 c 为逻辑 true，命令行中的"if""end"为关键字，"%"后面的是注释。

● 在命令窗口中如果输入命令或函数的开头一个或几个字母，按"Tab"键则会出现以该字母开头的所有命令函数列表。

● 命令行后面的分号（;）省略时显示运行结果，否则不显示运行结果。

（2）命令窗口中的标点符号　MATLAB 中常用标点符号的功能见表 1-5。

表 1-5　常用标点符号的功能

符　　号	功　　能	举　　例	
空格	数组行元素的分隔符	a=[1 2 3]	%分隔数组元素
,逗号	数组各行中列的分隔符和函数参数的分隔符	a=[1,2,3]	%分隔数组元素
. 点号	用于数值中的小数点	a=1.2	%小数点
;分号	不显示计算结果命令行的结尾以及数组元素行的分隔符	a=[1 2 3;4 5 6]	%分隔二维数组的两行
:冒号	生成一维数值数组以及表示数组的全部元素	a=1:2:10	%一维数组 1 3 5 7 9
% 百分号	用于注释的前面	%后面的命令不需要执行	
' '单引号	用于括住字符串	a=' Hello '	%字符串
( )圆括号	用于引用数组元素以及确定运算的先后次序	a(1)	%指定数组元素
[ ]方括号	用于构成向量和矩阵	a=[1,2,3]	%括住数组
{ }大括号	用于构成元胞数组	a{1,2}=[1 2 3]	%元胞数组
_下划线	用于一个变量、函数或文件名中的连字符	a_1=2	%构成变量名
… 续行号	用于把后面的行与该行连接以构成一个命令	if a<1 … c=true	%两行为一个命令
@	形成函数句柄以及形成用户对象类目录	f=@ sin	%函数句柄
! 惊叹号	调用操作系统运算	! dir	%运行 dir 命令

（3）命令窗口中命令行的编辑　在 MATLAB 命令窗口中不仅可以对输入的命令进行编辑和运行，而且使用编辑键和组合键可以对已输入的命令进行回调、编辑和重运行，命令窗口中行编辑的常用操作键见表 1-6。

表 1-6　命令窗口中行编辑的常用操作键

键　　名	功　　能	键　　名	功　　能
↑	向前调回上一行命令	Home	光标移到当前行的开头
↓	向后调回下一行命令	End	光标移到当前行的末尾
←	光标在当前行中左移一个字符	Delete	删除光标右边的字符
→	光标在当前行中右移一个字符	Backspace	删除光标左边的字符
Page Up	向前翻阅当前窗口中的内容	Esc	清除当前行的全部内容
Page Down	向后翻阅当前窗口中的内容	Ctrl+c	中断 MATLAB 命令的运行
Ctrl+←	光标在当前行中左移一个单词	Ctrl+→	光标在当前行中右移一个单词

（4）数值计算结果的显示格式　在命令窗口中，默认情况下当数值为整数时，数值计算的结果以整数显示；当数值为实数时，以小数后四位的精度近似显示，即以"短"（Short）格式显示；如果数值的有效数字超出了这一范围，则以科学计数法显示结果。需要注意的是，数值的显示精度并不代表数值的存储精度。

【例 1-2】　在命令窗口中输入数值并查看显示格式。

```
>> x=pi
x =
```

```
   3.1416
>> y=0.00005
y =
  5.0000e-005
```

用户可以根据需要，对数值计算结果的显示格式和字体风格、大小、颜色等进行设置。在命令窗口中使用"format"命令来进行数值显示格式的设置，format 的数据显示格式见表 1-7。另一种方法是在 Preferences 窗口中设置。

表 1-7　format 的数据显示格式

命令格式	含　义	举　例
short（默认）	通常保证小数点后四位有效；大于 1000 的实数，用五位有效数字的科学计数法显示	314. 159 显示为 314. 1590 3141. 59 显示为 3. 1416e+003
short e	五位有效数字的科学计数法表示	π 显示为 3. 1416e+000
short g	从 format short 和 format short e 中自动选择一种最佳计数方式	π 显示为 3. 1416
long	15 位数字显示	π 显示为 3. 14159265358979
long e	15 位科学计数法显示	π 显示为 3. 141592653589793e+000
long g	从 format long 和 format long e 中自动选择一种最佳计数方式	π 显示为 3. 1415926358979
rational	近似有理数表示	π 显示为 355/113
hex	十六进制表示	π 显示为 400921fb54442dl8
+	正数、负数、零分别用+、−、空格	π 显示为+
bank	（金融）元、角、分	π 显示为 3. 14
compact	在显示结果之间没有空行的紧凑格式	
loose	在显示结果之间有空行的稀疏格式	

【例 1-3】　使用 format 函数在命令窗口中显示运算结果。

```
%ex1_3 sin ( 60 )
>> a=sin ( 60 * pi/180 )
a =
   0. 8660
>> format long
>> a
a =
   0. 866025403784439
>> format short e
>> a
a =
  8. 6603e-01
```

程序分析：

long 格式为 15 位数字显示，short e 为五位科学计数显示。

（5）命令窗口的常用控制命令　MATLAB 的命令窗口可以使用操作命令进行控制，常用命令如下：

1）clc：用于清空命令窗口中所有的显示内容。

2）beep：由 on 或 off 控制发出 beep 的声音。

3）home：将屏幕滚动并把光标移到命令窗口的左上角。

2. 历史命令窗口

历史命令窗口（Command History）用来记录并显示已经运行过的命令、函数和表达式。选择 "HOME" 工具栏中的 "Layout" → "Command History" 可以打开窗口，该窗口会显示自运行以来所有使用过命令的历史记录，并标明每次开启 MATLAB 的时间，历史命令窗口如图 1-8 所示。

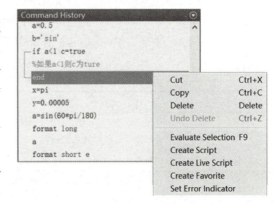

图 1-8 历史命令窗口

在历史命令窗口中可以选择一行或多行命令进行以下操作：

1）Evaluate Selection：执行所选择的命令行并将结果显示在命令窗口中。

2）Create Script：把多行命令生成脚本 .m 文件。

3）Create Live Script：把多行命令生成实时脚本 .mlx 文件。

4）Create Favorite：将常用程序生成快捷方式进行收藏。

5）Set \ Clear Error Indicator：设置或清除错误标志。

【例 1-4】 选择历史命令窗口的命令行执行并创建快捷方式。

在图 1-8 中如果选择三行命令行 "a = sin(60 * pi/180)" "format long" 和 "a"，单击鼠标右键在快捷菜单中选择 "Create Favorite"，则会出现 "Favorite Command Editor" 对话框，如图 1-9a 所示，在 "Label" 框中输入快捷方式的名称为 "sin60"，单击 "Save" 按钮保存快捷按钮；则当选择工具栏中 "Favorite" 按钮，在菜单中就出现新创建的 "sin60" 按钮，如图 1-9b 所示。单击 "sin60" 按钮，则会运行前面保存的三行命令。

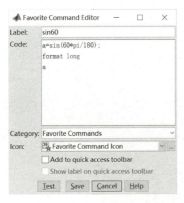

a）"Favorite Command Editor" 对话框

b）新创建的 "sin60" 按钮

图 1-9 快捷方式

3. 当前目录浏览器窗口

当前目录浏览器窗口（Current Folder）用来设置当前目录，并显示当前目录下的所有文件信息，并可以复制、编辑、压缩、运行.m 文件和.mlx 文件，以及装载 MAT 数据文件。

（1）常用操作　在图 1-10 中可以选择文件并实现以下操作：

1）Open as Live Script：将 M 文件在 Live Editor 窗口打开生成.mlx 文件。

2）Run：运行脚本文件。

3）View Help：打开帮助窗口显示该文件的帮助注释信息。

4）Show in Explorer：在资源管理器显示文件。

5）Create Zip File：生成 zip 文件和将 zip 文件解压。

6）Compare Against：将本文件与选择的文件进行比较。

图 1-10　当前目录浏览器窗口

【例 1-5】　比较两个文件内容的不同。

将例 1-3 的内容修改并保存为 ex1_5：

```
%ex1_5 cos（60）
a=cos（60*pi/180）
format long
a
format short e
a
```

在 Current Folder 窗口中选择文件"ex1_3.m"，单击鼠标右键在弹出的菜单中选择"Compare Against"→"Choose"，并在文件夹中选择比较的文件"ex1_5.m"，则出现如图 1-11 所示的比较文件窗口。

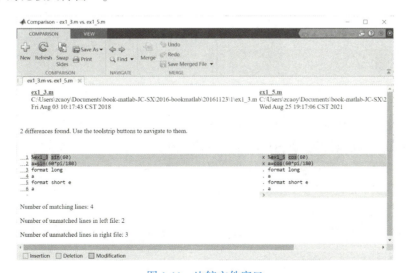

图 1-11　比较文件窗口

可以看到图中的比较结果，两个文件有四行一致，两行不匹配，不同部分的代码用深色阴影标出。比较文件工具可以对较长的程序文件进行对比，查找修改过的代码。

4. 工作空间浏览器窗口（Workspace）

工作空间浏览器窗口用于显示内存中所有的变量名、数据结构、类型、大小和字节数，不同的变量类型使用不同的图标。

（1）编辑变量

【例 1-6】 在命令窗口中输入变量，在工作空间中查看变量。

```
>> a=1:2:10
a =
    1    3    5    7    9
>> b=[1 2 3;4 5 6]
b =
    1    2    3
    4    5    6
```

程序分析：

a 为行向量，有五个元素；b 为两行三列的矩阵。

在工作空间中可以对变量进行创建、修改、保存并可以绘制列数据曲线，当工作空间窗口为当前窗口时，单击窗口右上角的 按钮，在如图 1-12 中选择菜单 "Choose Columns" 需要显示的信息，在工作空间窗口中就可以显示变量矩阵的最大值、平均值等统计数据。

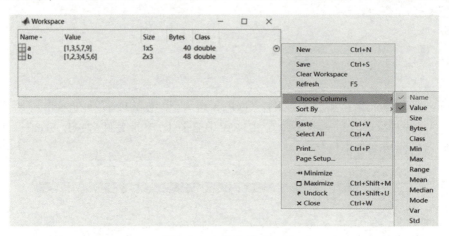

图 1-12　工作空间窗口

当选择了图 1-12 中变量 a，然后单击鼠标右键选择 "Plot Catalog..." 时，出现如图 1-13 所示的各种曲线类型，可以选择各种曲线对变量 a 进行绘制。

（2）新建变量　在 Workspace 窗口单击鼠标右键选择 "New" 菜单，则在工作空间中创建了新变量名为 "unnamed"，默认初始值为 0。

（3）将变量保存为 MAT 文件　在 Workspace 窗口可以将一个或多个变量保存到 MAT 文件中，选择该变量在快捷菜单中选择 "Save as..." 保存，可以将所选择的变量保存到数据文件 ".mat" 中。

（4）命令窗口常用命令　在命令窗口中也可以通过命令来查看工作空间的变量，以下是常用的命令：

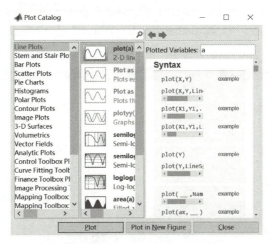

图 1-13 各种曲线类型

1）Whos：查阅 MATLAB 内存变量名、大小、类型和字节数。

2）clear 变量名 1 变量名 2…：删除内存中的变量，变量名 1 变量名 2 可省略，省略时表示删除所有变量。

【例 1-7】 使用命令查看工作空间中变量的信息。

```
>> a=1:2:10;
>> b=[1 2 3;4 5 6];
>> whos
  Name        Size           Bytes  Class      Attributes
  a           1x5            40     double
  b           2x3            48     double
>> size(b)
ans =
     2     3
>> length(b)
ans =
     3
>> length(a)
ans =
     5
```

程序分析：

size 为元素个数，length 为最大数组维度的长度。

5. 变量编辑器窗口

启动变量编辑器窗口（VARIABLE）的方法是在 Workspace 窗口中选择变量，然后双击打开。

例如，在图 1-12 中，双击变量 "a"，就会打开变量编辑器窗口，如图 1-14 所示为 "Undock" 后单独的 "VARIABLE" 窗口。在变量 "a" 面板中可以对变量内容直接逐格修改，也可以单击工具栏的按钮进行插入、删除、排序等操作，"Transpose" 按钮是转置，并可以新建变量和打印变量。其他面板的操作有：

1）在"PLOTS"面板中可以对选择的变量的全部数据和部分数据进行绘图。

2）在"VIEW"面板中的"Number Display Format"栏中，改变变量的显示格式。

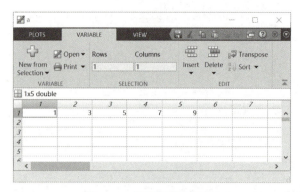

图 1-14　数组编辑器窗口

6. M 文件编辑窗口

M 文件编辑窗口（EDITOR）的启动是需要创建或打开 M 文件（扩展名为.m）时，在 Current Folder 文件夹中或者工具栏"Open"按钮，选择某个.m 文件打开，或者在工具栏选择"New"按钮，然后选择"Script"创建.m 文件。如图 1-15 所示为"Undock"后单独的 EDITOR 窗口，显示打开的"ex1_7.m"文件。

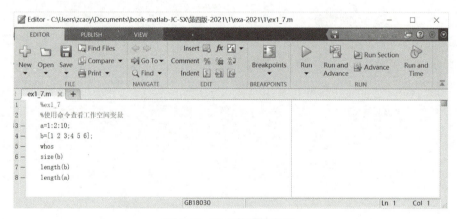

图 1-15　M 文件编辑窗口

在 M 文件编辑窗口工具栏中有三个面板，分别是"EDITOR""PUBLISH"和"VIEW"，不仅可以编辑 M 文件，而且可以对 M 文件进行交互式调试；不仅可处理带.m 扩展名的文件，而且可以阅读和编辑其他 ASCII 码文件，如.txt 文本文件。

1）"EDITOR"面板用来编辑、调试和运行 M 文件。

2）"PUBLISH"面板可以发布 M 文件为 HTML、PPT、PDF 等文件格式。

3）"VIEW"面板可以在同一窗口查看多个文件，并可以进行折叠窗口等操作。

7. 实时文件编辑器窗口

实时文件编辑器窗口（LIVE EDITOR）组合了代码、输出和格式化文本的脚本。当创建或打开.mlx 文件，或将.m 文件以实时编辑方式打开时，与 M 文件编辑窗口的区别是可以实时显示运行结果。在工具栏选择"New"，然后选择"Live Script"创建.mlx 文件。在工具栏单击"Open"按钮，选择某个.mlx 文件打开；也可以选择.m 文件在右键的菜单中选择"Open as Live Script"打开。

如图 1-16 为单独的 LIVE EDITOR 窗口，选择例 1-7 中的 ex1_7.m，以"Open as Live Script"方式打开，并单击工具栏的"Run"按钮，则会在右边显示实时的运行结果。LIVE EDITOR 窗口可以方便实时地交互运行和调试程序。如果.m 文件和.mlx 文件同名，则会运行.mlx 文件。

在 M 文件编辑窗口工具栏中有三个面板，分别是"LIVE EDITOR""INSERT"和"VIEW"，用来实时编辑运行程序文件，其中与 M 文件编辑窗口不同的是：

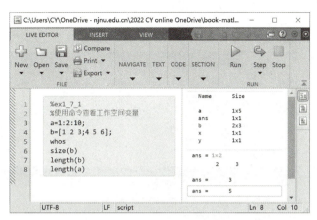

图 1-16　实时文件编辑器窗口

1）"LIVE EDITOR"面板用来编辑、调试和运行程序文件。

2）"INSERT"面板可以为文件插入交互控件进行动态演示程序，也可以用文本、图片、表格、公式等实现程序的说明。

在 MATLAB 的帮助文档中，"Examples"中的不同示例，都是采用实时脚本.mlx 文件。

8. 代码分析报告窗口

代码分析报告窗口（Code Analyzer Report）是对当前目录下的 M 文件进行代码分析，在当前目录浏览器中选择 M 文件，单击"HOME"工具栏的 "Analyze Code"按钮，则代码分析报告中会列出一些错误和可以提高程序性能的警告，如图 1-17 所示，提示语句后面可以加分号等。

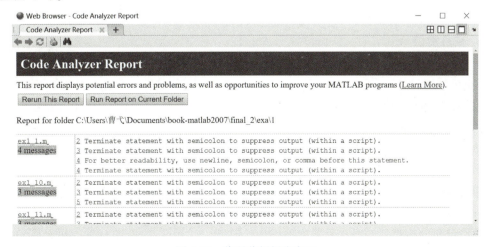

图 1-17　代码分析报告窗口

9. 程序性能剖析窗口

程序性能剖析窗口（Profiler）用来对 M 文件中命令的耗时进行分析。在"HOME"工具栏页选择"Run and Time"按钮就可以查看每行程序的运行时间，如图 1-18 所示为程序"ex1_1"的运行时间分析，显示每行命令运行时间的长短，以便提高运行速度。

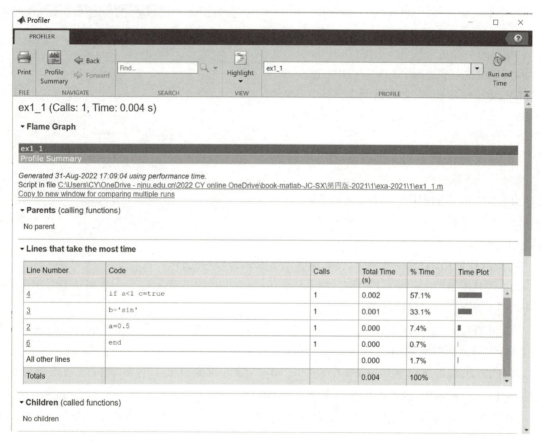

图 1-18　程序性能剖析窗口

10. 预设窗口

预设窗口（Preferences）是用来对 MATLAB 的集成开发界面进行设置的，在"HOME"工具栏页中选择"Preferences"按钮，则会出现参数设置对话框，如图 1-19 所示，在对话框的左栏选择不同的窗口进行设置。设置后立即生效，并且这种设置不因 MATLAB 关闭而改变，除非用户进行重新设置。

在左栏选择"General"，可以设置初始工作目录，在右边选择"Desktop language"可以将界面改成中文，重新启动 MATLAB 则生效。

如图 1-19 所示，在左栏选择"Command Window"可以设置命令窗口的格式，在右边的"Numeric format"栏同样可以设置数据的显示格式，与 format 命令功能相同；在"Line spacing"中设置命令行排列的格式是紧凑型还是松散型，如果设置 compact 紧凑型，则命令行与结果之间没有空行。

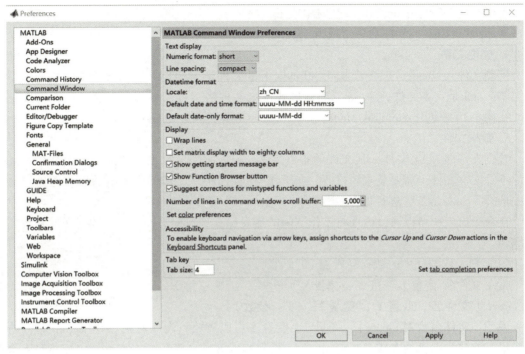

图 1-19　参数设置对话框

1.3　MATLAB R2021a 的其他管理

1.3.1　MATLAB 的文件格式

MATLAB R2021a 的常用文件有.m、.mlx、.mat、.fig、slx.、.mdl、.p 和.prj 等类型，如图 1-20 显示的 "New" 菜单文件类型。

1. 程序文件

程序文件即 M 文件（M-File），其文件的扩展名为.m，M 文件通过 EDITOR 窗口生成，包括脚本（Script）文件和函数（Function）文件。

M 文件是 ASCII 文件，因此也可以在其他的文本编辑器（如写字板）中显示和输入，在第 5 章中详细介绍。

2. 实时编辑程序文件

实时编辑程序文件是.mlx 文件，是通过 Live Editor 窗口生成的，包括脚本（Script）文件和函数（Function）文件，但.mlx 文件不是文本文件，不能用文本编辑器编辑。

3. 图形文件

图形文件（Figure）的扩展名为.fig，.fig 文件的创建有几种方法：

图 1-20　"New" 菜单文件类型

- 在图 1-20 中选择 "Figure" 可以创建 Figure 文件。
- 在 "File" 菜单中创建 APP 时生成.fig 文件。
- 由 MATLAB 的绘图命令生成.fig 文件。

4. 模型文件

模型文件（Model）扩展名为.slx 和.mdl,.mdl 文件是 MATLAB 以前各版本使用的模型文件类型，mdl 是文本文件，slx 是二进制格式，这两种格式可以转换，在第 7 章中将详细介绍。在图 1-20 中创建 Simulink Model 和 Stateflow Chart 都可以生成模型文件。

5. 数据文件

数据文件即 MAT 文件，其文件的扩展名为.mat，用来保存工作空间的数据变量。MAT 文件不是文本文件，需要装载后打开。在工作空间窗口中，选择变量后在鼠标右键的快捷菜单中选择 "Save as..." 进行保存。

在命令窗口中可以通过命令将工作空间的变量保存到数据文件中或从数据文件装载到工作空间。

（1）把工作空间中的数据存入 MAT 文件

save 文件名 变量 1 变量 2 … 参数

save ('文件名', '变量 1 ', '变量 2 ', …, '参数')

说明：文件名为 MAT 文件；变量 1、变量 2 可以省略，省略时则保存工作空间中的所有变量；参数为保存的方式，其中'-ascii '表示保存为 8 位 ASCII 文本文件，'-append '表示在文件末尾添加变量，'-struct '表示结构体等。

（2）从数据文件中装载变量到工作空间

load 文件名 变量 1 变量 2 …

load ('文件名', '变量 1 ', '变量 2 ', …, '参数')

说明：变量 1、变量 2 可以省略，省略时则装载工作空间中的所有变量；如果文件名不存在则出错。

【例 1-8】 使用 save 和 load 命令保存和装载变量。

```
>> a=1:2:10;
>> b=[1 2 3;4 5 6];
>> c='hello';
>> save file1 a b          %把变量 a,b 保存到 file1.mat 文件
>> save file1 c -append    %把变量 c 添加到 file1.mat 文件中
>> clear                   %将工作空间变量清空
>> load file1              %将.mat 文件装载到工作空间
>>save file1 -ascii        %把变量 a,b,c 保存到 file1 文本文件
```

程序分析：

在当前目录浏览器窗口中可以看到新增加了一个 "file1.mat" 文件和一个 "file1" 文本文件；load 命令将 "file1.mat" 文件的数据装载到工作空间中；在图 1-21a 中选择 "file1.mat" 文件，可以在下面一栏看到文件中保存的变量内容。在当前目录浏览器窗口中选择 "file1.mat"，单击鼠标右键在快捷菜单中选择 "Load" 可以将变量装载到工作空间，如果选择 "Import Data..."，则会出现如图 1-21b 所示的 Import Data 窗口，在 "Import" 栏中将要装载的变量打钩，然后单击 "Finish" 按钮就可将该变量装载到 Workspace 中。Import Data 窗

口也可以直接在"HOME"工具栏中选择"Import Data"按钮打开。

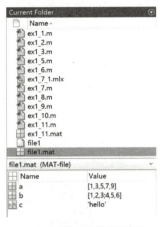

a) 当前目录浏览器窗口

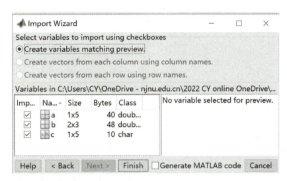

b) Import Data窗口

图 1-21　装载变量

1.3.2　设置搜索路径

MATLAB 中文件、函数和数据运行时都是按照一定的顺序，在搜索路径中搜索并执行。

1. MATLAB 的基本搜索过程

当用户在命令窗口的提示符">>"后输入一个命令行如"sin（x）"时，则 MATLAB 一般是按照以下的顺序进行搜索：

1）首先在 MATLAB 内存中进行检查，检查"sin"和"x"是否为工作空间的变量或特殊变量。

2）然后检查"sin"和"x"是否为 MATLAB 的内部函数（Built-in Function）。

3）然后在当前目录检查是否有相应的".m"或".mlx"文件存在。

4）最后在 MATLAB 搜索路径的所有其他目录中，依次检查是否有相应的".m"或".mlx"的文件存在。

5）如果都不是，则 MATLAB 发出未找到的出错信息。

2. 设置搜索路径窗口

一般来说，MATLAB 的系统函数包括工具箱函数都在默认的搜索路径中，而用户自己编写的函数则需要添加到搜索路径中，否则运行时会提示找不到文件。修改搜索路径通常在设置搜索路径窗口（Set Path）中实现。

当文件夹不在搜索路径时，需要将文件夹添加到搜索路径中。在工具栏"HOME"中选择 "Set Path"按钮，就会出现如图 1-22 所示的"设置路径"对话框。单击"Add Folder..."和"Add with Subfolders..."按钮打开浏览文件夹窗口来添加搜索目录。如果单击了"Save"按钮，则添加的搜索目录不会因 MATLAB 的关闭而消失；也可单击"Remove"按钮将已有的目录从搜索路径中删除。

也可以在 MATLAB 界面的"Current Folder"中设置搜索路径，选择需要添加到搜索路径的文件夹，单击右键出现如图 1-23 所示的菜单，选择"Add to Path"就可以将文件夹添加到搜索路径中。

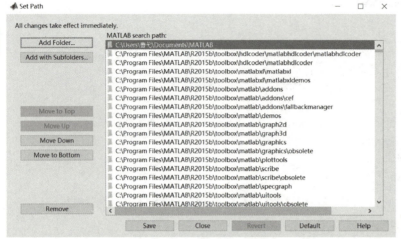

图 1-22　设置搜索路径窗口

图 1-23　目录快捷菜单

1.4　一个简单的实例

为了能熟悉 MATLAB R2021a 的工作界面环境，下面通过一个简单的实例来综合了解 MATLAB R2021a 各窗口的功能和命令的使用。

【例 1-9】　在 MATLAB R2021a 的工作界面中做一个练习。

首先在 "HOME" 工具栏单击 "Preferences" 按钮，打开 "Preferences" 预设窗口，在左栏选择 "Command Window"，在右边的 "Line spacing" 中设置 compact 紧凑型，则命令行与结果之间没有空行。

（1）命令窗口（Command Window）　在命令窗口中输入：

```
>>clear %清空工作空间
>> t=0:1:10
t =
    0   ·1    2    3    4    5    6    7    8    9   10
>> y=sin(0.5*t)
y =
  Columns 1 through 8
       0   0.4794   0.8415   0.9975   0.9093   0.5985   0.1411  -0.3508
  Columns 9 through 11
  -0.7568  -0.9775  -0.9589
```

程序分析：

t 为 0 到 10 的一维数组，每个元素间隔为 1；y 也是一维数组。

在命令窗口中输入：

```
>> format long
>> y
```

```
y =
  Columns 1 through 4
                     0    0.47942553860420    0.84147098480790    0.99749498660405
  Columns 5 through 8
     0.90929742682568    0.59847214410396    0.14112000805987   -0.35078322768962
  Columns 9 through 11
    -0.75680249530793   -0.97753011766510   -0.95892427466314
```

程序分析：

y 以 15 位的长格式显示，在内存中 y 的值不变，只是显示的格式不同。

（2）工作空间窗口（Workspace）　在工作空间窗口中可以看到两个变量 t 和 y，如图 1-24 所示。

（3）数组编辑器窗口（Array Editor）　在工作空间窗口中双击变量"y"就打开了数组编辑器窗口，显示变量"y"的内容，如图 1-25a 所示，可以看到"y"元素共 11 列，选择所有的 y 元素，单击工具栏"PLOTS"的"plot" 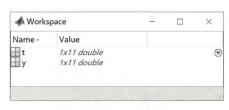 按钮，绘制变量"y"的曲

图 1-24　工作空间窗口

线，如图 1-25b 所示的正弦曲线。如果在第 1 列修改为 0.1，则"y"的第一个元素就修改了。

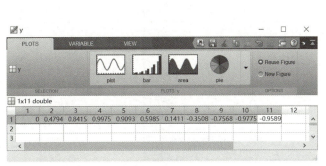

a) 数组编辑器窗口

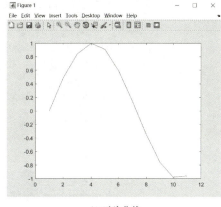

b) 正弦曲线

图 1-25　数组编辑器窗口

如果单击"HOME"工具栏的 "Save Workspace"按钮，则会出现保存对话框，输入文件名为"file1.mat"将变量 t 和 y 保存到 MAT 文件中。

（4）历史命令窗口（Command History）　在历史命令窗口中选择刚才输入的五行命令，如图 1-26a 所示，单击鼠标右键在快捷菜单中选择"Create Live Script"命令生成 .mlx 文件，出现 Live Editor。

（5）实时文件编辑器窗口（Live Editor）　在 Live Editor 中单击工具栏的单步运行按钮"Step" ，可以一行行的单步运行程序，如图 1-26b 所示运行到第三行，在右边显示运行的每行结果。单击保存按钮将文件保存为"c:\User\ex1_9_1.mlx"。

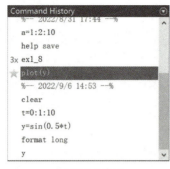 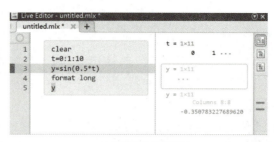

a) 历史命令窗口　　　　　　　　　　　b) 实时文件编辑窗口

图 1-26　历史命令和实时文件编辑窗口

（6）图形窗口　在命令窗口中绘制变量 t 和 y 的曲线：

```
>> plot(t,y)
```

则出现如图 1-27 所示的图形窗口 "Figure 1"，显示横坐标是变量 t 纵坐标是变量 y 的曲线。

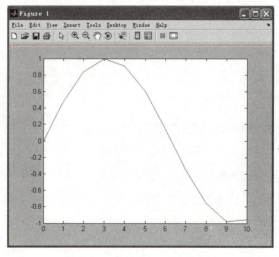

图 1-27　图形窗口 "Figure 1"

（7）当前目录浏览器窗口（Current Directory Browser）　在 MATLAB 工作界面窗口中，单击工具栏的 "Current Folder" 窗口，修改当前目录为 "c:\User"，在命令窗口中输入：

```
>> save ex0109 y
```

则将变量 y 保存到文件 "ex0109.mat" 中，在当前目录浏览器窗口中可以看到两个文件："ex1_9.m" 和 "ex0109.mat"。"ex0109.mat" 是 MAT 文件，单击该文件可以看到下栏中显示数据编辑器窗口所保存的变量 "y"，单击 "y" 可以看到 y 的数据内容。如果双击 "ex0109.mat" 文件可以直接装载到工作空间中，命令窗口会出现：

```
>> load('ex1_11. mat')
```

（8）M 文件编辑器窗口（Editor）　在 Live Editor 窗口中在最前面添加两行注释：

```
%ex1_9
%y=sin（0.5*t）
```

单击工具栏中的"Save As..."按钮，选择"MATLAB Code files（GBK）（*.m）"将文件另存为"ex1_9.m"文件，并在程序四五行末尾加上"；"，如图 1-28a 所示。

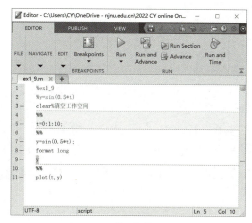

a)"ex1_9.m"文件　　　　　　　b) 单元调试

图 1-28　M 文件编辑窗口

在 M 文件编辑窗口中单击工具栏的 ▶ 按钮，可以运行该 M 文件，如果运行的文件不是当前路径，则会出现提示对话框询问是否将运行的文件所在目录设置为当前路径，如果单击"Change Folder"按钮则修改当前路径。

（9）增加单元（Section）　在 M 文件编辑器窗口中增加单元，可以直接在第三行和第四行命令前面分别加一行，输入两个"%"来增加单元，也可以单击工具栏的 ▦ Section 按钮增加单元；每个单元可以分别进行单独调试运行，当用鼠标单击该单元时背景色变成黄色，如图 1-28b 所示。

在单元中单击鼠标右键，在下拉菜单中选择"Evaluate Current Section"，就可以单独运行该单元了，在命令窗口可以看到运行的结果。

（10）设置搜索路径窗口（Set Path）　在命令窗口中输入以下命令：

```
>> ex1_9
??? Undefined function or variable 'ex1_9'.
```

单击 MATLAB 界面工具栏的"Set Path"按钮，打开设置搜索路径窗口，单击"Add Folder..."按钮，将"c:\User"添加到搜索路径中，单击"Save"按钮保存设置。则关闭 MATLAB 再启动，在出现的命令窗口中输入：

```
>> ex1_9
```

在命令窗口中就可以看到运行的结果。

1.5　MATLAB 的发布功能

MATLAB 可以将编写的 .m 文件发布成文档，通过 MATLAB 的发布功能将程序发布成

HTML 文件、doc 文件、PPT 或者其他文档，将 M 文件内容通过文档分享出去，而.mlx 文件则不能发布。

【例 1-10】 发布例 1-9 所保存的 "ex1_9" 的 M 文件。

"ex1_9.m" 文件内容如下：

```
%ex1_9
%y=sin（0.5＊t）
clear%清空工作空间
t=0：1：10
y=sin（0.5＊t）
format long
y
plot（t，y）
```

将文件第一行改为 "ex1_10"，增加最后一行程序为 "format short" 并另存为 "ex1_10.m"，之后选择 "PUBLISH" 面板单击 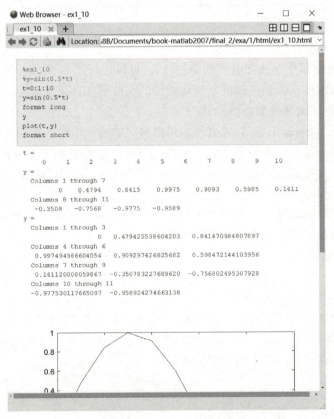 "PUBLISH" 按钮进行发布。先运行该程序，然后生成 HTML 文件，如图 1-29 所示。在 HTML 文件中可以看到上面是程序，下面是运行结果和生成的图形。

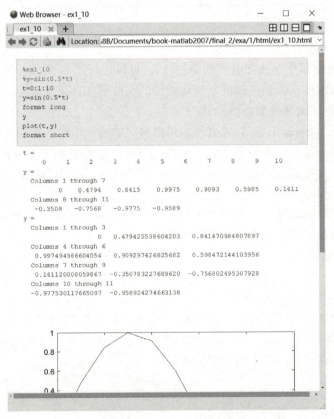

图 1-29　未添加 "Section" 发布的 HTML 文件

1. 增加注释

为了能更清楚地阅读程序，在程序中添加 "Section"。可以直接输入两个 "%" 插入

"Section"，也可以单击工具栏的 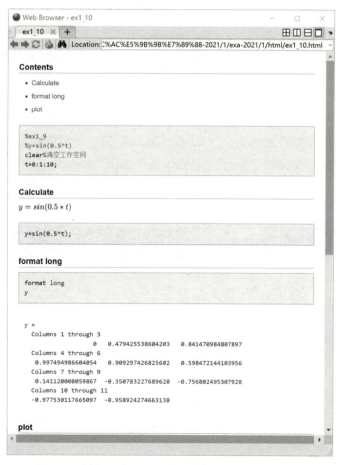"Section with title" 按钮来插入。

　　在程序中插入三个 "Section"，并将 "%%" 后面的 "SECTION TLTLE" 标题修改为每个单元标题，单击 "Display LaTeX" 按钮 Σ 可以显示 Latex 公式，程序修改如下：

```
%ex1_10
%y=sin(0.5*t)
%% Calculate
% $ $y=sin(0.5*t) $ $
t=0:1:10
y=sin(0.5*t)
%% format data
format long
y
%% plot
plot(t,y)
format short
```

　　保存文件并单击 "PUBLISH" 按钮进行发布，则 HTML 文件窗口如图 1-30 所示。可以看到文件的开始增加了 "Contents"，并按照三个 "Section" 分成了三个标题，公式显示为 Latex 格式。

图 1-30　添加三个 "Section" 发布的 HTML 文件窗口

2. 发布设置

默认发布的文件类型是 HTML 文件，但是可以通过设置来修改文件类型以及各种参数。可以发布为 html、xml、latex、doc、ppt 和 pdf 文件。

单击工具栏的"PUBLISH"按钮的下拉箭头，选择"Edit Publish Options…"打开"Edit Configurations"窗口，如图 1-31 所示。

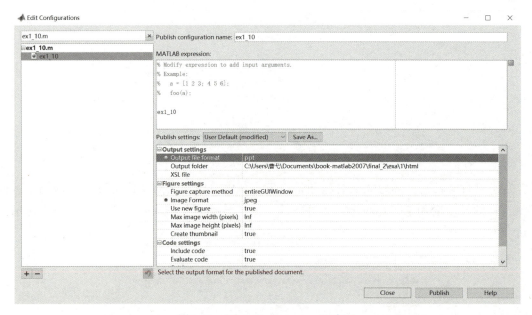

图 1-31　"Edit Configurations"窗口

在上面的窗口中选择"Output file format"，可以设置不同的文件类型，如选择"ppt"；"Output folder"设置发布的文件夹；"Image Format"用来设置图片的格式，文件可以是 png、jpeg、bmp 和 tiff，如选择"jpeg"；其他设置还包括"Include code"发布文档是否包含程序代码，"Evaluate code"是否运行代码等。然后单击"Publish"按钮进行发布，发布的 PPT 窗口如图 1-32 所示。

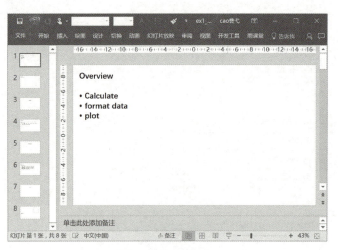

图 1-32　PPT 窗口

1.6　MATLAB R2021a 的帮助系统

MATLAB R2021a 提供了非常强大的帮助系统，包括帮助命令、帮助文档、Examples 以及 Web Site 等。

1.6.1　使用帮助文档

帮助文档窗口（Help）提供给用户方便、全面的帮助信息，在工具栏选择"Help"按钮打开帮助文档窗口，如图 1-33 所示。界面由左侧的目录和右侧的帮助浏览器两部分组成，在右侧的帮助浏览器中选择不同的目录打开内容，也可以在窗口的"搜索文档"栏输入需要查找的帮助内容，单击查找需要的信息。

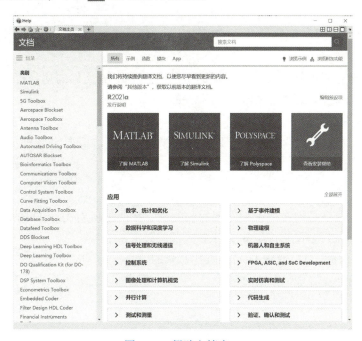

图 1-33　帮助文档窗口

在右侧的帮助浏览器中可以选择"示例"显示一些示例，可以打开实时脚本查看；选择"函数"显示常用的函数，选择"模块"显示 Simulink 的模块库，选择"App"显示不同 App 功能、示例等。

1.6.2　使用帮助命令

MATLAB 还提供了丰富的帮助命令，在命令窗口中输入相关命令来得到帮助信息。

1. help 命令

help 命令可以获得 MATLAB 命令和 M 文件的帮助信息，如果知道准确的命令名称或主题词，使用 help 命令来查找最快捷。

```
help 命令名称
```

说明：根据命令名称显示具体命令的用法说明；如果命令名称省略，则列出所有主要的帮助主题，每个帮助主题与 MATLAB 搜索路径的一个目录名相对应。

【例 1-11】　在命令窗口使用 help 查找命令的信息。

```
>> help log10                   %查找系统函数 log10 的帮助信息
  LOG10  Common (base 10) logarithm.
    LOG10(X) is the base 10 logarithm of the elements of X.
    Complex results are produced if X is not positive.
      Class support for input X:
        float: double, single
      See also log, log2, exp,logm.
    Overloaded functions or methods (ones with the same name in other directories)
      help fints/log10.m
      help sym/log10.m
>> help ex1_9
  ex1_9
  y=sin(0.5*t)
```

程序分析：

"log10" 函数也是一个 M 文件，显示的帮助信息是其 M 文件的注释行；ex1_9 为前面的例 1-9 保存的 M 文件，显示的帮助信息是文件的第一行注释。

2. lookfor 命令

lookfor 命令是在所有的帮助条目中搜索关键字，常用来查找具有某种功能而不知道准确名字的命令。

```
lookfor topic -all
```

说明：lookfor 命令是把在搜索中发现的与关键字相匹配所有 M 文件的 H1 行（第一行注释）都显示出来；-all 表示在所有 M 文件中搜索关键字。

【例 1-12】　在命令窗口使用 lookfor 查找命令的信息。

```
>>lookfor sin(0.5*t)
  ex1_9.m
```

程序分析：

lookfor 命令是对知道关键字的文件进行查找，由于要查找的文件很多需要较长时间，可能会出现很多查找的结果。

在当前目录浏览器 "Current Folder" 中选择前面创建的 M 文件 "ex1_9.m"，单击鼠标右键选择菜单 "View Help"，可以看到 "ex1_9" 的帮助文档，如图 1-34 所示。

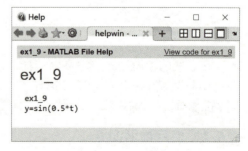

图 1-34　"ex1_9" 的帮助文档

习　　题

1. 选择题

（1）在 MATLAB 中_____放在语句最后用于不显示运行结果。

A. ,　　　　　　　　　　　B. ;　　　　　　　　　　　C. "　　　　　　　　　　　D. " "

（2）在 MATLAB 的命令窗口中_____可以中断 MATLAB 命令的运行。

A. End　　　　　　　　B. Esc　　　　　　　　C. Backspace　　　　　　　　D. Ctrl+C

（3）在 MATLAB 的命令窗口中执行_____命令，使数值 5.3 显示为 5.300000000000000e+000。

A. format long　　　　　　　　　　　　　　B. format long e

C. format short　　　　　　　　　　　　　　D. format short e

（4）在 MATLAB 的命令窗口中执行_____命令，将命令窗口的显示内容清空。

A. clear　　　　　　　B. clc　　　　　　　C. echo off　　　　　　　D. cd

（5）在 MATLAB 的命令窗口中执行"x"，关于 MATLAB 的搜索顺序，下面说法正确的是_____。

A. 搜索路径窗口中所有路径的先后顺序是随意的

B. 首先到搜索路径窗口中的路径中去搜索"x"

C. 首先在工作空间搜索"x"

D. 首先在工作空间搜索"x. m"文件

2. 在命令窗口中输入以下命令，写出在命令窗口中的运行结果。

```
>> a=[2+5i 5 0.2 2*3]
```

3. 使用 MATLAB 的"Preferences"窗口设置数据输出格式为有理数表示。

4. 在命令窗口中使用标点符号"%"和"；"。

5. 用"format"命令设置数据输出格式为有理数表示、15 位长格式和 5 位科学计数法。

6. 历史命令窗口有哪些功能？

7. 在命令窗口中输入以下变量，在工作空间窗口查看并修改各变量。

```
>> a='welcome'
>> b=a+1
```

8. 输入变量，在工作空间中使用 who、whos 和 clear 命令查看变量，并用 save 命令将变量存入"C:\exe0101.mat"文件。

9. 在命令窗口中输入以下变量：

```
>> a=[1 2;3 4]
>>b=[4 5;6 7]
>>c=a+b
```

将变量存放在"exe1.mat"文件中和"exe1.txt"文本文件中，在命令窗口中输入以下命令后，将 exe1.mat 文件装载到工作空间中，并输入以下命令查看结果：

```
>>c=5
```

10. 在命令窗口中输入以下命令，并查看显示的图形。

```
>> a=[1 2 3 4]
>>b=[5 6 7 8]
>> c=a+b*i
>> plot(c)
```

11. 将第 10 题的 MATLAB 命令发布为 doc 文件。

12. 学习设置 MATLAB 搜索路径的方法，设置搜索路径。

13. 使用 help 和 lookfor 命令查看"demo"的帮助信息，然后在命令窗口中执行"demo matlab"命令查看。

第2章
MATLAB的基本运算

MATLAB 的产生是由矩阵运算推出的，因此矩阵和数组运算是 MATLAB 最基本最重要的功能。本章主要介绍 MATLAB 的数据类型、矩阵和数组基本运算以及多项式的运算。

2.1 数据类型

MATLAB R2021a 定义了多种基本的数据类型，包括数值型、字符型、日期型、元胞数组、结构体、表、时间表、时序和映射容器等，MATLAB 内部的任何数据类型，都是按照数组的形式进行存储和运算的。数据类型的分类如图 2-1 所示。

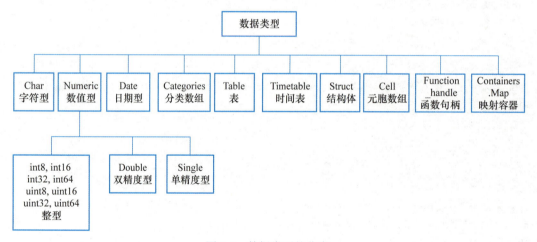

图 2-1　数据类型的分类

数值型包括整数和浮点数，其中整数包括有符号数和无符号数，浮点数包括单精度型和双精度型。在默认情况下，MATLAB R2021a 默认将所有数值都按照双精度浮点数类型来存储和操作，用户如果要节省存储空间可以使用不同的数据类型。

2.1.1 常数和变量

1. 常数

MATLAB 的常数采用十进制表示，可以用带小数点的形式直接表示，也可以用科学计数法，数值的表示范围是 $10^{-309} \sim 10^{309}$。以下都是合法的常数表示：

-10.599、2500、$3.1e-56$（表示 3.1×10^{-56}）、$1e308$（表示 1×10^{308}）

2. 变量

变量是数值计算的基本单元，MATLAB 与其他高级语言不同，变量使用时无须事先定义，其名称就是第一次合法出现时的名称，因此使用起来很便捷。

（1）变量的命名规则   MATLAB 的变量有一定的命名规则，变量的命名规则如下：

1）变量名区分字母的大小写。例如，"a" 和 "A" 是不同的变量。

2）变量名不能超过 63 个字符，第 63 个字符后的字符被忽略。

3）变量名必须以字母开头，变量名的组成可以是任意字母、数字或者下画线，但不能含有空格和标点符号（如，。%等）。例如，"1_1""a/b""a−1" 和 "变量 1" 都是不合法的变量名。

4）关键字（如 if、while 等）不能作为变量名。

在 MATLAB R2021a 中的所有标识符包括函数名、文件名都是遵循变量名的命名规则的。

（2）特殊变量   MATLAB 有一些自己的特殊变量，是由系统预先自动定义的，当 MATLAB 启动时驻留在内存中，特殊变量表见表 2-1。

表 2-1   特殊变量表

特殊变量名	取值	特殊变量名	取值
ans	运算结果的默认变量名	flintmax	浮点格式的最大连续数 2^{53}
pi	圆周率 π	intmax	特定整数类型的最大值
eps	浮点数的相对误差	intmin	指定整数类型的最小值
Inf	无穷大，如 1/0	realmin	最小的可用正实数 2.2251×10^{-308}
NaN 或 nan	不定值，如 0/0、∞/∞、$0\times\infty$	realmax	最大的可用正实数 1.797710^{308}
i 或 j	i=j= $\sqrt{-1}$，虚数单位		

【例 2-1】   在命令窗口中使用特殊变量。

```
>> 2 * pi * 5              %使用 pi 的值运算,将计算结果放入 ans
ans =
  31.4159
>> 1+2i                    %i 为虚数单位
ans =
  1.0000 + 2.0000i
>> a=1/0                   %结果为无穷大
a =
  Inf
>> b=0/0                   %结果表示不定值
b =
  NaN
>>c=intmax                 %32 位整数最大值
c =
  int32
   2147483647
```

程序分析：

在 MATLAB 中分母为 0 并不出错，Inf 和 NaN 也可以进行运算。

2.1.2 整数和浮点数

1. 整数

MATLABR2021a 提供了八种内置的整数类型，为了在使用时提高运行速度和存储空间，应该尽量使用字节少的数据类型，可以使用类型转换函数将各种整数类型强制相互转换，表 2-2 中列出了各种整数类型的数值范围。

表 2-2　各种数值数据类型的数值范围和类型转换表

数据类型	表示范围	字节数	类型转换函数
无符号 8 位整数 uint8	$0 \sim 2^{8}-1$	1	uint8( )
无符号 16 位整数 uint16	$0 \sim 2^{16}-1$	2	uint16( )
无符号 32 位整数 uint32	$0 \sim 2^{32}-1$	4	uint32( )
无符号 64 位整数 uint64	$0 \sim 2^{64}-1$	8	uint64( )
有符号 8 位整数 int8	$2^{-7} \sim 2^{7}-1$	1	int8( )
有符号 16 位整数 int16	$2^{-15} \sim 2^{15}-1$	2	int16( )
有符号 32 位整数 int32	$2^{-31} \sim 2^{31}-1$	4	int32( )
有符号 64 位整数 int64	$2^{-63} \sim 2^{63}-1$	8	int64( )
单精度型 single	$-3.40282 \times 10^{38} \sim +3.40282 \times 10^{38}$	4	single( )
双精度型 double	$-1.79769 \times 10^{308} \sim +1.79769 \times 10^{308}$	8	double( )

2. 浮点数

浮点数包括了单精度型（single）和双精度型（double），双精度型为 MATLAB 默认的数据类型，表 2-2 中可以看到各种浮点数的数值范围和类型转换函数。

可以使用 intmax、intmin、fintmax、fintmin、realmax 和 realmin 函数得出不同类型数据的范围。

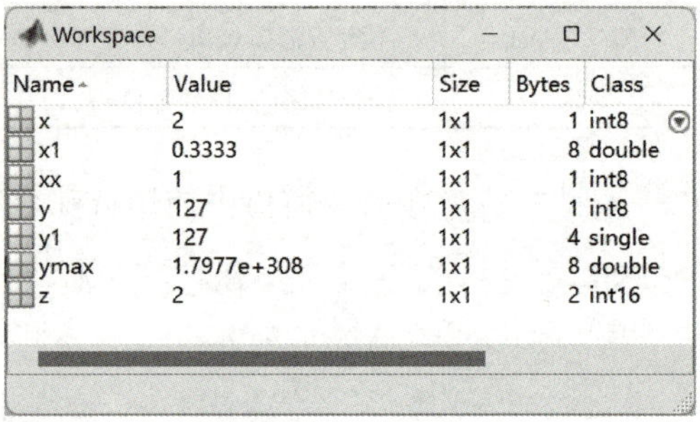

【例 2-2】　使用类型转换函数转换不同的数据类型，工作空间窗口如图 2-2 所示。

Workspace				□ ✕
Name ▲	Value	Size	Bytes	Class
x	2	1x1	1	int8
x1	0.3333	1x1	8	double
xx	1	1x1	1	int8
y	127	1x1	1	int8
y1	127	1x1	4	single
ymax	1.7977e+308	1x1	8	double
z	2	1x1	2	int16

图 2-2　工作空间窗口

```
>> x=int8(2.3)              %将浮点数转换为 8 位整数
x =
  int8
    2
>> y=int8(2.3e16)           %将浮点数转换为 8 位整数
y =
  int8
    127
>> z=int16(2.3)             %将浮点数转换为 16 位整数
z =
```

```
    int16
     2
>> x1=1/3
x1 =
    0.3333
>> xx=x * x1                          %整数与浮点数运算
xx =
    int8
     1
>> y1=single(y)                       %将整数转换为浮点数
y1 =
    single
    127
>>ymax=realmax                        %最大正浮点数
ymax =
    1.7977e+308
```

程序分析：

1）在工作空间窗口中可以看到各变量在存储空间中占用的字节数。

2）整数与浮点数相乘运算后的结果 xx 仍然是整数。

2.1.3　复数

复数包括实部和虚部，MATLAB 用特殊变量"i"或"j"表示虚数的单位，因此注意在编程时不要将 i 和 j 变量另外赋值。

复数运算不需要特殊处理，可以直接进行。复数的产生可以有几种方式：

```
z=a+b * i 或 z=a+b * j
z=a+bi 或 z=a+bj(当 b 为常数时)
z=r * exp(i * theta)
z=complex(a,b)
```

说明：相角 theta 以弧度为单位，复数 z 的实部 $a=r*\cos(theta)$；复数 z 的虚部 $b=r*\sin(theta)$。

MATLAB 中关于复数的运算函数表见表 2-3。

表 2-3　复数的运算函数表

函数名	说　　明	函数名	说　　明
real(z)	返回复数 z 的实部	angle(z)	返回复数 z 的幅角
imag(z)	返回复数 z 的虚部	abs(z)	返回复数 z 的模
conj(z)	返回 z 的共轭复数	complex(a,b)	以 a 和 b 分别作为实部和虚部,创建复数

【例 2-3】　使用复数函数实现复数的创建和运算。

```
>> a=3;
>>b=4;
>> c=complex(a,b)            %创建复数
c =
```

```
    3.0000 + 4.0000i
>> r=real(c)                        %复数的实部
r =
    3
>> t=angle(c)*180/pi                %复数的相角用角度表示
t =
    53.1301
>> cc=conj(c)                       %共轭复数
cc =
    3.0000 -4.0000i
```

2.2   矩阵和数组的算术运算

MATLAB 中的数组可以说是无处不在的，任何变量都是以数组形式存储和运算的。在 MATLAB 的运算中，经常要使用到标量、向量、矩阵和数组。关于名称的定义如下：

1）空数组（empty array）：没有元素的数组。

2）标量（scalar）：1×1 的矩阵，即为只含一个数的矩阵。

3）向量（vector）：1×n 或 n×1 的矩阵，即只有一行或者一列的矩阵。

4）矩阵（matrix）：一个矩形的 m×n 数组，即二维数组。

5）数组（array）：多维数组 m×n×k×⋯，其中矩阵和向量都是数组的特例。

2.2.1   数组的创建

在 MATLAB 中矩阵的创建应遵循以下基本常规：

1）矩阵元素应用方括号（[ ]）括住。

2）每行内的元素间用逗号（,）或空格隔开。

3）行与行之间用分号（;）或回车键隔开。

4）元素可以是数值或表达式。

1. 空数组

空数组是不包含任何元素的数组，可以用于数组声明、清空数组以及逻辑运算。

【例 2-4】 创建空数组。

```
>> a=[]
a =
    []
>> whos a
  Name      Size        Bytes  Class
   a        0x0            0    double array
Grand total is 0 elements using 0 bytes
```

程序分析：

空数组 a 是占 0 字节的双精度数组。

2. 向量

向量包括行向量（row vector）和列向量（column vector），即 1×n 或 n×1 的矩阵，也可

以看作在某个方向（行或列）为 1 的特殊矩阵。

（1）使用 from：step：to 方式生成向量　　如果是等差的行向量，可以使用"from：step：to"方式生成。命令格式如下：

from：step：to

说明：from、step 和 to 分别表示开始值、步长和结束值；当 step 省略时则默认为 step = 1；当 step 省略或 step>0 而 from>to 时为空矩阵，当 step<0 而 from<to 时也为空矩阵。

【例 2-5】 使用 from：step：to 创建向量。

```
>> a=-2.5:0.5:2.5
a =
  Columns 1 through 10
  -2.5000  -2.0000  -1.5000  -1.0000  -0.5000  0  0.5000  1.0000  1.5000  2.0000
  Column 11
    2.5000
>> b=5:-1:1
b =
    5    4    3    2    1
```

程序分析：

step 为负数时可以创建降序的数组。

（2）使用 linspace 和 logspace 函数生成向量　　与"from：step：to"方式不同，linspace 和 logspace 函数直接给出元素的个数，linspace 用来生成线性等分向量，logspace 用来生成对数等分向量，logspace 函数可以用于对数坐标的绘制。命令格式如下：

linspace（a，b，n）　　　　**%生成线性等分向量**
logspace（a，b，n）　　　　**%生成对数等分向量**

说明：

1）a、b、n 这三个参数分别表示开始值、结束值和元素个数。

2）linspace 函数生成从 a 到 b 之间线性分布的 n 个元素的行向量，n 如果省略则默认值为 100。

3）logspace 函数生成从 10^a 到 10^b 之间按对数等分的 n 个元素的行向量，n 如果省略则默认值为 50。

【例 2-6】 使用 linspace 和 logspace 函数生成行向量。

```
>> x=linspace(0, 3, 10)        %将 0~3 分成 10 份
x =
      0  0.3333  0.6667  1.0000  1.3333  1.6667  2.0000  2.3333  2.6667
3.0000
>> y=logspace(-2, 2, 5)        %从 0.01~100 分成 5 份
y =
    0.0100  0.1000  1.0000  10.0000  100.0000
```

程序分析：

y 是等比数列，每份的间隔为 10 即 lg（10）为 1。

3. 矩阵

矩阵是 m 行 n 列（m×n）的二维数组，需要使用"［ ］""，""；"、空格等符号创建。

【例 2-7】 创建矩阵。

```
>> a=[1:4;linspace(2,5,4);9:-1:6]
a =
    1    2    3    4
    2    3    4    5
    9    8    7    6
>>b=[1 2 3
4 5 6]                %使用回车分隔行
b =
    1    2    3
    4    5    6
```

程序分析：

矩阵中的行向量可以使用 from：step：to 命令创建，也可以使用 linspace 和 logspace 函数创建。

4. 特殊数组

MATLAB 中有很多特殊数组，可以使用特殊数组函数产生，见表 2-4。

表 2-4 特殊数组函数表

函数名	功　能	例　子	
		输　入	结　果
magic(n)	产生 n 阶魔方矩阵（矩阵的行、列和对角线上元素的和相等）	magic(3)	8　1　6 3　5　7 4　9　2
eye(m,n)	产生 m×n 的单位矩阵，对角线全为 1	eye(2,3)	1　0　0 0　1　0
zeros(d1,d2,d3,…)	产生 d1×d2×d3… 的全 0 数组	zeros(2,3)	0　0　0 0　0　0
ones(d1,d2,d3,…)	产生 d1×d2×d3… 的全 1 数组	ones(2,3)	1　1　1 1　1　1
rand(d1,d2,d3,…)	产生均匀分布的随机数组，元素取值范围 0.0~1.0	rand(3,2)	0.9501　0.4860 0.2311　0.8913 0.6068　0.7621
randn(d1,d2,d3,…)	产生正态分布的随机数组	randn(2,3)	−0.4326　0.1253　−1.1465 −1.6656　0.2877　1.1909
true(d1,d2) false(d1,d2)	产生全为逻辑 1（真）的数组 产生全为逻辑 0（假）的数组	true(1,5)	1×5 logical array 1　1　1　1　1

2.2.2　数组的操作

MATLAB R2021a 中的数组可以在数组编辑器（Array Editor）窗口中修改，如图 2-3 所示。还可以使用命令来对数组的元素进行修改。

1. 数组的元素

对数组中元素的引用可以使用全下标方式和

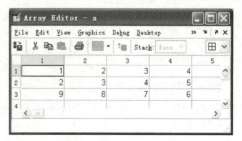

图 2-3　数组编辑器窗口

单下标方式。

（1）全下标方式　全下标方式是指 n 维数组中元素通过 n 个下标来引用，元素表示为 **a(d1,d2,d3⋯)**

例如，矩阵的元素通过行下标和列下标表示，一个 m×n 的 a 矩阵的第 i 行第 j 列的元素表示为 a(i, j)。如果在引用矩阵元素值时，矩阵元素的下标（i, j）大于矩阵的大小（m, n），则 MATLAB 会提示出错。

（2）单下标方式　数组元素用单下标引用，就是先把数组的所有列按先左后右的次序连接成"一维长列"，然后对元素位置进行编号。

以 m×n 的矩阵 a 为例，元素 a(i, j) 对应的单下标=(j−1)×m+i。矩阵的元素如图 2-4 所示。

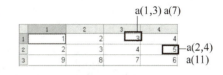

图 2-4　矩阵的元素

2. 子矩阵的产生

子矩阵是由矩阵中取出其中一部分元素构成的。

（1）用全下标方式　用全下标方式表示数组元素 a(i, j, ⋯)，其中 i 和 j 是向量时就获得 a 矩阵的子矩阵块，a(i, j, ⋯) 的下标向量可以使用 from：step：to 和 linspace 等方法表示。

注意下标为"："表示向量的所有元素，下标为"end"表示某一维中的最后一个元素。

以下命令都是取图 2-5 中数组 a 的第一行 3 和 4 元素，以及第二行 4 和 5 元素的子矩阵块：

```
>> a([1 2],[3 4])
>> a(1:2,3:4)
>> a(1:2,3:end)
>> a(linspace(1,2,2),3:4)
```

（2）用单下标方式　用单下标方式表示数组元素 a(n)，其中 n 为向量。以下命令都是取图 2-6 中数组 a 的第四列元素 4、5 和 6：

```
>> a([10;11;12])
>> a(10:12)'
>> a(10:end)'
>> a([10;11;end])
```

（3）逻辑索引方式　逻辑索引方式是通过一个元素值为 0 或 1 的逻辑数组为下标，其大小和对应数组相同。利用逻辑数组 a(L1，L2) 来表示子矩阵，其中 L1、L2 为逻辑向量，当 L1、L2 的元素为 0 则表示不取该位置元素，反之则取该位置的元素。

【例 2-8】　使用逻辑索引方式产生图 2-6 中的第 4 列子矩阵。

	1	2	3	4
1	1	2	3	4
2	2	3	4	5
3	9	8	7	6

图 2-5　数组 a 的子矩阵块

	1	2	3	4
1	1	2	3	4
2	2	3	4	5
3	9	8	7	6

图 2-6　数组 a 的列子矩阵块

```
>> a=[1 2 3 4;2 3 4 5;9 8 7 6];
>> la1=logical([1  1  1])              %将数值型变量转换为逻辑型
la1 =
    1    1    1
>> la2=logical([0  0  0  1])
la2 =
    0    0    0    1
>> a(la1,la2)
ans =
    4
    5
    6
```

程序分析：

logical 函数用来产生逻辑型数据；la1 和 la2 是逻辑类型。

3. 数组的赋值

数组的赋值包括全下标方式、单下标方式和全元素方式。

1）全下标方式：a(i, j, k, …) = b，给 a 数组的部分元素赋值，则 b 数组的行列数必须等于 a 数组的行列数。

2）单下标方式：a(n) = b，b 为向量，元素个数必须等于 a 矩阵的元素个数。

3）全元素方式：a=b，给 a 数组的所有元素赋值，则 b 数组的元素总数必须等于 a 矩阵的元素总数，但行列数不一定相等。

【例 2-9】 给数组赋值。

```
>> x=[1 2 3;4 5 6;7 8 9]
x =
    1    2    3
    4    5    6
    7    8    9
>> x([1,2],3)=[30;60]              %全下标方式赋值数组元素
x =
    1    2    30
    4    5    60
    7    8    9
>> x(4:6)=[20;50;80]              %单下标方式赋值数组元素
x =
    1    20    30
    4    50    60
    7    80    9
>> y=[1 1 1;2 2 2;3 3 3];
>> x=y                            %全元素方式赋值数组元素
x =
    1    1    1
    2    2    2
    3    3    3
>> x(1,4)=100
x =
```

```
     1    1    1    100
     2    2    2    0
     3    3    3    0
```

程序分析：

元素赋值时，如果行或列（i，j）超出矩阵的大小（m，n），则 MATLAB 自动扩充矩阵，扩充部分以 0 填充。

4. 矩阵的合并

矩阵的合并就是把两个以上的矩阵连接起来得到一个新矩阵，需要注意的是合并的矩阵尺寸大小要合适，否则会出错。

（1）直接合并　"［］"符号可以作为矩阵合并操作符，命令格式如下：

c=［a b］　　　　　　　　**%将矩阵 a 和 b 水平方向合并为 c**

c=［a；b］　　　　　　　　**%将矩阵 a 和 b 垂直方向合并为 c**

（2）使用函数合并　使用 cat 函数进行任意维度的合并，使用 horzcat 和 vertcat 函数是水平合并和垂直合并。而使用 blkdiag 函数可以生成对角矩阵。

cat 函数格式如下：

c=cat（维度，a，b）　　　　　　　　**%按照维度将 b 串联到 a 末尾**

说明：维度分别对应的是 1 为列，2 为行。

【例 2-10】　将矩阵进行合并。

```
>> a=ones(2,3)              %全 1 矩阵
a =

   1    1    1
   1    1    1
>> b=eye(2,3)               %对角为 1 矩阵
b =

   1    0    0
   0    1    0
>> c=horzcat(a,b)           %水平合并
c =

   1    1    1    1    0    0
   1    1    1    0    1    0
>> d=[a;b]                  %垂直合并
d =

   1    1    1
   1    1    1
   1    0    0
   0    1    0
>>e=cat(2,a,b)              %水平合并
e =

   1    1    1    1    0    0
   1    1    1    0    1    0
>>f=blkdiag(a,b)            %合并为对角阵
f =

   1    1    1    0    0    0
```

```
   1   1   1   0   0   0
   0   0   0   1   0   0
   0   0   0   0   1   0
```

5. 数组元素的删除

在 MATLAB 中可以对数组中的单个元素、子矩阵和所有元素进行删除操作，删除就是将其赋值为空矩阵（用 [ ] 表示）。

以下都是对数组元素进行删除：

```
>> x=[1 2 3;4 5 6;7 8 9]
>> x(:,3)=[]              %删除一列元素
>> x(1)=[]               %删除一个元素，则矩阵变为行向量
>> x=[]                  %删除所有元素为空矩阵
```

注意使用全下标方式子矩阵块不能删除，使用单下标方式则可以：

```
>> x=[1 2 3;4 5 6;7 8 9];
>> x(1:2,3)=[]
??? Indexed empty matrix assignment is not allowed.
```

2.2.3 矩阵和数组函数

MATLAB R2021a 还提供了大量内部函数对数组进行操作，包括矩阵的行列式等运算、数组的翻转和查找、统计等。

例如，在命令窗口中输入矩阵：

```
>> a=[1 2 3;4 5 6;7 8 9]
a =
   1   2   3
   4   5   6
   7   8   9
```

1. 矩阵的线性代数常用函数

矩阵的运算有一定的特殊性，MATLAB 在线性代数中有很多专用的函数，常用的函数见表 2-5。

表 2-5　矩阵的线性代数常用函数

函数名	功　能	例　子	
		输　入	结　果
det(x)	计算方阵行列式	det(a)	0
rank(x)	求矩阵的秩,得出行列式不为零的最大方阵边长	rank(a)	2
inv(x)	求矩阵的逆阵 x^{-1}，当方阵 x 的 det (x) 不等于零，逆阵 x^{-1} 才存在。x 与 x^{-1} 相乘为单位矩阵	inv(a)	1.0e+016 * -0.4504　0.9007　-0.4504 0.9007　-1.8014　0.9007 -0.4504　0.9007　-0.4504

（续）

函数名	功　　能	例　子	
		输　入	结　　果
[v,d]=eig(x)	计算矩阵特征值和特征向量。如果方程 xv=vd 存在非零解，则 v 为特征向量，d 为特征值	[v,d]=eig(a)	v = -0.2320　-0.7858　0.4082 -0.5253　-0.0868　-0.8165 -0.8187　0.6123　0.4082 d = 16.1168　　0　　　0 　0　　-1.1168　　0 　0　　　0　　-0.0000
diag(x)	产生 x 矩阵的对角阵	diag(a)	1 5 9
[q,r]=qr(x)	m×n 矩阵 x 分解为一个正交方阵 q 和一个与 x 同阶的上三角矩阵 r 的乘积。方阵 q 的边长为矩阵 x 的 n 和 m 中较小者，且其行列式的值为 1	[q,r]=qr(a)	q = -0.1231　0.9045　0.4082 -0.4924　0.3015　-0.8165 -0.8616　-0.3015　0.4082 r = -8.1240　-9.6011　-11.0782 　0　　0.9045　1.8091 　0　　　0　　-0.0000
[L,U]=lu(x)	将满矩阵或稀疏矩阵 x 分解为一个上三角矩阵 U 和一个经过置换的下三角矩阵 L	[L,U]=lu(a)	L = 　0.1429　1.0000　　0 　0.5714　0.5000　1.0000 　1.0000　　0　　　0 U = 　7.0000　8.0000　9.0000 　0　　0.8571　1.7143 　0　　　0　　-0.0000
norm(x)	计算矩阵的范数，该范数为最大奇异值	norm(a)	16.8481

说明：在表 2-5 中，det (a)=0 或 det (a)虽不等于零但数值很小接近于零，则计算 inv (a) 时，其解的精度比较低。

2. 数组的重构和排列

例如，在命令窗口中输入：

```
>> a=[1 2 3;4 5 6]
a =
    1    2    3
    4    5    6
```

MATLAB 中常用数组重构和排列函数见表 2-6。

表 2-6 常用数组重构和排列函数

函数名	功　能	例　子		
		输　入	结　果	
sort(x,dim) sortrows(x,column)	对数组元素按 dim 排序 对矩阵按 column 排序	sortrows(a,1)	4　　30　　1 10　　25　　3	
flipud(x) fliplr(x) flip(x,dim) rot90(x,dim)	使 x 沿水平轴上下翻转 使 x 沿垂直轴左右翻转 对 x 按照 dim 维度翻转 使 x 逆时针旋转 k×90°	flip(a,2)	3　　25　　10 1　　30　　4	
transpose(x)	将 x 转置	transpose(a)	10　　4 25　　30 3　　1	
ctranspose(x)	对复数 x 进行共轭转置	ctranspose(a+i)	10.0000 −1.0000i　4.0000 −1.0000i 25.0000 −1.0000i　30.0000 −1.0000i 3.0000 −1.0000i　1.0000 −1.0000i	
reshape(x,[行,列])	重新构建数组	reshape(a,[1,6])	10　　4　　25　　30　　3　　1	

3. 数组查找

MATLAB R2021a 中数组查找函数是 find，用来查找数组中的非零元素并返回其下标。一般用于在比较命令后面查找非零元素。其命令格式如下：

[a,b,⋯]=find(x)

n=find(x)

说明：查找数组 x 中的非零元素，[a，b，⋯] 指非零元素的全下标；如果返回一个参数 n，则查找非零元素的单下标。

例如，查找数组 a 中的 "3" 的下标：

```
>> a=[1 2 3;4 5 6];
>> [n,m]=find(a==3)          %查找 3 的全下标
n =
    1
m =
    3
>> n1=find(a==3)             %查找 3 的单下标
n1 =
    5
>> t=0:2:100;
>> n=find(t==80)             %查找 80 的位置
n =
    41
```

4. 数据统计

MATLAB 的数据统计分析是按列进行的，包括得出各列的最大值、最小值等。

例如，在命令窗口中输入：

```
>> a=[1 2 3;4 5 6]
a =
    1    2    3
    4    5    6
```

常用的数据统计函数见表 2-7。

表 2-7　常用的数据统计函数

函数名	功　　能	例　　子		
		输　　入	结　　果	
max(x)	数组中各列的最大值	max(a)	4 5 6	
min(x)	数组中各列的最小值	min(a)	1 2 3	
mean(x)	数组中各列的平均值	mean(a)	2.5000 3.5000 4.5000	
std(x)	数组中各列标准差,指各元素与该列平均值差的二次方和开方	std(a)	2.1213 2.1213 2.1213	
median(x)	数组中各列的中间元素	median(a)	2.5000 3.5000 4.5000	
var(x)	数组中各列的方差	var(a)	4.5000 4.5000 4.5000	
sum(x,dim)	计算向量元素的和,dim 指对应的维,dim 省略则指所有元素	sum(a)	5 7 9	

在 MATLAB R2021a 的 workspace 窗口中,可以单击鼠标右键在快捷菜单 "Choose columns" 中选择 max、min、mean 、std、median、range、var、mode 和 std 菜单项直接在 workspace 窗口显示数据统计的结果。

2.2.4　矩阵和数组的算术运算

MATLAB 的二维数组和矩阵从外观和数据结构上看没有区别,矩阵的运算规则是按照线性代数运算法则定义的,但是有着明确而严格的数学规则;而数组运算是按数组的元素逐个进行的。

1. 矩阵运算

矩阵的基本运算是+、−、×、÷和乘方 (^) 等。

(1) 矩阵的加、减运算

A+B 和 **A−B**

说明:**A** 和 **B** 矩阵必须大小相同才可以进行加减运算。如果 **A**、**B** 中有一个是标量,则该标量与矩阵的每个元素进行运算。

(2) 矩阵的乘法运算

A ∗ B

说明:矩阵 **A** 的列数必须等于矩阵 **B** 的行数,除非其中有一个是标量。

【例 2-11】　矩阵的加、减和乘法运算。

```
>> a=[1 2 3;4 5 6]
a =
    1    2    3
    4    5    6
```

```
>> b=[1 1 1];
>> c=a+b                    %a 每行都与 b 相加
c =
    2    3    4
    5    6    7
>> d=a * b
>> d=eye(2,3)
d =
    1    0    0
    0    1    0
>> e=a * d                  %矩阵乘必须 a 行数等于 b 列数
Error using   *…
>>e=a * d'                  %矩阵 a 与 b 的转置乘
d=a * b
d =
    1    2
    4    5
```

(3) 矩阵的除法运算　矩阵的除法运算表达式有两种:

A\B　　%左除

A/B　　%右除

说明:

1) $X=A\backslash B$ 是方程 $A*X=B$ 的解, $A\backslash B=A^{-1}*B$。当 **A** 是非奇异的 n×n 的方阵, **B** 是 n 维列向量, 则采用高斯消元法得出; 当 **A** 是 m×n 的矩阵, **B** 是 m 维列向量, 则 $X=A\backslash B$ 得出最小二乘解。

2) $X=A/B$ 是 $X*B=A$ 的解, $A/B=A*B^{-1}$, B^{-1} 是矩阵的逆, 也可用 inv (**B**) 求逆矩阵。

【例 2-12】　用矩阵除法求方程组的解, 已知方程组:

$$\begin{cases} 2x_1-3x_2+x_3=8 \\ x_1-x_2+x_3=7 \\ x_1+3x_2+x_3=6 \end{cases}$$

解: $X=A\backslash B$ 是方程 $A*X=B$ 的解, 将该方程变换成 $A*X=B$ 的形式。其中:

$$A=\begin{bmatrix} 2 & -3 & 1 \\ 1 & -1 & 1 \\ 1 & 3 & 1 \end{bmatrix}, B=\begin{bmatrix} 8 \\ 7 \\ 6 \end{bmatrix}$$

```
>> A=[2 -3 1;1 -1 1;1 3 1];
>> B=[8;7;6];
>> X=A\B
X =
    0.5000
   -0.2500
    6.2500
```

程序分析:

1）方程解为 $x_1 = 0.5$，$x_2 = -0.25$，$x_3 = 6.25$。

2）对于方程个数大于未知数个数的超定方程组，以及方程个数小于未知数个数的不定方程组，MATLAB 中 **A\B** 的算式都仍然合法。前者是最小二乘解，而后者则是令 X 中的 n−m 个元素为零的一个特殊解。这两种情况下，因为 A 不是方阵，其逆阵 inv(A) 不存在，解的 MATLAB 算式均为 **X**=inv(**A'** ∗ **A**) ∗ (**A'** ∗ **B**)。

（4）矩阵的乘方

A^B

说明：

① 当 **A** 为矩阵（必须为方阵）时：

B 为正整数时，表示 A 矩阵自乘 B 次；B 为负整数时，表示先将矩阵 A 求逆，再自乘 |B| 次，仅对非奇异阵成立；B 为矩阵时不能运算，会出错；B 为非整数时，涉及特征值和特征向量的求解，将 A 分解成 A = W ∗ D/W，D 为对角阵，则有 A^B = W ∗ D^B/W。

② 当 **A** 为标量时：

B 为矩阵时，将 A 分解成 A = W ∗ D/W，D 为对角阵，则有 A^B = W ∗ diag(D.^B)/W。

（5）矩阵的转置

A'　　　　　**%矩阵 A 的转置**

说明：如果矩阵 A 为复数矩阵，则转置是指共轭转置。

（6）矩阵的算术运算函数　　MATLAB 中针对矩阵的运算函数一般都以 m 结尾，如 sqrtm、expm、logm 等。

【例 2-13】　使用矩阵算术函数计算矩阵开方。

```
>> a=ones(3);
>> b=a*a
b =
    3    3    3
    3    3    3
    3    3    3
>> c=sqrtm(b)
c =
    1.0000 + 0.0000i    1.0000 + 0.0000i    1.0000-0.0000i
    1.0000 + 0.0000i    1.0000 + 0.0000i    1.0000 -0.0000i
    1.0000-0.0000i      1.0000 -0.0000i     1.0000 + 0.0000i
```

程序分析：

c 的值与 a 相同，sqrtm 是计算矩阵的开方。

2. 数组运算

（1）数组加、减、乘、除、乘方和转置运算　　数组运算又称为点运算，其加、减、乘、除和乘方运算都是对两个尺寸相同的数组进行元素对元素的运算。

数组的加减运算和矩阵的加减运算完全相同，运算符也完全相同。

数组的乘、除、乘方和转置运算符号为矩阵的相应运算符前面加 "."。数组的乘、除、乘方和转置运算格式如下：

A. ∗ B　　　　　**%数组 A 和数组 B 对应元素相乘**

```
A./B          %数组 A 除以数组 B 的对应元素
A.\B          %数组 B 除以数组 A 的对应元素
A.^B          %数组 A 和数组 B 对应元素的乘方
A.'           %数组 A 的转置
```

说明:

1) 在数组乘方运算中,如果 **A** 为数组,**B** 为标量,则计算结果为与 **A** 尺寸相同的数组,该数组是 **A** 的每个元素求 **B** 次方;如果 **A** 为标量,**B** 为数组,则计算结果为与 **B** 尺寸相同的数组,该数组是以 **A** 为底 **B** 的各元素为指数的幂值。

2) 在数组的转置运算中,如果数组 **A** 为复数数组,则不是共轭转置。

【例 2-14】 使用数组算术运算法则进行向量的运算。

```
>> t=0:pi/3:2*pi;        %t 为行向量
>> x=sin(t)*cos(t)
??? Error using ==> mtimes
Inner matrix dimensions must agree.
>> x=sin(t).*cos(t)
x =
     0    0.4330   -0.4330   -0.0000    0.4330   -0.4330   -0.0000
>> y=sin(t)./cos(t)
y =
     0    1.7321   -1.7321   -0.0000    1.7321   -1.7321   -0.0000
```

程序分析:

sin(t) 和 cos(t) 都是行向量,因此必须使用 .* 和 ./ 计算行向量中各元素的计算值。

(2) 数组的算术函数　MATLAB 中初等数学函数包括算术运算、模除法和舍入、三角函数、指数和对数、复数、离散数学、特殊函数等,可以直接对数组的每个元素进行运算。数组的常用初等数学函数见表 2-8。

表 2-8　数组的常用初等数学函数

函数类型	函数名	含　义	函数类型	函数名	含　义
算术运算	sum(a)	数组元素总和	指数和对数	pow2(x)	2 的幂
	prod(a)	数组元素的乘积		nthroot(x,n)	计算 x 的 n 次实根
	cumsum(a)	累积加法		exp(x)	自然指数
	diff(a)	差分和近似导数		sqrt(x)	二次方根
模除法和舍入	rem(x,y)	求余数(与被除数同号)		log2(x)	以 2 为底的对数
	ceil(x)	向最接近 ∞ 取整	离散数学	lcm(x,y)	x 和 y 的最小公倍数
	round(x)	4 舍 5 入到整数		rat(x)	计算有理分式近似值
	mod(x,y)	x 除以 y 的余数		factor(x)	计算 x 的质因数的行向量
	floor(x)	向最接近 -∞ 取整		gcd(x,y)	x 和 y 的最大公约数
	fix(x)	向最接近 0 取整		lcm(x,y)	x 和 y 的最小公倍数
指数和对数	log(x),log10(x)	自然对数,以 10 为底对数		perms(x)	向量 x 的所有排列

（续）

函数 类型	函数名	含　　义	函数 类型	函数名	含　　义
三角 函数	$\sin(x)$, $\cos(x)$	正弦，余弦（弧度单位）	三角 函数	$\mathrm{asec}(x)$, $\mathrm{acsc}(x)$	角的反正割，角的反余割
	$\tan(x)$, $\mathrm{atan}(x)$	正切，反正切		$\mathrm{hypot}(x)$	二次方和的二次方根（斜边）
	$\sinh(x)$, $\cosh(x)$	双曲正弦，双曲余弦		$\cot(x)$	角的余切
	$\sec(x)$, $\csc(x)$	角的正割，角的余割	特殊 函数	$\mathrm{erf}(x)$	误差函数
	$\mathrm{deg2rad}(x)$	角度转换成弧度		$\mathrm{beta}(x,y)$	计算 beta 函数
	$\mathrm{asin}(x)$, $\mathrm{acos}(x)$	反正弦，反余弦		$\mathrm{gamma}(x)$	伽玛函数
	$\mathrm{sind}(x)$, $\mathrm{cosd}(x)$	正弦，余弦（角度单位）		$\mathrm{besseli}$	第一类修正 Bessel 函数

【例 2-15】 使用数组函数进行运算。

```
>> a=ones(3);              %全 1 的 3 行 3 列矩阵
>> b=a*a;                  %计算矩阵乘积
>> c=sqrt(b)               %计算数组开方
c =
    1.7321    1.7321    1.7321
    1.7321    1.7321    1.7321
    1.7321    1.7321    1.7321
>> d=round(c)              %4 舍 5 入取整
d =
    2    2    2
    2    2    2
    2    2    2
>> x=[1 2 3];
>> csumx=cumsum(x)         %计算每两个元素的累积和
csumx =
    1    3    6
>> permsx=perms(x)         %将向量进行所有排列
permsx =
    3    2    1
    3    1    2
    2    3    1
    2    1    3
    1    3    2
    1    2    3
```

程序分析：

1）与例 2-13 相比，sqrt 和 sqrtm 函数的不同可以看出，sqrt 是对 c 数组的每个元素开方。

2）ceil、fix、round 都是取整函数，但结果不同，使用时应注意区别。

3. 矩阵和数组运算的区别

矩阵和数组运算的不同主要在于矩阵是从矩阵的整体出发，按照线性代数的运算规则进行；而数组是针对单独的各元素进行运算。将矩阵和数组的运算函数进行对比，见表 2-9，其中 S 为标量，**A**、**B** 为矩阵。

49

表 2-9　矩阵和数组的运算函数对比

数组运算		矩阵运算	
命　令	含　义	命　令	含　义
S. * B	标量 S 分别与 B 元素的积	S * B	与数组运算相同
A. * B	数组对应元素相乘	A * B (mtimes)	内维相同矩阵的乘积
A. /B	A 的元素被 B 的对应元素除	A/B (mrdivide)	矩阵 A 右除 B 即 A 的逆阵与 B 相乘
B. \A	结果一定与上行相同	B\A (mldivide)	A 左除 B （一般与上行不同）
A. ^S	A 的每个元素自乘 S 次	A^S (mpower)	A 矩阵为方阵时，自乘 S 次
S. ^B	分别以 B 的元素为指数求幂值	S^B	B 为方阵时，标量 S 的矩阵乘方
A. '(transpose)	非共轭转置	A '(ctranspose)	共轭转置
exp(A) ,log(A) , sqrt(A)	对 A 的各元素计算	expm(A) ,logm(A) , sqrtm(A)	对 A 矩阵计算
f(A)	求 A 各个元素的函数值	funm(A,' FUN ')	A 矩阵的函数运算

说明：funm(A,' FUN ')要求 A 必须是方阵，' FUN '为矩阵运算的函数名，如 funm(A,' exp ')
等同于 expm(A)。

2.2.5　多维数组

多维数组（Multidimensional Arrays）是指下标多于两个的数组。空数组、向量、矩阵都
是数组的特例，矩阵表示行、列组成的面。三维数组的元素存放遵循"单下标"的编号规
则：第一页第一列下接该页的第二列，下面再接第三列，依此类推；第一页的最后列下面接
第二页第一列，如此进行，直至结束。

多维数组的创建有三种方法：直接赋值创建、由二维数组扩展和使用 cat 函数创建。

1. 直接赋值创建

例如，创建三维数组 a：

```
>> a(:,:,1) =[1 2;3 4];
>>a(:,:,2) =[1 1;2 2]
a(:,:,1) =
    1    2
    3    4
a(:,:,2) =
    1    1
    2    2
```

2. 由二维数组扩展

例如，由二维数组 b 扩展为三维数组：

```
>> b=[10 9;8 7];
>> b(:,:,2) =[6 5;4 3]
b(:,:,1) =
    10    9
     8    7
b(:,:,2) =
```

```
     6    5
     4    3
```

3. 使用 cat 函数创建

使用 cat 函数可以把几个原先赋值好的数组或者新建立的数组按照某一维连接起来，创建一个多维数组。cat 函数的语法格式如下：

```
cat(维,p1,p2,…)              %将 p1、p2 等数组按照某维连接起来
```

例如，使用 cat 函数创建多维数组：

```
>> a=[1 2;3 4];
>> b=[10 9;8 7];
>> c2=cat(3,a,b)              %按第三维连接
c2(:,:,1) =
     1    2
     3    4
c2(:,:,2) =
    10    9
     8    7
```

2.3　字符串

字符是用于存储文本数据的，在 MATLAB 中对字符的使用包括字符数组和字符串数组。

2.3.1　创建字符数组和字符串数组

字符数组由多个字符组成，是一个字符序列，使用单引号（"）括起来，数据类型是 char，一般用于存储短文本片段；而字符串数组是使用双引号（" "）括起来的，数据类型是 string，是文本片段的容器。

字符是以 ASCII 码的形式存放并区分大小，而显示的形式则是可读的字符，每个字符占用两个字节。

1. 创建字符数组和字符串数组

（1）创建字符数组

1）使用单引号（"）创建字符数组：

```
>> s1='Hello MATLAB'
s1 =
Hello MATLAB
```

2）使用两个单引号（"）输入字符串中的单引号：

```
>> s2='显示''matlab'''
S2 =
显示'matlab'
```

- 使用 char 函数创建

```
>> s3=char(65,'A')           %65 是'A'的 ASCII 码值,生成两个字符
s3 =
```

```
  2×1 char array
    'A'
    'A'
```

（2）创建字符串数组

- 使用双引号（" "）创建字符串数组

```
>> ss1=["Hello","MATLAB"]
ss1 =
  1×2 string array
    "Hello"    "MATLAB"
```

- 使用 string 函数创建字符串数组

```
>> ss2=string(s2)
ss2 =
    "显示'matlab'"
```

- 使用 strings 函数创建字符串数组

```
>> ss3=strings([1,3])
ss3 =
  1×3 string array
    ""    ""    ""
>> ss3(1,1)=s1
ss3 =
    "Hello MATLAB"    ""    ""
```

程序分析：

s1 和 ss1 的类型分别是 char 和 string，s2 是 10 个字符，ss2 是一个字符串。字符串数组占有的空间比字符数组多。

2. 字符数组和字符串数组类型转换

字符数组的每个元素都是字符，而字符串数组的每个元素是字符串。字符数组的元素在运算时是使用 ASCII 码值作为整数运算。

字符串数组可以使用 abs、double、str2double 转换成数值型，数字可以使用 num2str 转换成字符数组。使用 char 将其他类型数值转换为字符数组，使用 string 将其他类型数值转换为字符串数组。

【例 2-16】 使用字符串与数值转换来进行字符加密。

```
>> s1='MATLAB';
>> s2=s1+10              %每个元素的 ASCII 码值+10
s2 =
   87   75   94   86   75   76
>> s12=char(s2)         %转换为加密字符
s12 =
    'wk~vkl'
>> s3=[s1,'2021']       %合并字符数组
s3 =
    'MATLAB 2021'
```

程序分析：

s2 是 double 型，s12、s3 是字符数组 char 型。

使用 convertCharsToStrings 和 convertStringsToChars 函数可以将字符数组和字符串数组相互转换。

【例 2-16 续 1】 字符数组和字符串数组的计算。

```
>> s1="MATLAB";
>>ss2=["Hello",s1]                    %合并为字符串数组
ss2 =
  1×2 string array
    "Hello"    "MATLAB"
>> ss3=ss2(1,1)+' '+ss2(1,2)+2021
ss3 =
    "Hello MATLAB2021"
>>s_char1=convertStringsToChars(ss3)     %字符串数组转换成字符数组
s_char1 =
    'Hello MATLAB2021'
```

2.3.2　字符串函数

MATLAB 提供了很多字符数组和字符串数组的操作函数，包括字符串合并和拆分、查找替换、匹配模式、比较以及编辑等方面的运算。

1. 字符串合并和拆分

（1）合并字符串　对于单引号和双引号括起来的单个字符串，可以进行合并，使用 append、strcat、strvcat 进行合并，需要注意的是 append 合并的参数都必须是字符类型，strvcat 合并成字符串矩阵，不必考虑每行的字符数是否相等，总是按最长的设置，不足的末尾自动用空格补齐。

【例 2-17】 对字符串进行合并。

```
>> s1='a+b=';s2=99;
>> str1=strcat(str1,str2)             %将数据 99 转换成字符
str1 =
    'a+b=c'
>> ss1="Hello";ss2="World!";
>> str2=append(ss1,' ',ss2)
str2 =
    "Hello World!"
```

（2）联接字符串数组　使用 join 函数联接字符串数组，strjoin 函数联接数组中的字符串，plus 函数将字符串数组相加。

【例 2-17 续 1】 对字符串数组进行合并。

```
>> ss12=[ss1,ss2]
ss12 =
    "Hello"    "World!"
>> ss3="MATLAB!"
>> str4=join([ss1,ss2;ss1,ss3],'-')             %使用"-"联接字符串
str4 =
```

```
    "Hello-World!"
    "Hello-MATLAB!"
>> str5=plus([ss1,ss1],[ss2,ss4])            %将两个字符串数组相加
str5 =
    "HelloWorld!"    "HelloMATLAB!"
```

程序分析：

join 函数是将字符串数组元素按某一维度联接，plus 函数是将两个数组的对应元素相加。

（3）字符串拆分　字符串也可以进行拆分，使用 split 函数将字符串在分隔符处拆分，splitlines 是在换行符处拆分，strsplit 函数是在指定分隔符处拆分字符串或字符向量。

【例 2-17 续 2】　对字符串数组和字符数组进行拆分。

```
>> splitstr1=split(str4,'-')                  %在"-"处拆分字符串数组
splitstr1 =
    "Hello"    "World!"
    "Hello"    "MATLAB!"
>> splitstr2=strsplit(str2)                   %在空格处拆分字符数组
splitstr2 =
    "Hello"    "World!"
```

2. 字符串的匹配模式

字符串常用的功能是搜索和匹配，可以通过设定的模式在字符串中搜索和匹配，并进行替换或提取等操作。查找、替换、字符匹配和正则表达式的函数见表 2-10。

表 2-10　字符串查找、替换、字符匹配和正则表达式函数

类别	函数名	功　能	类别	函数名	功　能
查找	contains	确定字符串中是否有模式	字符匹配	digitsPattern	匹配数字字符
	matches	确定模式是否与字符串匹配		lettersPattern	匹配字母字符
	count	计算字符串中模式的出现次数		alphanumericsPattern	匹配字母和数字字符
	endsWith	确定字符串是否以模式结尾		characterListPattern	匹配列表中的字符
	startsWith	确定字符串是否以模式开头		whitespacePattern	匹配空白字符
	strfind	在其他字符串中查找字符串		wildcardPattern	匹配尽可能少的任意类型的字符
	sscanf	从字符串读取格式化数据	正则表达式	regexp	匹配正则表达式（区分大小写）
替换	replace	查找并替换一个或多个子字符串		regexpi	匹配正则表达式（不区分大小写）
	replaceBetween	替换起点和终点之间的子字符串		regexpPattern	匹配指定正则表达式的模式
	strrep	查找并替换子字符串		regexptranslate	文本转换为正则表达式
				regexprep	用正则表达式替换文本

（1）设置搜索和匹配文本的模式　模式定义匹配文本的规则，可以使用模式函数、运算符（+、-和~）和文本构建模式表达式。

【例 2-18】　将文本中的电话号码匹配出来。

```
>> str=["Phone number is 13088888888", "Address is No.15 Xingfu Road"];
>> p1=digitsPattern;
```

```
>> conp1=contains(str,p1)                %确定是否包含数字
conp1 =
  1×2 logical array
  1     1
>> pe=extract(str,p1)                     %提取字符串中的数字
pe =
  1×2 string array
    "13088888888"    "15"
>> p2=digitsPattern(11);                  %11 位数字模式
>> conp2=contains(str,p2)                 %确定是否包含电话号码
conp2 =
  1×2 logical array
  1  0
>> str2=replace(str,'Road','Street')      %替换子字符串
str2 =
  1×2 string array
    "Phone number is 13088888888"    "Address is No.15 Xingfu Street"
```

程序分析：

digitsPattern 是指数字字符模式，注意函数名的大小写字母必须一致，contains 函数是确定字符串是否有该数字模式。

（2）使用正则表达式　正则表达式是用于定义特定模式的字符，用表示不同模式的段组合成正则表达式。

正则表达式可包含用于指定要匹配模式的字符、元字符、运算符、标文和标志。常用的字符模式有：. 表示任何单个字符，［c1c2c3］表示包含在方括号中的任意字符，［^c1c2c3］表示未包含在方括号中的任意字符，［c1-c2］+表示 c1 到 c2 范围中的任意字符，\w 表示任意字母、数字或下画线字符，\s 表示任意空白字符，\d 表示任意数字。

例如，用正则表达式表示邮箱的通用模式：'［a-z_］+@［a-z］+\.（com|net）'。

【例 2-18 续】　将文本中的地址信息提取出来。

```
>> p3="No.+\w*";                          %正则表达式取地址
>> conp3=regexp(str,p3,'match')           %确定是匹配地址
conp3 =
  1×2 cell array
    {0×0 string}    {["No.15 Xingfu Road"]}
>> newstr=regexprep(str,"No.+\d","No.10")  %替换街道号
newstr =
  1×2 string array
    "Phone number is 13088888888"    "Address is No.10 Xingfu Road"
```

程序分析：

\w* 是指任意个数的字符，正则表达式需要使用正则表达式的函数匹配。

3. 字符串的其他操作

MATLAB 还可以进行编辑、比较和运行等操作。常用的编辑和比较操作的函数见表 2-11，表中有两个字符串变量 s1 和 s2：

```
>> s1="MATLAB R2021b";
>> s2="MATLAB";
```

表 2-11　常用的编辑和比较操作函数

类别	函数名	功　能	例　子	
			输　入	结　果
比较	strcmp	比较两个字符串是否相等，相等为 1 不等为 0，strcmpi 忽略大小写	strcmp(s1,s2)	0
	strncmp	比较两个字符串的前 n 个字符是否相等，相等为 1 不等为 0，strncmpi 忽略大小写	strncmp(s1,s2,6)	1
其他操作	erase	删除字符串内的子字符串，eraseBetween 是删除起点和终点之间的子字符串	erase(s1,s2)	" R2021b"
	extract	从字符串中提取子字符串，extractAfter、extractBefore、extractBetween 分别提取指定位置之后、之前和之间的子字符串	extract(s1,digitsPattern)	"2021"
	insertAfter	在指定的子字符串后插入字符串，insertBefore 是在子字符串前面插入	insertAfter(s2,6,' R2021b')	"MATLAB R2021b"
	pad	为字符串添加前导或尾随字符	pad(s2,10)	"MATLAB "
	lower	将字符串转换为小写，upper 是转换为大写	lower(s1)	'matlabr2021b'
	strip	删除字符串中的前导和尾部字符	strip(pad(s2,10))	"MATLAB"
	strjust	对齐字符串（左对齐、右对齐、居中）	strjust(append(s1,' '),' right')	" MATLAB R2021b"
	reverse	反转字符串中的字符顺序	reverse(s1)	"b1202R BALTAM"
	eval	执行字符串	eval("s1+s2")	"MATLAB R2021bMATLAB"

【例 2-19】　使用字符串函数进行运算。

```
>> str="a+b,c+d";
>>n=strfind(str,',')            %查找字符串中,位置
n =
    4
>>str1=extractBefore(str,n(1))  %提取子字符串
str1 =
    "a+b"
>>str2=extractAfter(str,n(1))   %提取子字符串
str2 =
    "c+d"
>>str2=strrep(str2,'c','5')     %替换字符串中 c
str2 =
    "5+d"
>> a=5;b=2;d=3;
>>sum1=eval(str1)               %执行字符串 str1
sum1 =
    7
>>sum2=eval(str2)               %执行字符串 str2
sum2 =
    8
```

2.4　日期和时间

在 MATLAB R2021a 中可以对日期时间变量进行处理，实现获取系统时间、在程序中使用时间函数来计时。

2.4.1　日期和时间的表示格式

MATLAB R2021a 没有专门的日期时间类型，日期时间以三种格式表示：日期字符串、连续的日期数值和日期向量，不同的日期格式可以相互转换。

1. 日期格式

（1）日期字符串　日期字符串是最常用的，有多种输出格式。

例如，"2007 年 1 月 1 日"可以表示为：'01-Jan-2007'、'01/01/2007'等。

（2）连续的日期数值　在 MATLAB R2021a 中，连续的日期数值是以公元元年 1 月 1 日开始的，日期数值表示当前时间到起点的时间距离。

例如，"2007 年 1 月 1 日"可以表示为：733043，即为 2007 年 1 月 1 日到公元元年 1 月 1 日的间隔天数。

（3）日期向量　日期向量格式是用一个包括六个数字的数组来表示日期时间，其元素顺序依次为［year month day hour minute second］，日期向量格式一般不用于运算中，是 MATLAB 的某些内部函数的返回和输入参数的格式。

2. 日期格式转换

MATLAB 提供了函数 datestr、datenum 和 datevec 用于各种日期格式的转换。

1）datestr：将日期格式转换为日期字符串格式。

2）datenum：将日期格式转换为连续的日期数值格式。

3）datevec：将日期格式转换为连续的日期向量格式。

【例 2-20】　日期格式的转换。

```
>> d=datenum('01/01/2007')        %连续的日期数值格式
d =
    733043
>> s=datestr(d)                   %日期字符串格式
s =
01-Jan-2007
>> v=datevec(d)                   %连续的日期向量格式
v =
   2007    1    1    0    0    0
```

2.4.2　日期时间函数

在 MATLAB 中可以使用日期时间函数获得系统时间，提取年、月、日、时、分、秒信息，还可以在程序中计时以获知代码执行的实际时间。

1. 获取系统时间

MATLAB 中获取系统时间的函数有：

1）date：按照日期字符串格式获取当前系统时间。

2）now：按照连续的日期数值格式获取当前系统时间。

3）clock：按照日期向量格式获取当前系统时间。

2. 提取日期时间信息

MATLAB 中可以提取时间的年、月、日、时、分、秒信息，分别使用 year、month、day、hour、minute、second 函数，都是以日期字符串格式或连续的日期数值格式表示的时间为参数。

例如，获取日期信息的命令：

```
>> day(now)
ans =
     2
```

3. 日期时间的显示格式

日期时间的显示可以使用 datestr 函数显示为字符串的样式。datestr 函数的格式如下：

datestr(d,f)   %将日期按指定格式显示

说明：d 为日期字符串格式或连续日期数值格式的日期数值；f 为指定的格式，可以是数值也可以是字符串，如' dd-mm-yyyy '、' mm/dd/yy '、' dd-mm-yyyy HH：MM：SS '等。

【例 2-20 续】 使用日期函数按指定格式显示日期时间。

```
>> y=num2str(year(now))           %取年份并转换为字符串
y =
2007
>> m=num2str(month(now))
m =
3
>> d=num2str(day(now))
d =
2
>> s=['今天是',y,'年',m,'月',d,'日',datestr(now,'HH:MM:SS PM')]   %合并为长字符串
s =
今天是 2007 年 6 月 2 日 12:14:51 PM
```

程序分析：

year(now)函数得出的值为 double 型，因此要转换为字符串；datestr 函数的显示格式很多，datestr(now, ' HH：MM：SS PM ') 表示按照指定的时间格式显示。

4. 计时函数

在 MATLAB 程序的运行过程中，如果需要知道代码运行的实际时间，可以使用计时函数。MATLAB R2021a 提供了 cputime、tic/toc 和 etime 三种方法来实现计时。

（1）cputime 方法 cputime 是返回 MATLAB 启动以来的 CPU 时间：

程序执行的时间=程序代码执行结束后的 cputime-在程序代码执行前的 cputime

（2）tic/toc 方法 tic 在程序代码开始用于启动的一个计时器；toc 放在程序代码的最后，用于终止计时器的运行，并返回计时时间就是程序运行时间。

（3）etime 方法 etime 方法使用 etime 函数来获得程序运行时间，etime 函数的命令格式如下：

```
etime(t1,t0)          %返回 t1~t0 的值
```

说明：t0 为开始时间，t1 为终止时间。

t0 和 t1 可以使用 clock 函数获得，例如，在程序中使用如下命令：

```
>> t0=clock;
......                 %程序段
>> t1=clock;
>> t=etime(t1,t0)     %t 为程序运行时间
```

2.5　元胞数组、结构体和映射

MATLAB 提供了比较复杂的数据类型分别是元胞数组（Cell Array）、结构体（Structure Array）和映射容器（containers.Map），这些类型都能在一个数组里存放各种不同类型的数据。

2.5.1　元胞数组

元胞数组的基本元素是元胞，每一个元胞可以看成是一个单元（Cell），用来存放各种不同类型不同尺寸的数据，如矩阵、多维数组、字符串、元胞数组和结构体。元胞数组使用花括号{}表示，每一个元胞以下标区分。

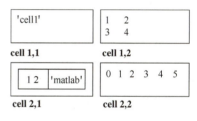

图 2-7　元胞数组 A 的存储内容示意图

1. 创建元胞数组

创建元胞数组的方法有直接创建和使用 cell 函数创建。

（1）直接创建　下面几个命令都可以创建元胞数组，元胞数组 A 的存储内容如图 2-7 所示：

1）直接创建数组

```
>> A={'cell1',[1 2;3 4];{[1 2],'matlab'},0:1:5}
  2×2 cell array
    {'cell1'}      {2×2 double  }
    {1×2 cell}     {[0 1 2 3 4 5]}
```

2）使用元胞创建数组

```
>> A(1,1)={'cell1'};
>> A(1,2)={[1 2;3 4]};
>> A(2,1)={{[1 2],'matlab'}};
>> A(2,2)={0:1:5}
A =
    {'cell1'}      {2×2 double  }
    {1×2 cell}     {[0 1 2 3 4 5]}
```

3）由各元胞内容创建

```
>> A{1,1}='cell1';
>> A{1,2}=[1 2;3 4];
```

```
>> A{2,1}={[1 2],'matlab'};
>> A{2,2}=0:1:5
A =
    {'cell1' }    {2×2 double  }
    {1×2 cell}    {[0 1 2 3 4 5]}
```

可以看到元胞数组 A 有四个元胞，其中元胞 A(2,1) 的内容也是元胞数组。

注意( )和{ }的区别：

1）( )用在下标表示对数组元素的引用，为了与常规数组区分等式右边必须用{ }。

2）{ }用在下标表示元胞的内容，等式右边不需要用{ }。

A(1,2)表示第 1 行第 2 列的元胞元素，而 A{1,2}表示第 1 行第 2 列的元胞元素中存放的内容，应该注意避免混淆。

（2）使用 cell 函数创建 cell 函数创建元胞数组的语法格式：

A=cell(m,n) %创建 m×n 元胞数组

cell 函数用于创建一个空的元胞数组，对每一个元胞的数据还需要另外赋值。

【例 2-21】 使用 cell 函数创建元胞数组。

```
>> C=cell(2,2)              %创建空的元胞数组
A =
  1×2 cell array
    {'cell'}    {2×2 double}
>> C{1,1}="Hello";C{1,2}=[1 2;3 4];
>> C{2,1}={[1 2],'Matlab'};C{2,2}=0:3
C =
  2×2 cell array
    {["Hello"]}    {2×2 double}
    {1×2 cell }    {[ 0 1 2 3]}
>> whos C
  Name      Size              Bytes  Class
  C         2x2                866   celL
```

2. 元胞数组的操作

建立了元胞数组以后，就需要使用其中的元素进行操作，对元胞数组元素内容进行寻访。

（1）用{ }取元胞数组的元素内容

【例 2-21 续 1】 获取元胞数组的元素。

```
>>c11=C{1,1}              %全下标方式
c11 =
    "Hello"
>> c21=C{2}               %单下标方式
c21 =
  1×2 cell array
    {[1 2]}    {'Matlab'}
>> c211=c21{1}            %元胞数组元素内的元素内容
c211 =
    1    2
```

（2）用( )取元胞数组的元素　用( )只能定位元胞的位置，返回的仍然是元胞类型的数组，例如，1×1 的元胞数组，可以用于在较大的元胞数组中裁剪产生数组子集。

【例 2-21 续 2】　获取元胞数组的子集。

```
>> C11=C(1,1)                              %全下标方式
C11 =
  1×1 cell array
    {["Hello"]}
```

（3）用 deal 函数取多个元胞元素的内容

【例 2-21 续 3】　获取元胞数组的多个元素内容。

```
>> [n1,n2]=deal(C{[3,4]})                  %单下标方式获得两个元素内容
n1 =
    1    2
    3    4
n2 =
    0    1    2    3
```

MATLAB 提供了 celldisp 函数用来显示元胞数组中元胞的具体数据内容；cellplot 函数用来以图形方式显示元胞数组的结构。

2.5.2　结构体

结构体（Structure Array）也可以存储多种类型的数据，结构体可以有多个字段，比元胞数组内容更加丰富，应用更广泛。

结构体的基本组成是结构，每一个结构都包含多个字段（Fields），结构体只有划分了字段以后才能使用。例如，一个图形对象属性包含了 Name、Color、Position 等不同数据类型的属性，每个图形对象都具有这些属性但属性值不同，多个图形对象构成结构体，一个图形对象就是一个结构，一个属性（Name、Color、Position）就是一个字段；数据不能直接存放在结构中，只能存放在字段中，字段中可以存放任何类型、任何大小的数组。因此可以用结构体来存放图形对象的属性。

【例 2-22】　直接创建结构数组存放图形对象，结构体 ps 的结构如图 2-8 所示。

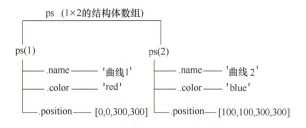

图 2-8　结构体 ps 的结构

```
>> ps(1).name='曲线 1';>> ps(1).color='red';
>> ps(1).position=[0,0,300,300];
>> ps(2).name='曲线 2';ps(2).color='blue';
>> ps(2).position=[100,100,300,300]
```

```
ps =
1x2 struct array with fields:
    name
    color
    position
```

程序分析:

ps 是结构体数组, ps(1)和 ps(2)分别是结构体的两个元素, name、color 和 position 分别是每个结构体元素的字段。

利用 struct 函数创建, 创建结构体还可以使用 struct 函数, struct 函数的语法如下:

struct（'field1', 值1, 'field2', 值2, …)　　　　　**%创建结构体将值赋给各字段**

则图 2-9 中的 ps（1）使用 struct 函数创建的命令如下:

```
>>ps(1)=struct('name','曲线1','color','red','position',[0,0,300,300])
```

1. 获取结构体内部数据

（1）使用 "." 符号获取

【例 2-22 续 1】　获取结构体的元素内容。

```
>> x12=ps(1).position                %获取结构 ps(1)的 position 字段
x2 =
   0   0  300  300
>> x121=ps(1).position(1,3)          %获取结构 ps(1)的 position 字段的元素
X121 =
  300
```

（2）用 getfield 函数获取　getfield 函数的命令格式如下:

getfield（A, ｛A_ index｝, 'fieldname', ｛field_ index｝）

说明: A_index 是结构的下标; 'fieldname'是字段名; field_index 是字段中数组元素的下标。

【例 2-22 续 2】　使用 getfield 函数获取结构体的元素内容。

```
>> x22=getfield(ps,{2},'position')        %获取结构 ps(2)的 position 字段
X22 =
   0   0  300  300
>> x221=getfield(ps,{2},'position',{3})   %获取结构 ps(2)的 position 字段的元素
X21 =
  300
```

（3）使用 fieldnames 函数获取结构体的所有字段　fieldnames 函数用来获取结构体的所有字段, 并存放在元胞数组中。命令格式如下:

fieldnames（array）　　　　　**%获取结构体的所有字段**

【例 2-22 续 3】　将 ps 的所有字段放在 x 元胞数组中。

```
>> x=fieldnames(ps)
x =
  3×1 cell array
    {'name'    }
    {'color'   }
    {'position'}
```

（4）使用"[ ]"合并相同字段的数据

【例 2-22 续 4】　获取 ps 的 name 字段。

```
>>ps_name=[ps.name]
ps_name =
'曲线 1 曲线 2'
```

2. 结构体的操作函数

（1）删除结构体的字段　使用 rmfield 函数可以删除结构体的字段，语法格式如下：

rmfield（A，' fieldname '）　　　　　　**%删除字段**

（2）修改结构体的数据　如果需要对结构体内的数据进行修改，可以使用 setfield 函数来设置结构体的对应字段的数据，语法格式如下：

A＝setfield（A，{ A_index }，' fieldname '，值）　　**%设置结构体数组元素的字段值**

A＝setfield（A，' fieldname '，值）　　　　　**%设置结构体元素的字段值**

例如，修改 ps（1）的 color 字段的内容可以采用下面两种方式：

```
>> ps=setfield(ps,{1},'color','green');
>> ps(1)=setfield(ps(1),'color','green')
```

2.5.3　映射

映射包含键和值，其中键用于索引，值类似于字典或关联数组，可以使用键来检索值，使用映射可以实现快速通过键查找值。映射的结构如图 2-9 所示，使用学号和姓名、年龄对应表示键和值构成键–值对。

键可以使用的数据类型有：任何数值标量或字符向量，映射中每个条目的键是唯一的。映射中的值可以是任意类型，包括：数值、结构体、元胞、字符数组、对象或其他映射组成的数组。

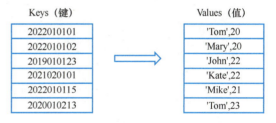

图 2-9　映射的结构

1. 创建映射对象

映射是 Map 类的对象，使用 containers.Map 函数创建映射对象。Map 类的属性使用"."进行访问，属性包括：Count 表示键–值对个数、KeyType 表示所有键的类型和 ValueType 表示所有值的类型。

【例 2-23】　创建包含学号与姓名和年龄映射的映射对象。

```
>> k={'2022010101','2022010102','2019010123','2021020101','2022010115','2020010213'};
>> v={{'Tom',20},{'Mary',20},{'John',22},{'Kate',22},{'Mike',21},{'Tom',23}};
>> studentsMap=containers.Map(k,v)
studentsMap =
  Map with properties:
      Count: 6
    KeyType: char
  ValueType: any
>>n=studentsMap.Count                    %获得映射的元素个数
```

```
n =
  uint64
  6
```

程序分析：

k 表示键是字符串数据，v 表示值，可以是任意类型，都使用 { } 来进行创建。studentsMap. Count 表示映射的记录个数属性，注意属性的大小写区分。

2. 获取映射的内容

Map 类可以使用方法主要有：keys 获得映射中所有键的名称，values 获取所有值的名称，length 和 size 获得映射的长度和维度，remove 用于删除键和值。

【例 2-23 续 1】 获取包含学生信息的映射的内容。

```
>>studentsK=keys(studentsMap)
studentsK =
  1×6 cell array
  Columns 1 through 4
    {'2019010123'}    {'2020010213'}    {'2021020101'}    {'2022010101'}
  Columns 5 through 6
    {'2022010102'}    {'2022010115'}
>>remove(studentsMap,'2019010123');          %删除对应的键-值对
>>len=length(studentsMap)                     %获得映射长度
len =
   5
>> studentV=values(studentsMap)
studentV =
  1×5 cell array
    {1×2 cell}    {1×2 cell}    {1×2 cell}    {1×2 cell}    {1×2 cell}
>> student1=studentV{1}
student1 =
  1×2 cell array
    {'Tom'}    {[23]}
```

程序分析：

可以看出 keys 获取的键是按字符大小重新排列的，第一个为 {'2019010123'}。

3. 使用键索引读取和写入

映射中每个条目的键是唯一的，值可以进行修改，使用键来对值进行索引，对值进行读取和写入。

【例 2-23 续 2】 对包含学生信息的映射内容进行修改。

```
>> student2=studentsMap('2022010115')
student2 =
  1×2 cell array
    {'Mike'}    {[21]}
>> studentsMap('2022010101')={'Tom',21};          %修改对应值内容
>> student3=studentsMap('2022010101')
student3 =
  1×2 cell array
    {'Tom'}    {[21]}
```

2.6　表格型、时间表和分类型

2.6.1　表格型

MATLAB 从 R2013b 版开始就出现了表格型（Table）数组，表格型数组是二维表格，就像数据库的表格一样，可以理解为列是字段（Field），行是记录（Record）。

1. 创建表格型变量

（1）直接创建表格　使用 table 函数来创建表格型变量，命令格式如下：

T = table（变量 1，变量 2，…）　　　　　　**%由变量 1、变量 2 等构成表格数据**

【例 2-24】　创建一个三个字段四个记录的表格。

```
>>Name={'XiaoHong';'LiMin';'YunDi';'KeLe'};
>>Age=[19;18;20;19];
>>Gender={'F';'M';'M';'M'};
>>T1=table(Name,Age,Gender)
T1 =

    Name          Age      Gender

    'XiaoHong'     19        'F'
    'LiMin'        18        'M'
    'YunDi'        20        'M'
    'KeLe'         19        'M'
```

程序分析：

Name、Age 和 Gender 分别是字段，用分号隔开每个元素。可以在 Workspace 中看出 T1 变量类型是 Table 型，占用的字节较多，为 2932 个。

（2）读入文件创建表格　表格也可以通过读入文件来创建，可以读入的文件包括文本文件.txt，.dat 或 .csv 文件和数据表格文件.xls，.xlsb，.xlsm，.xlsx，.xltm，.xltx 或.ods 文件。命令格式如下：

T = readtable（'文件名'）　　　　　　**%读文件名的表格内容**

【例 2-24 续 1】　读 Excel 文件中的表格数据。

```
>>T2 = readtable('ex1_24_1.xlsx')
T2 =

    Name         ID       State

    'XiaoHong'    1       'BeiJing'
    'LiMin'       2       'JiangSu'
    'YunDi'       3       'ShangHai'
    'KeLe'        4       'AnHui'
>>T21=readtable('ex1_24_1.xlsx','Range','A2:C3')%读部分表格数据
T21 =

    XiaoHong      x1       BeiJing

    'LiMin'       2       'JiangSu'
```

2. 表格中的元素

表格型变量中的数据使用"表格变量 . 字段名"，获得的字段是元胞数组，因此要获得单独的元素则需要使用{}取元胞数组的数据。

【例 2-24 续 2】 取表格型数据中的元素。

```
>>n=T1.Name              %取表格字段
n =
    'XiaoHong'
    'LiMin'
    'YunDi'
    'KeLe'
>>n1=T1.Name{1}          %取表格中的元素
n1 =
XiaoHong
```

程序分析：

可以看到 n 是元胞型数组，n1 是字符型变量。

3. 表格型与其他类型的转换

使用 array2table 和 table2array 可以将表格型与数值数组互相转换。

【例 2-24 续 3】 将矩阵转换为表格。

```
>>a=[1 2 3;4 5 6;7 8 9];
>>ta=array2table(a)              %将矩阵转换为表格
ta =

    a1    a2    a3
    __    __    __
    1     2     3

    4     5     6

    7     8     9
```

程序分析：

可以看到 a 是 double 型，占 72 个字节；ta 是 table 型，占 2010 个字节。

另外，表格型还可以与 cell、struct 型相互转换，使用 cell2table、struct2table 函数实现。

4. 表格的操作

对表格的常用操作包括表的记录重新排序、表的列重新排、重构表等，使用 addvars 增加表的列，sortrows 进行排序；并且还可以对多个表格进行合并和联接等操作，使用 join 对两个表进行合并。

【例 2-24 续 4】 将表格增加列，并且合并表格后排序。

```
>> Score=[95;85;65;78];
>>Tb=addvars(T2,Score)                  %增加一列 Score 分数
Tb =

    Name         ID      State         Score

    {'XiaoHong'}   1    {'BeiJing' }     95

    {'LiMin'   }   2    {'JiangSu' }     85

    {'YunDi'   }   3    {'ShangHai'}     65

    {'KeLe'    }   4    {'AnHui'   }     78
```

```
>>Tall=join(T1,Tb)                      %合并 T1 和 Tb 表
Tall =
       Name          Age    Gender    ID       State       Score
    {'XiaoHong'}      19     {'F'}      1    {'BeiJing' }    95
    {'LiMin'   }      18     {'M'}      2    {'JiangSu' }    85
    {'YunDi'   }      20     {'M'}      3    {'ShangHai'}    65
    {'KeLe'    }      19     {'M'}      4    {'AnHui'   }    78
>>Tsort=sortrows(Tall,6)                %按照第 6 列 Score 排序
Tsort =
       Name          Age    Gender    ID       State       Score
    {'YunDi'   }      20     {'M'}      3    {'ShangHai'}    65
    {'KeLe'    }      19     {'M'}      4    {'AnHui'   }    78
    {'LiMin'   }      18     {'M'}      2    {'JiangSu' }    85
    {'XiaoHong'}      19     {'F'}      1    {'BeiJing' }    95
```

程序分析：

join 合并表 T1 和 Tb 按共同有的列 ID 进行合并，合并后的表 Tall 中 ID 只有一列。

2.6.2　时间表

时间表 timetable 是一种特定类型的表，与表（table）相比，timetable 每一行关联一个时间。创建时间表的方法可以使用 timetable 函数创建也可以使用 readtimetable 函数从文件读取，读取的文件类型与表（table）相同。

时间表可以方便地按照时间来执行运算，包括按时间排序、移动和同步，并能对缺失值进行查找、填充等操作。

【例 2-25】　使用时间表记录测量的天气状况数据，并得出每小时的天气数据。

```
>> Time = datetime({'2021-11-18 17:48';'2021-11-18 19:03';'2021-11-18 20:03'});
>> Temp = [17.3;16.4;15.3];
>>TimeTemp1 = timetable(Time,Temp)                   %创建时间表
TimeTemp1 =
  3×1 timetable
         Time              Temp
    2021-11-18 17:48:00    17.3
    2021-11-18 19:03:00    16.4
    2021-11-18 20:03:00    15.3
>>TimeTemp2 = retime(TimeTemp1,'hourly','linear')    %得出每小时整点数据
TimeTemp2 =
  5×1 timetable
         Time              Temp
    2021-11-18 17:00:00    17.876
    2021-11-18 18:00:00    17.156
    2021-11-18 19:00:00    16.436
    2021-11-18 20:00:00    15.355
    2021-11-18 21:00:00    14.255
```

程序分析：

retime 进行重新采样时间表数据，根据原来的时间表数据按照每小时线性计算。

2.6.3 分类型

分类型数据是指限定范围的离散分类，用来高效方便地存放非数值数据，可以用分类型数据对表格中的数据分组。

对分类型数据可以采用 categorical 函数进行创建，然后再使用 categories 函数进行分类。

【例 2-26】 创建一个分类型数据。

```
>>a=eye(3);
>>b=categorical(a)            %创建分类型数据
b =
   1     0     0
   0     1     0
   0     0     1
>>c=categories(b)             %对数据分类
c =
   '0'
   '1'
>> d= countcats(b)           %计算各列的分类数
d =
   2     2     2
   1     1     1
```

程序分析：

在工作空间中可以看出 b 为 categorical 型，占用 343 个字节；c 为 cell 型；d 为 double 型，显示每列中 0 和 1 的个数。

2.7 关系运算和逻辑运算

MATLAB 中的运算除了算术运算外，还有关系运算和逻辑运算。

2.7.1 逻辑变量

MATLAB R2021a 中逻辑型（logical）数据只有 "1" 和 "0"，分别表示 true 和 false 两种状态，逻辑型变量只占 1 个字节。在 MATLAB 的关系运算和逻辑运算中，都要使用到逻辑型变量。

函数 logical 可以用来将数值型转换为逻辑型，任何非零的数值都转换为逻辑 1，数值 0 转换为逻辑 0。

【例 2-27】 逻辑型变量的运算。

```
>> a=[0 -1 0 10 0 0 9 -5 0 0]
a =
   0    -1    0    10    0    9    -5    0    0
>> b=logical(a)           %转换成逻辑型,所有的非 0 都是 1
```

```
    b =
        0    1    0    1    0    1    1    0    0


>> c=1:9
    c =
        1    2    3    4    5    6    7    8    9
>> d=c.*b
    d =
        0    2    0    4    0    6    7    0    0
>> d1=c(b)              %产生子矩阵块
    d1 =
        2    4    6    7
>> a(a<0)=10            %将小于 0 的数都改为 10
    a =
        0   10    0   10    0    9   10    0    0
```

程序分析：

b 是逻辑型变量，每个元素占用 1 个字节；d 为逻辑型变量与数值型变量的乘积，d 是 double 型；d1 是 double 型子矩阵块。

2.7.2　关系运算

MATLAB R2021a 常用的关系操作符有 <、<=、>、>=、==（等于）、~=（不等于）。关系运算的结果是逻辑型的 1(true) 或 0(false)。关系操作符 <、<= 和 >、>= 仅对参加比较变量的实部进行比较，而 == 和 ~= 则同时对实部和虚部进行比较。

关系运算规则：

1) 如果比较的两个变量都是标量，则结果为 1(true) 或 0(false)。

2) 如果比较的两个变量都是数组，则必须尺寸大小相同，结果也是同样大小的数组。

3) 如果比较的是一个数组和一个标量，则把数组的每个元素分别与标量比较，结果为与数组大小相同的数组。

两个浮点数比较是否相等应注意，由于浮点数存储的相对误差的存在，因此直接比较是否相等不合适，而应使用两数差小于一定范围来表示相等。

2.7.3　逻辑运算

MATLAB 的逻辑运算有三种类型：元素的逻辑运算、先决逻辑运算和位逻辑运算。

1. 元素的逻辑运算

元素的逻辑运算是将数组中的元素一一进行逻辑运算，常用的逻辑运算符：&（与）、|（或）、~（非）和 xor（异或）。在逻辑运算中，非 0 元素表示 true，0 元素表示 false。逻辑运算的运算规则：

1) 如果逻辑运算的两个变量都是标量，则结果为 0、1 的标量。

2) 如果逻辑运算的两个变量都是数组，则必须大小相同，结果也是同样大小的数组。

3) 如果逻辑运算的是一个数组和一个标量，则把数组的每个元素分别与标量比较，结果为与数组大小相同的数组。

【例 2-28】 使用关系运算和元素的逻辑运算找出大于 60 小于 100 的数位置。

```
>> num=round(rand(1,10)*100)    %生成<100 的整数
num =
    47   42   85   53   20   67   84    2   68   38
>> n=(num>60)&(num<100)         %判断是否大于 60 小于 100
n =
     0    0    1    0    0    1    1    0    1    0
>> n=n.*num
n =
     0    0   85    0    0   67   84    0   68    0
>> result=find(n)               %查找非零的数的位置
result =
     3    6    7    9
>> num1=num(num>50)             %将大于 50 的元素取出
num1 =
    85   53   67   84   68
```

程序分析：

round 函数是四舍五入取整；num>60 为关系运算得出逻辑型向量；& 为逻辑运算符，将两个关系运算的结果进行逻辑运算。

2. 先决逻辑运算

先决逻辑运算与元素逻辑运算相似，但可以减少逻辑判断的操作，运行效率高，注意先决逻辑运算只能用于标量的运算。先决逻辑运算符有：&&（先决与）和 | |（先决或）。

1）**A && B**：当 **A** 为 0（false）时，直接得出逻辑运算结果为 0（false），否则继续执行 & 运算。

2）**A||B**：当 **A** 为 1（true）时，直接得出逻辑运算结果为 1（true），否则，继续执行 | 运算。

【例 2-29】 使用先决逻辑运算符进行运算。

```
>> t=0:3
t =
     0    1    2    3
>> y1=(t(1)~=0)&&(100/t(1)>10)
y1 =
     0
>> y2=(t(2)~=0)&&(100/t(2)>10)
y2 =
     1
```

程序分析：

y1 使用 && 没有经过 & 运算，直接由 "t(1)~=0" 得出 0，y2 使用 && 是经过逻辑 & 计算的。

如果将 y1 中的 && 改为 &，就会出现警告提示，可以看出 && 和 & 的不同：

```
>> y1=(t(1)~=0)&(100/t(1)>10)
Warning: Divide by zero.
y1 =
     0
```

70

3. 位逻辑运算

位逻辑运算就是对非负整数按二进制形式进行逐位逻辑运算，然后将逐位逻辑运算后的二进制数转换为十进制数输出。

位逻辑运算函数有：bitand（位与）、bitor（位或）、bitcmp（位非）和 bitxor（位异或）。

例如，使用 bitand 和 bitor 函数来运算，位逻辑运算过程如图 2-10 所示。

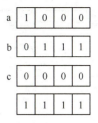

图 2-10　位逻辑运算过程

```
>> a=8
a =
    8
>> b=7
b =
    7
>> c=bitand(a,b)
c =
    0
>> d=bitor(a,b)
d =
   15
```

2.7.4　运算符优先级

在 MATLAB 的表达式中如果出现多种运算符，需要考虑各运算符的优先级。

各类运算符的优先级为：括号→算术运算符→关系运算符→逻辑运算符

各符号优先顺序为：

括号( ) →转置'. ' 幂^ .^ → 一元加减+−逻辑非~ →乘 * . * 除/ ./ \ . \ →加减+−→冒号:→关系运算>>=<<===~= →元素逻辑运算与 & →元素逻辑运算或| →先决逻辑运算与&& →先决逻辑运算或| |

例如，例 2-27 中的大于 60 且小于 100 的条件可以写成：

```
>> n=num>60&num<100
```

先执行关系运算>和<，再进行逻辑运算 &。

2.8　数组的信息和数据类型

MATLAB 提供了很多函数获得数组的各种属性，包括数组的信息、数据类型等。

1. 数组的信息

获取数组尺寸的函数见表 2-12。

表 2-12　获取数组尺寸的函数表

函数名		功　　能
size	d = size(A)	%以行向量 d 表示 A 数组的各维尺寸
	[m1, m2, ⋯] = size(A)	%返回数组 A 的各维尺寸
length	d = length (A)	%返回数组 A 各维中最大维的长度
ndims	n = ndims(A)	%返回数组 A 的维数
numel	n = numel(A)	%返回数组 A 的元素总个数
class	c = class(A)	%返回数组的类型

【例 2-30】　使用获取数组信息的函数。

```
>> a=rand(2,3)*10;
>> [m,n]=size(a)          %获得数组 a 的尺寸
m =
    2
n =
    3
>>a(1)=[];                %删除第一个元素 a
>> t=numel(a)             %求数组元素个数
t =
    5
```

2. 数组的检测函数

MATLAB 提供了很多数组的检测函数，都是以"is"开头，函数返回的结果为逻辑型，如果检测符合条件则返回 1，不符合条件就返回 0。

"is+数据类型"用来检测是否是该类型，如 isinteger、iscell、ischar 等；还有一些检测数组特征的，如 isempty、isinf、iskeyword、isrow 等。

例如，检测变量 a 的特征：

```
>> a=0:5;
>> isrow(a)              %检测是否是行向量
ans =
  logical
  1
>> isfloat(a)           %检测是否是浮点型
ans =
  logical
  1
```

3. 数组类型的转换

数据类型的转换有两种方法，一种是直接使用数据类型函数，如 double、int8、char 等；另一种是采用转换函数，转换函数的格式通常为"数据类型+2+另一种数据类型"，如 int2str、num2str、array2table 等。需要注意的是不是所有的数据都可以转换类型。

例如，将字符串进行如下类型转换：

```
>> a='hello';
>> b=double(a)%转换成双精度型
b =
  104  101  108  108  111
>> c=array2table(b)
c =
  1×5 table
    b1    b2    b3    b4    b5
    ___   ___   ___   ___   ___
    104   101   108   108   111
```

2.9　多项式

一个多项式按降幂排列为

$$p(x) = a_n x^n + a_{n-1} x^{n-1} + \cdots + a_1 x + a_0$$

在 MATLAB 中用行向量来表示多项式的各项系数，使用长度为 $n+1$ 的行向量按降幂排列，用 0 表示多项式中某次幂的缺项，则表示为

$$p = \begin{bmatrix} a_n & a_{n-1} \cdots a_1 & a_0 \end{bmatrix}$$

例如，$p(x) = x^3 - 4x^2 + 3x + 1$ 可表示为 $p = \begin{bmatrix} 1 & -4 & 3 & 1 \end{bmatrix}$；$p(x) = x^3 + 5x^2 + 2x$ 可表示为 $p = \begin{bmatrix} 1 & 5 & 2 & 0 \end{bmatrix}$。

2.9.1　多项式求根和求值

1. 多项式求根

使用 roots 函数来计算多项式的根，多项式的根以列向量的形式表示；反过来，也可以根据多项式的根使用 poly 函数获得多项式。

【例 2-31】　计算多项式的根并由根得出多项式。

```
>> p1=[1 -6 11 -6 0]
p1 =
    1   -6   11   -6    0
>> r1=roots(p1)            %求多项式的根
r1 =
        0
   3.0000
   2.0000
   1.0000
>> p2=poly([r1(2),r1(3)])   %根据根得出多项式
p2 =
   1.0000   -5.0000    6.0000
```

程序分析：

多项式 $p1 = x^4 - 6x^3 + 11x^2 - 6x = x(x-3)(x-2)(x-1)$，$p2 = x^2 - 5x + 6$。

2. 多项式求值

函数 polyval 和 polyvalm 可以用来计算多项式在给定变量时的值。语法格式如下：

polyval(p,x)　　　　　　　　　　　　　　%得出变量 x 对应多项式值

polyvalm(p,x)   %得出矩阵 x 对应多项式值

说明：polyvalm 要求输入的矩阵是行列相等的方阵，以矩阵为整体作为自变量。

【例 2-31 续】 计算例 2-30 中 p1 当变量为 5 和方阵时的值。

```
>> polyval(p1,5)
ans =
   120
>> x=[1 2;3 4];
>> polyvalm(p1,x)               %计算矩阵对应的多项式值
ans =
   48      64
   96     144
```

2.9.2 多项式的算术运算

1. 多项式的乘法和除法

多项式的乘法和除法运算分别使用函数 conv 和 deconv 来实现，这两个函数也可以对应于卷积（convpolytion）和解卷（deconvpolytion）运算。乘除法的命令格式如下：

p=conv(p1,p2)   %计算多项式 p1 和 p2 的乘积

[q,r]=deconv(p1,p2)   %计算多项式 p1 与 p2 的商

说明：除法不一定会除尽，多项式 p1 被 p2 除的商为多项式 q，而余子式是 r。

【例 2-32】 计算多项式的乘除法。

```
>> p1=[1 2];
>> p2=[1 3];
>> p3=[1 4];
>> p=conv(conv(p1,p2),p3)%计算三个多项式乘积
p =
   1     9     26    24
>> [p12,r]=deconv(p,p3) %计算多项式除法
p12 =
   1     5     6
r =
   0     0     0     0
```

2. 部分分式展开

将由分母多项式和分子多项式构成的表达式进行部分分式展开，当分母没有重根时：

$$\frac{B(s)}{A(s)} = \frac{r_1}{s - p_1} + \frac{r_2}{s - p_2} + \cdots + \frac{r_n}{s - p_n} + k(s)$$

当分母有重根 p_j 时，则表达式如下：

$$\frac{B(s)}{A(s)} = \frac{r_1}{s - p_1} + \frac{r_2}{s - p_2} + \cdots + \frac{r_n}{s - p_n} + \frac{r_j}{s - p_j} + \frac{r_{j+1}}{(s - p_j)^2} + \cdots + \frac{r_{j+m-1}}{(s - p_j)^m} + k(s)$$

用 residue 函数可以实现多项式的部分分式展开，部分分式展开经常在控制系统的计算传递函数中应用，residue 函数的语法格式如下：

[r,p,k]=residue(B, A)   %将分母多项式 A 和分子多项式 B 进行部分分式展开

说明：B 和 A 分别是分子和分母多项式系数行向量；r 是零点列向量 $[r_1;r_2;\cdots r_n]$；p 为 $[p_1;p_2;\cdots p_n]$ 极点列向量；k 为余式多项式的列向量。

residue 函数还可以将部分分式和形式转化为两个多项式除法，语法格式如下：

[B，A]=residue(r,p,k)

【例 2-33】　将两个表达式 G_1 和 G_2 进行部分分式展开，G_1 和 G_2 表达式如下：$G_1(s)=\dfrac{10}{s^4-6s^3+11s^2-6s}$ 和 $G_2(s)=\dfrac{10}{(s+1)^2(s+3)}$。

```
>> a1=[1 -6 11 -6 0];
>> b1=10;
>> [r1,p1,k1]=residue(b1,a1)          %将 G₁ 部分分式展开
r1 =
    1.6667
   -5.0000
    5.0000
   -1.6667
p1 =
    3.0000
    2.0000
    1.0000
         0
k1 =
    []
>> a2=conv(conv([1 1],[1 1]),[1 3])
a2 =
    1    5    7    3
>> b2=10;
>> [r2,p2,k2]=residue(b2,a2)          %将 G₂ 部分分式展开
r2 =
    2.5000
   -2.5000
    5.0000
p2 =
   -3.0000
   -1.0000
   -1.0000
k2 =
    []
```

程序分析：

部分分式展开的表达式为 $G_1(s)=\dfrac{10}{s^4-6s^3+11s^2-6s}=\dfrac{1.6667}{s-3}-\dfrac{5}{s-2}+\dfrac{5}{s-1}-\dfrac{1.6667}{s}$，$G_2(s)=\dfrac{10}{(s+1)^2(s+3)}=\dfrac{2.5}{s+3}-\dfrac{2.5}{s+1}+\dfrac{5}{(s+1)^2}$。

3. 多项式的微积分

在 MATLAB R2021a 中可以使用 polyder 函数来计算多项式的微分，polyder 函数可以计算单个多项式的导数以及两个多项式乘积和商的导数。语法格式如下：

polyder(p)　　　　　　　%计算 p 的导数
polyder(a,b)　　　　　　%计算 a * b 乘积的导数
[q,d]=polyder(b,a)　　　%计算 b/a 商的导数

MATLAB 的多项式积分函数为 polyint。语法格式如下：

polyint(p)　　　　　　　%计算 p 的积分
polyint(p,k)　　　　　　%计算 p 的积分,使用 k 作为常数项

【例 2-34】 计算多项式 $p(x)=x^3+5x^3+2x+1$ 的微积分。

```
>> p=[1 5 2 1];
>> d=polyder(p)          %计算多项式的微分
d =
    3    10    2
>> polyint(d,0)          %计算多项式的积分
ans =
    1    5    2    0
```

2.10　拟合与插值

拟合与插值是数值分析的常用方法，MATLAB 提供了专用的函数和"Curve Fitting"工具来实现。

2.10.1　拟合运算

如果面对一组杂乱的实验数据，希望能找出其中的规律就可以使用拟合的方法。拟合是指已知一系列的点，需要找出光滑的曲线连接这些点，从而得出描述曲线的不同函数。

1. 多项式的拟合

多项式拟合是用一个多项式来逼近一组给定的数据，多项式的拟合可以使用 polyfit 函数来实现，拟合的准则是最小二乘法，即找出使

$\sum_{i=1}^{n}|f(x_i)-y_i|^2$ 最小的 $f(x)$。语法格式如下：

p=polyfit(x,y,n)　　%由 x 和 y 得出多项式 p

说明：x、y 向量分别为数据点的横、纵坐标；n 是拟合的多项式阶次；p 为拟合的多项式，p 是 n+1 个系数构成的行向量。

【例 2-35】 使用多项式拟合的方法对 $y=6x^5+4x^3+2x^2-7x+10$ 曲线的数据进行拟合，拟合后根据多项式绘制的曲线如图 2-11 所示。

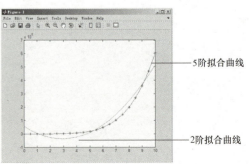

图 2-11　拟合曲线

```
>> x=0:0.5:10;
>> p=[ 6 0 4 2 -7 10];
>> y=polyval(p,x);
>> p1=polyfit(x,y,2)              %根据 x 和 y 进行 2 阶拟合
p1 =
  1.0e+004 *
    1.1071   -6.4978    5.7848
>> y1=polyval(p1,x);
>> p2=polyfit(x,y,5)              %根据 x 和 y 进行 5 阶拟合
p2 =
    6.0000   -0.0000    4.0000    2.0000   -7.0000  10.0000
```

程序分析：

p1 和 p2 分别是使用多项式拟合方法得出的 2 阶和 5 阶多项式的系数，5 阶拟合得出的多项式 p2 与原多项式 p 相同，因此，多项式拟合必须选择合适的阶数。

在图 2-12 中绘制原曲线、2 阶拟合曲线和 5 阶拟合曲线：

```
>> plot(x,y)                     %原曲线图
>> hold on
>> plot(x,polyval(p1,x),'o')     %2 阶拟合曲线
>> plot(x,polyval(p2,x),'*')     %5 阶拟合曲线
```

程序分析：

图中的圆圈是原始数据曲线，可以看出 2 阶拟合曲线（p2）则与原始数据拟合较好，5 阶拟合曲线（p2）与原始数据吻合。

2. 使用"Curve Fitting"工具实现多种函数曲线拟合

在 MATLAB 的界面中有三个面板，单击"APPS"面板里的"Curve Fitting" ⬛ 就可以打开图 2-12 所示的"Curve Fitting Tool"窗口。

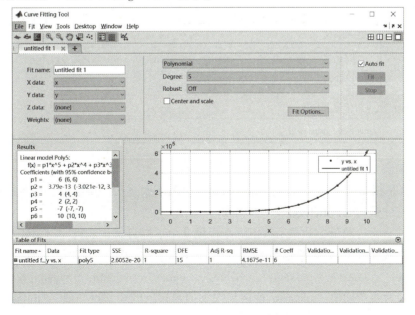

图 2-12　"Curve Fitting Tool"窗口

图 2-12 中左边为输入的数据，选择 "X data" 和 "Y data" 分别为例 2-34 中的 x 和 y；右边为拟合的算法，拟合算法有很多种，包括 interpolant、Linear Fitting、Polynomial、Power、Rational、Smoothing Spline、Sum of Sine 和 Weibull，如果选择 "Polynomial"，则是多项式拟合；然后选择 "Degree" 为 5 阶，则拟合的多项式参数就在 "Results" 栏出现，右边的图形也显示出拟合的波形图。

如果选择其他的拟合算法，则在右边选择 "Linear Fitting"，则按照线性函数得出 "y = f(x) = a ∗ (sin(x−pi)) +b ∗ ((x−10)^2) +c ∗ (1)"。在图 2-12 最下面的 "Table of Fits" 列出了拟合的各项参数，通过查看 SSE 误差二次方和等参数确定拟合程度，例如，7 阶多项式拟合，SSE = 0.0854，说明误差较小，拟合程度高；而 "Linear Fitting" 拟合时，SSE = 0.2851。

如果选择 "File" 菜单中的 "Save Session" 可以保存该拟合数据，在打开 "Curve Fitting Tool" 窗口时选择 "File" 菜单中的 "Load Session" 打开；选择 "File" 菜单中的 "Generate Code" 可以生成绘制拟合图形的 M 文件，运行可以产生拟合曲线。

2.10.2 插值运算

插值（Interpolation）是在一组已知数据点的范围内添加新的数据点，根据数据变化的规律在两个原始数据点之间插入新的数据点。插值运算广泛使用于信号和图像处理领域，可以通过插值来填充缺失的数据、对已有数据进行平滑处理和预测等。

MATLAB 的插值函数包括一维插值和网格插值，可以获得数据不同的平滑度、时间复杂度和空间复杂度，插值运算函数见表 2-13。

表 2-13　插值运算函数

函数名	功　　能	函数名	功　　能
interp1	一维插值	pchip	分段三次厄米多项式插值
interpft	一维傅里叶插值	makima	修正 Akima 分段三次 Hermite 插值
interp2	二维插值	mkpp	提取分段多项式
interp3	三维插值	unmkpp	提取分段多项式详细信息
interpn	N 维插值	spline	三次样条插值
griddedInterpolant	网格数据插值	ppval	分段多项式插值
padecoef	时滞的 Pade 逼近		

1. 一维插值

一维插值是指对一个自变量的插值，interp1 函数用来进行一维插值，命令格式如下：

yi = interp1(x,y,xi,' method ')

说明：x、y 为行向量，如果 y 为矩阵则根据 y 单下标方式构成行向量；xi 是插值范围内任意点的 x 坐标，yi 则是插值运算后的对应 y 坐标；' method '是插值函数的类型，包括' linear '、' nearest '、' next '、' previous '、' pchip '、' cubic '、' v5cubic '、' makima ' 和 ' spline '，默认是' linear '为线性插值，' nearest '速度最快为用最接近的相邻点插值，' spline '速度最慢为三次样条插值，' cubic '为三次多项式插值。

【例 2-36】　使用插值运算计算曲线中横坐标为 9.5 的对应纵坐标值，曲线表达式为 $y = 2\sin(x) + \sqrt{x}$。

```
>> x=1:10;
>> y=2 * sin(x)+sqrt(x);
>> y01=interp1(x,y,9.5)              %采用线性插值方法计算
y01 =
    2.9492
>> y02=interp1(x,y,9.5,'spline')     %采用三次样条插值方法计算
y02 =
    2.9558
>> y03=interp1(x,y,9.5,'cubic')      %采用三次多项式插值方法计算
y03 =
    3.0586
>> y04=interp1(x,y,9.5,'nearest')    %采用最接近的相邻点插值方法计算
y04 =
    2.0742
>> y0=2 * sin(9.5)+sqrt(9.5)         %实际值
y0 =
    2.9319
```

程序分析：

可以看出不同的插值方法得出的结果不同，因为插值本身就是一种推测和估计的过程，不同的估计方法计算的结果不同。从本例来看，线性插值的结果更精确，线性插值是用直线连接两个相邻的点来估计出中间的数据。

2. 网格插值

二维网格插值是指对两个自变量的插值，可以简单地理解为连续三维空间函数的取值计算，常用来计算随平面位置变化的温度、压力和湿度等。interp2、interp3 函数分别是 meshgrid 格式的二维网格和三维网格数据的插值，命令格式如下：

zi = interp2(x, y, z, xi, yi, ' method ')

说明：x 和 y 为行向量，z 为矩阵是（x，y）点的对应值；' method '是插值函数的类型，包括' linear '、' nearest '、' cubic '、' makima ' 和 ' spline '，默认方法为 ' linear '。

习　　题

1. 选择题

(1) 下列变量名中_____是合法的。

A. char_1,i,j　　　　　　B. x * y,a. 1　　　　　　C. x\y,a1234　　　　　　D. end,1bcx

(2) 下列_____是合法常量。

A. 3 * e10　　　　　　　B. 1e500　　　　　　　C. -1.85e-56　　　　　　D. 10-2

(3) x=uint8(2.3e10)，则 x 所占的字节是_____个。

A. 1　　　　　　　　　B. 2　　　　　　　　　C. 4　　　　　　　　　D. 8

(4) 已知 x = 0：10，则 x 有_____个元素。

A. 10　　　　　　　　B. 11　　　　　　　　C. 9　　　　　　　　　D. 12

(5) 产生对角线上为全 1 其余为 0 的 2 行 3 列矩阵的命令是_____

A. ones(2,3)　　　　　　B. ones(3,2)　　　　　　C. eye(2,3)　　　　　　D. eye(3,2)

(6) 已知数组 a= $\begin{bmatrix} 1 & 2 & 3 \\ 4 & 5 & 6 \\ 7 & 8 & 9 \end{bmatrix}$，则 a(:,end)是指_____

A. 所有元素　　　　　　B. 第一行元素　　　　　C. 第三列元素　　　　　D. 第三行元素

(7) 已知数组 a= $\begin{bmatrix} 1 & 2 & 3 \\ 4 & 5 & 6 \\ 7 & 8 & 9 \end{bmatrix}$，则运行 a(:,1)=[ ]命令后_____

A. a 变成行向量　　　　　　　　　　　B. a 数组为 2 行 2 列
C. a 数组为 3 行 2 列　　　　　　　　　D. a 数组中没有元素 3

(8) 已知数组 a= $\begin{bmatrix} 1 & 2 & 3 \\ 4 & 5 & 6 \\ 7 & 8 & 9 \end{bmatrix}$，则运行 mean(a)命令是_____

A. 计算 a 每行的平均值　　　　　　　　B. 计算 a 每列的平均值
C. a 数组增加一行平均值　　　　　　　D. a 数组增加一列平均值

(9) 已知 x 为一个向量，计算 ln(x)的 MATLAB 命令是计算_____

A. ln(x)　　　　　B. log(x)　　　　　C. Ln(x)　　　　　D. log10(x)

(10) 当 a=2.4，使用取整函数计算得出 3，则该取整函数名为_____

A. fix　　　　　B. round　　　　　C. ceil　　　　　D. floor

(11) 已知 a=0：4，b=1：5，下面的运算表达式出错的为_____

A. a+b　　　　　B. a./b　　　　　C. a'*b　　　　　D. a*b

(12) 已知 a=4，b='4'，下面说法中错误的为_____

A. 变量 a 比 b 占用的存储空间大　　　　B. 变量 a 和 b 可以进行加、减、乘、除运算
C. 变量 a 和 b 的数据类型相同　　　　　D. 变量 b 可以用 eval 命令执行

(13) 已知 s='显示" hello "'，则 s 的元素个数是_____

A. 12　　　　　B. 9　　　　　C. 7　　　　　D. 18

(14) 运行字符串函数 strncmp('s1','s2',2)，则结果是_____

A. 1　　　　　B. 0　　　　　C. false　　　　　D. true

(15) 命令 day(now)是指_____

A. 按照日期字符串格式提取当前时间　　B. 提取当前时间
C. 提取当前时间的日期　　　　　　　　D. 按照日期字符串格式提取当前日期

(16) 有一个 2 行 2 列的元胞数组 c，则 c(2)是指_____

A. 第 1 行第 2 列的元素内容　　　　　　B. 第 2 行第 1 列的元素内容
C. 第 1 行第 2 列的元素　　　　　　　　D. 第 2 行第 1 列的元素

(17) 以下运算符中哪个的优先级最高_____

A. *　　　　　B. ^　　　　　C. ~=　　　　　D. |

(18) 运行命令 bitand(20,15)的结果是_____

A. 15　　　　　B. 20　　　　　C. 4　　　　　D. 5

(19) 使用检测函数 isinteger (15) 的结果是_____

A. 1　　　　　B. 0　　　　　C. false　　　　　D. true

(20) 计算三个多项式 s1、s2 和 s3 的乘积，则算式为_____

A. conv(s1,s2,s3)　　　　　　　　　B. s1 * s2 * s3
C. conv(conv(s1,s2),s3)　　　　　　　D. conv(s1 * s2 * s3)

2. 复数变量 $a=2+3i$，$b=3-4i$，计算 $a+b$，$a-b$，$c=a*b$，$d=a/b$，并计算变量 c 的实部、虚部、模和相角。

3. 用 "from：step：to" 方式和 linspace 函数分别得到从 0~4π 步长为 0.4π 的变量 x1 和从 0~4π 分成 10 点的变量 x2。

4. 输入矩阵 $a = \begin{bmatrix} 1 & 2 & 3 \\ 4 & 5 & 6 \\ 7 & 8 & 9 \end{bmatrix}$，使用全下标方式取出元素 "3"，使用单下标方式取出元素 "8"，取出后两行子矩阵块，使用逻辑矩阵方式取出 $\begin{bmatrix} 1 & 3 \\ 7 & 9 \end{bmatrix}$。

5. 输入 a 为 3×3 的魔方阵，b 为 3×3 的单位阵，并将 a、b 小矩阵组成 3×6 的大矩阵 c 和 6×3 的大矩阵 d，将 d 矩阵的最后一行取出构成小矩阵 e。

6. 将矩阵 $a = \begin{bmatrix} 1 & 2 & 3 \\ 4 & 5 & 6 \\ 7 & 8 & 9 \end{bmatrix}$ 用 flipud、fliplr、rot90、diag、triu 和 tril 函数进行操作。

7. 求矩阵 $\begin{bmatrix} 1 & 3 \\ 5 & 8 \end{bmatrix}$ 的转置、秩、逆矩阵、矩阵的行列式值和矩阵的三次幂。

8. 求解方程组 $\begin{cases} 2x_1 - 3x_2 + x_3 + 2x_4 = 8 \\ x_1 + 3x_2 + x_4 = 6 \\ x_1 - x_2 + x_3 + 8x_4 = 7 \\ 7x_1 + x_2 - 2x_3 + 2x_4 = 5 \end{cases}$。

9. 计算数组 $A = \begin{bmatrix} 1 & 2 & 3 \\ 4 & 5 & 6 \\ 7 & 8 & 9 \end{bmatrix}$，$B = \begin{bmatrix} 1 & 1 & 1 \\ 2 & 2 & 2 \\ 3 & 3 & 3 \end{bmatrix}$ 的左除、右除以及点乘和点除。

10. 输入 a = [1.6 −2.4 5.2 −0.2]，分别使用数学函数 ceil、fix、floor、round 查看各种取整的运算结果。

11. 输入字符串变量 a 为 "hello"，将 a 的每个字符向后移 4 个，例如 "h" 变为 "l"，然后再逆序排放赋给变量 b。

12. 计算函数 $f(t) = 10e^{2t} - \sin(4t)$ 的值；其中 t 的范围从 0~20 步长取 0.2；$f_1(t)$ 为 $f(t) \geq 0$ 的部分，计算 $f_1(t)$ 的值。

13. 创建三维数组 a，第一页为 $\begin{bmatrix} 1 & 2 \\ 3 & 4 \end{bmatrix}$，第二页为 $\begin{bmatrix} 1 & 2 \\ 2 & 1 \end{bmatrix}$，第三页为 $\begin{bmatrix} 1 & 2 \\ 2 & 2 \end{bmatrix}$。重排生成数组 b 为 3 行、2 列、2 页。

14. 计算 x 从 0~20，$y = \sin(x)$ 中，π<x<4π 范围内 y>0 的所有值。

15. 创建一个时间表，存放 7 天的温度并显示。

16. 输入数组 $a = \begin{bmatrix} 1 & 2 & 3 \\ 4 & 5 & 6 \\ 7 & 8 & 9 \end{bmatrix}$，使用数组信息获取函数得出行列数，元素个数，是否是字符型。

17. 创建一个 Excel 表格，包含 5 行 3 列的记录，三列分别是 "产品名" "产品质量" 和 "产品价格"，并读取第一行。

18. 创建一个映射，键为电话号码，值为姓名和地址，通过键获取第二个记录的地址，并修改。

19. 两个多项式 $a(x) = 5x^4 + 4x^3 + 3x^2 + 2x + 1$，$b(x) = 3x^2 + 1$，计算 $c(x) = a(x) * b(x)$，并计算 $c(x)$ 的根。当 $x = 2$ 时，计算 $c(x)$ 的值；将 $b(x)/a(x)$ 进行部分分式展开。

20. x 从 0 到 20，计算多项式 $y1 = 5x^4 + 4x^3 + 3x^2 + 2x + 1$ 的值，并根据 x 和 y 进行 2 阶、3 阶和 4 阶拟合。

第3章

数据的可视化

数据的可视化是 MATLAB R2021a 非常擅长的功能，将杂乱无章的数据通过图形来显示，可以从中观察出数据的变化规律、趋势特性等内在的关系。本章主要介绍使用 MATLAB 绘制二维和三维图形，以及使用不同线型、色彩、数据点标记和标注等来修饰图形。

3.1　二维绘图

使用 MATLAB R2021a 的函数命令绘制图形是件轻松而愉悦的事情。

【例 3-1】　绘制一个正弦波形，绘制的正弦曲线图如图 3-1 所示。

```
>>x=0:0.1:10;
>>y=sin(x);
>>plot(x,y)          %根据 x 和 y 绘制二维曲线图
```

程序分析：

plot 函数自动创建 Figure 1 图形窗口并显示绘制的图形，横坐标是 x，纵坐标是 y。

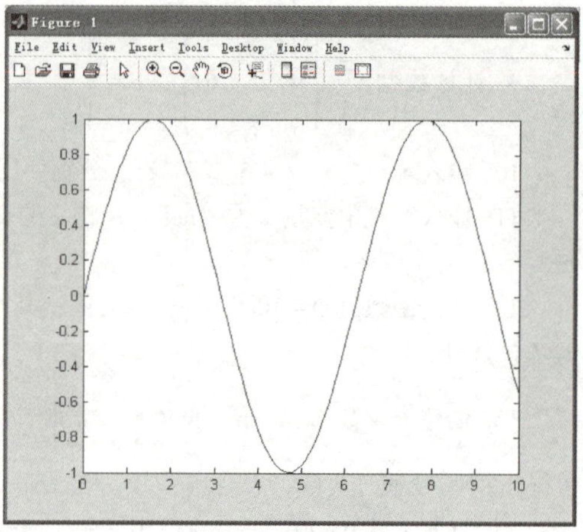

3.1.1　绘图的一般步骤

MATLAB 提供了丰富的绘图函数和绘图工具，可以画出令用户相当满意的彩色图形，并可以对图形进行各种修饰。在 MATLAB 中绘制一个典型图形一般需要七个步骤。

图 3-1　正弦曲线图

1. 曲线数据准备

对于二维曲线，需要准备横坐标和纵坐标数据；对于三维曲面，则要准备矩阵参变量和对应的 Z 坐标值。

2. 指定图形窗口和子图位置

可以使用 Figure 命令指定图形窗口，默认时打开 Figure 1 窗口，或使用 tiledlayout 或 subplot 命令指定当前子图。

3. 绘制图形

根据数据绘制曲线后，并设置曲线的绘制方式包括线型、色彩、数据点形等。

4. 设置坐标轴和图形注释

设置坐标轴包括坐标的范围、刻度和坐标分格线等，图形注释包括图名、坐标名、图例、文字说明等。

5. 仅对三维图形使用的着色和视点等设置

对三维图形还需要着色、明暗、灯光、材质处理，以及视点、三度（横、纵、高）比等设置。

6. 图形的精细修饰

图形的精细修饰可以利用对象或图形窗口的菜单和工具条进行设置，属性值使用图形句柄进行操作，将在第 6 章中详细介绍。

7. 按指定格式保存或导出图形

将绘制的图形窗口保存为 .fig 文件，或转换成其他图形文件。

其中步骤 1 到步骤 3 是最基本的绘图步骤。如果利用 MATLAB 的默认设置通常只需要这三个基本步骤就可以绘制出图形。

3.1.2　基本绘图函数

MATLAB R2021a 中最基本的绘图函数是绘制曲线函数 plot。plot 函数是最核心而且使用最广泛的二维绘图函数，命令格式如下：

plot(y)　　　　　　　　%绘制以 y 为纵坐标的二维曲线

plot(x , y)　　　　　　%绘制以 x 为横坐标 y 为纵坐标的二维曲线

plot(x1 , y1 , x2 , y2 , ···)　%在同一窗口绘制多条二维曲线

说明：x 和 y 可以是实数向量或矩阵，也可以是复数向量或矩阵。

（1）y 为向量时的 plot(y)　当 y 是长度为 n 的向量时，则坐标系的纵坐标为 y，横坐标为从 1 开始的向量，MATLAB 根据 y 向量的元素序号自动生成，长度与 y 相同。

【例 3-2】　绘制以 y 为纵坐标的锯齿波，如图3-2所示。

```
>> y=[1 0 1 0 1 0];
>> plot(y)
```

程序分析：

图 3-2 中的横坐标自动为 1~6 与纵坐标相对应，plot(y) 适合绘制横坐标间隔为 1 的曲线。

（2）y 为矩阵时的 plot(y)　当 y 是一个 m×n 的矩阵时，plot（y）函数将矩阵的每一列画一条线，共 n 条曲线，各曲线自动用不同的颜色表示；每条线的横坐标为向量 1：m，m 是矩阵的行数。

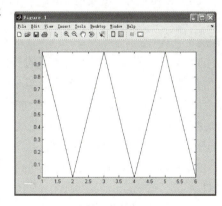

图 3-2　锯齿波图

【例 3-3】　绘制矩阵 y 为 2×3 的曲线图，如图3-3a所示；绘制由 peaks 函数生成的一个 49×49 的二维矩阵的曲线图，如图3-3b 所示。

```
>>y1=[1 2 3;4 5 6];
>> plot(y1)
>>y=peaks;              %产生一个 49 * 49 的矩阵
>> plot(y)
```

程序分析：

y 是 2×3 的矩阵，每列画一条曲线共 3 条，第一条线纵坐标画的是 [1 4] 两点。

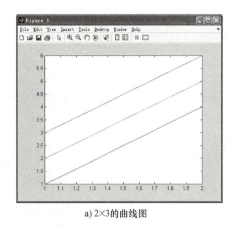

a) 2×3的曲线图

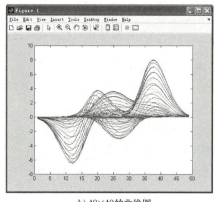

b) 49×49的曲线图

图 3-3　矩阵的曲线图

（3）x 和 y 为向量时的 plot（x，y）　当参数 x 和 y 是向量时，x、y 的长度必须相等，图 3-1 的正弦曲线就是这种。

【例 3-4】　绘制方波信号，如图 3-4 所示。

```
>>x=[0 1 1 2 2 3 3 4 4];
>>y=[1 1 0 0 1 1 0 0 1];
>>plot(x,y)
>>axis([0 4 0 2])    %将坐标轴范围设定为 0~4 和 0~2
```

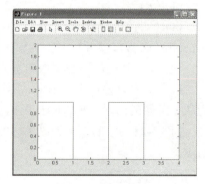

图 3-4　方波信号图

（4）x 和 y 为向量或矩阵时的 plot（x，y）　当 plot（x，y）命令中的参数 x 和 y 是向量或矩阵时，分别有以下几种情况：

1）x 是向量 y 是矩阵时：x 的长度与矩阵 y 的行数或列数必须相等，如果 x 的长度与 y 的每列元素个数相等，向量 x 与 y 的每列向量画一条曲线；如果 x 的长度与 y 的每行元素个数相等，则向量 x 与矩阵 y 的每行向量对应画一条曲线；如果 y 是方阵，x 和 y 的行数和列数都相等，则向量 x 与矩阵 y 的每列向量画一条曲线。

2）x 是矩阵 y 是向量时：y 的长度必须等于 x 的行数或列数，绘制的方法与前一种相似。

3）x 和 y 都是矩阵时：x 和 y 大小必须相同，矩阵 x 的每列与 y 的每列画一条曲线。

【例 3-5】　x 是向量，分别绘制 y1、y2 和 y3 的曲线，已知 y1 矩阵的每行元素个数与 x 的长度相等，y2 矩阵的每列元素个数与 x 的长度相等，y3 是方阵，曲线分别如图 3-5a、b 和 c 所示。

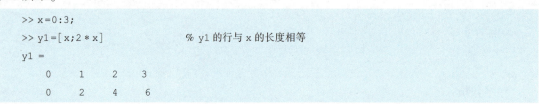

```
>> x=0:3;
>> y1=[x;2*x]            % y1 的行与 x 的长度相等
y1 =
    0    1    2    3
    0    2    4    6
```

```
>> plot(x,y1)
>> y2=[x;x.^2]'          % y2 的列与 x 的长度相等
y2 =
     0     0
     1     1
     2     4
     3     9
>> plot(x,y2)
>> y3=[x;2*x;3*x;4*x]    % y3 是方阵
y3 =
     0     1     2     3
     0     2     4     6
     0     3     6     9
     0     4     8    12
>> plot(x,y3)
```

85

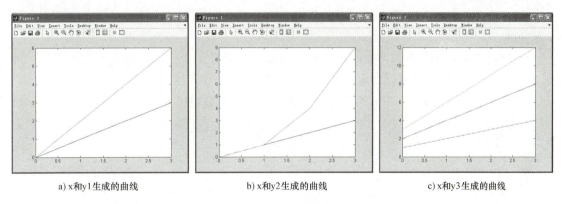

a) x和y1生成的曲线　　　　　b) x和y2生成的曲线　　　　　c) x和y3生成的曲线

图 3-5　plot 绘制的曲线

程序分析:

y3 为方阵,因此每条曲线按照列向量来绘制,第一列为全 0,对应图 3-5c 中的横坐标上的线。

【例 3-6】　x 是矩阵,分别绘制 x 与 y1 和 x 与 y2 的曲线,已知 y1 是向量且长度与 x 的行数相等,y2 是矩阵且与 x 尺寸相同,曲线分别如图 3-6a 和图 3-6b 所示。

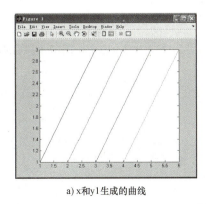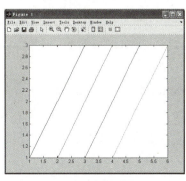

a) x和y1生成的曲线　　　　　　　　　　b) x和y2生成的曲线

图 3-6　绘制的 x 是矩阵时的图形

```
>> x=[1:4;2:5;3:6]
x =
    1    2    3    4
    2    3    4    5
    3    4    5    6
>> y1=[1 2 3]                    % y1 长度与 x 的行数相等
y1 =
    1    2    3
>> plot(x,y1)
>> y2=[1 1 1 1;2 2 2 2;3 3 3 3]   % y2 是矩阵且与 x 尺寸相同
y2 =
    1    1    1    1
    2    2    2    2
    3    3    3    3
>> plot(x,y2)
```

程序分析：

图 3-6a 中 x 的每列为横坐标，y1 的所有元素为纵坐标；图 3-6b 是 x 和 y2 的每列对应的 4 条曲线。

（5）plot(z)绘制复数数组曲线　参数 z 为复数数组时，plot(z)是以实部为横坐标，虚部为纵坐标绘制曲线，z 可以是向量也可以是矩阵。

【例 3-6 续】　将例 3-6 中 x 为实部，y2 为虚部构成复数数组 z，绘制 z 的曲线。

```
>> z=x+y2*i
z =
    1.0000 + 1.0000i    2.0000 + 1.0000i    3.0000 + 1.0000i    4.0000 + 1.0000i
    2.0000 + 2.0000i    3.0000 + 2.0000i    4.0000 + 2.0000i    5.0000 + 2.0000i
    3.0000 + 3.0000i    4.0000 + 3.0000i    5.0000 + 3.0000i    6.0000 + 3.0000i
>> plot(z)
```

程序分析：

plot(z)是以实部 x 和虚部 y2 的每列数据来绘制曲线的，绘制的图形与图 3-6b 完全相同，在此就不另外显示了。

（6）绘制多条曲线 plot(x1,y1,x2,y2,…)　plot(x1,y1,x2,y2,…)函数可以在一个图形窗口中同时绘制多条曲线，使用同一个坐标系，每一对矩阵（xi，yi）的绘图方式与前面相同，MATLAB 自动以不同的颜色绘制不同曲线。

（7）绘制日期曲线图　以日期型序列为横坐标，按日期更改坐标的刻度标签格式。

【例 3-7】　t 是日期行向量，使用 plot 函数绘制在 2022.10.1—2022.10.7 期间的温度曲线，如图 3-7 所示。

```
>>t1=datetime(2022,10,1);
>>t2=caldays(0:6);%产生日期行向量
>>t=t1+t2;
>>Tempratures=[15,16,18,20,17,19,18];
>>plot(t,Tempratures)
```

程序分析：

在图 3-7 中可以看到横坐标是按照日期每天分隔的。

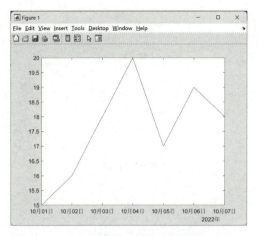

图 3-7　在窗口绘制时间曲线

3.1.3　多个图形的绘制

MATLAB 可以方便地对多个图形进行对比，既可以在一个图形窗口中绘制多个图形，也可以打开多个图形窗口来分别绘制。

1. 同一个窗口多个子图

在同一个窗口绘制多个图形，可以将一个窗口分成多个子图，使用多个坐标系分别绘图。MATLAB 2019 版后使用 tiledlayout 函数建立子图，使用 nexttile 依次指定不同图块；在之前的版本则使用 subplot 函数建立子图，各函数的命令格式如下：

tiledlayout（m,n）　　　　　　　%将窗口分成（m×n）幅子图

nexttile　　　　　　　　　　　%下一个子块

subplot（m,n,i）　　　　　　　%将窗口分成（m×n）幅子图,第 i 幅为当前图

子图的编排序号原则是：左上方为第 1 幅，先从左向右后从上向下依次排列。

【例 3-8】　在同一个窗口中建立四个子图，在子图中分别绘制 $\sin(x)$、$\cos(x)$、$\sin(2x)$ 和 $\cos(2x)$ 曲线，分别使用 tiledlayout 和 subplot 函数，运行后的图形窗口如图 3-8 所示。

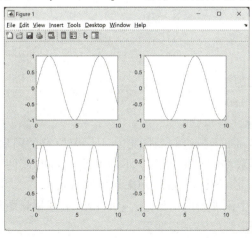

图 3-8　在同一窗口四个子图

```
%%使用 tiledlayout 函数
x=0:0.1:10;
tiledlayout(2,2),nexttile          %第一行左图
plot(x,sin(x))
nexttile                           %第一行右图
plot(x,cos(x))
nexttile                           %第二行左图
plot(x,sin(2*x))
nexttile                           %第二行右图
plot(x,cos(2*x))
%%使用 subplot 函数
x=0:0.1:10;
subplot(2,2,1),plot(x,sin(x))      %第一行左图
subplot(2,2,2),plot(x,cos(x))      %第一行右图
subplot(2,2,3),plot(x,sin(2*x))    %第二行左图
subplot(2,2,4),plot(x,cos(2*x))    %第二行右图
```

2. 双纵坐标图

在实际应用中，常常需要把同一自变量的两个不同量纲、不同数量级的数据绘制在同一张图上。例如，在同一张图上画出温度、压力的时间响应曲线等，可以使用双纵坐标。

双纵坐标图是指在同一个坐标系中使用左右两个不同刻度的坐标轴，采用 yyaxis 命令，语法格式如下：

yyaxis left   %绘制左边纵轴曲线
yyaxis right   %绘制右边纵轴曲线

【例 3-9】 在同一窗口使用双纵坐标绘制电机的转速 n 与电磁转矩 m 随电流 ia 变化的曲线，如图 3-9 所示。

```
>> ia=0:0.5:80;m=0.6*ia;
>> n=1500-15*ia;
>> yyaxis left, plot(ia,m)         %左边坐标
>> yyaxis right, plot(ia,n)        %右边坐标
```

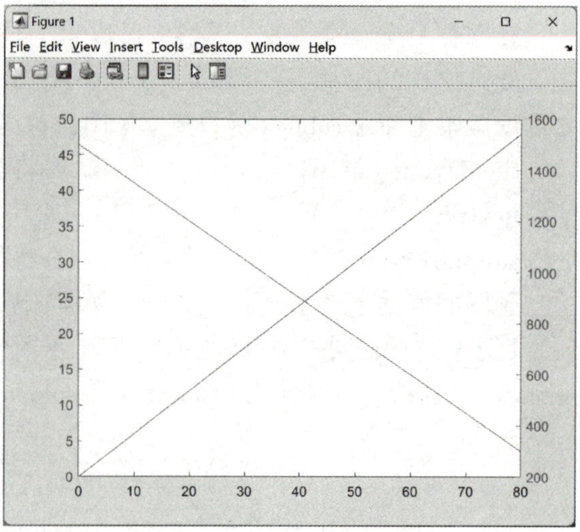

图 3-9 双纵坐标图

程序分析：

左边纵坐标为 m，范围是 0~50；右边的纵坐标为 n，范围是 0~1500。

3. 同一窗口多次叠绘

在前面的例子中调用 plot 函数绘制新图形会不保留原有的图形，使用 hold 命令可以保留原图形，使多个 plot 函数在一个坐标系中不断叠绘，hold on 使当前坐标系和图形保留，hold off 使当前坐标系和图形不保留，hold 用来切换保留状态。

在保留的当前坐标系中添加新的图形时，MATLAB 会根据新图形的大小，重新改变坐标系的比例，以使所有的图形都能够完整地显示。

【例 3-10】 在同一窗口使用 hold 命令对曲线在同一图中叠绘，如图 3-10 所示。

```
>> x1=0:0.1:10;
>> plot(x1,sin(x1))
>> hold on              %保留
>> x2=0:0.1:15;
>> plot(x2,2*sin(x2))
>> plot(x2,3*sin(x2))
>> hold                 %切换为不保留
```

程序分析：

图 3-10 中的三条曲线的叠绘，其纵坐标为最大的范围 −3~3，横坐标为 0~15。

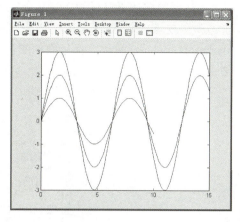

图 3-10　在同一图中叠绘

4. 指定图形窗口

使用 plot 等绘图命令时，都是默认打开 "Figure 1" 窗口，使用 figure 语句可以打开多个窗口，命令格式如下：

figure(n) 　　　　　　　**%产生新图形窗口**

说明：如果该窗口不存在，则产生新图形窗口并设置为当前图形窗口，该窗口名为 "Figure n"，而不关闭其他窗口。

例如，可以使用 "figure(1)" "figure(2)" 等语句来同时打开多个图形窗口。指定图形窗口是 3.1.1 节中绘图步骤的第 2 步。

3.1.4　设置曲线绘制方式、坐标轴和图形注释

绘制曲线时还需要对图形曲线的线型、颜色、数据点型、坐标轴和图形注释等进行设置。对图形的精细设置还可以使用图形对象属性，将在 6.1 节中详细介绍。

1. 曲线的线型、颜色和数据点形

（1）采用 plot 函数设置

plot(x,y,s) 　　　　　　**% s 设置曲线的线型等的字符串**

对曲线可以设置曲线的线型、颜色和数据点形等，参数见表 3-1。

表 3-1　线型、颜色和数据点形参数表

颜　色			数据点间连线		数据点形	
类型	符号	RGB 三元组	类型	符号	类型	符号
黄色	y（Yellow）	[1, 1, 0]	实线（默认）	–	实点标记	.
紫红色	m（Magenta）	[1, 0, 1]	点线	:	圆圈标记	o
青色	c（Cyan）	[0, 1, 1]	点画线	–.	叉号形×	x
红色	r（Red）	[1, 0, 0]	虚线	––	十字形+	+
绿色	g（Green）	[0, 1, 0]			星号标记*	*
蓝色	b（Blue）	[0, 0, 1]			方块标记□	s
白色	w（White）	[1, 1, 1]			钻石形标记◇	d
黑色	k（Black）	[0, 0, 0]			向下的三角形标记	v
					向上的三角形标记	^
					向左的三角形标记	<
					向右的三角形标记	>
					五角形标记☆	p
					六角形标记	h

89

plot 函数中还可以设置 LineWidth 线条的宽度（以磅为单位），MarkerEdgeColor 用来设置边颜色或填充标记（圆形、方形、菱形、五角形、六角形和四个三角形）的边颜色，MarkerFaceColor 设置填充标记面的颜色，以及 MarkerSize 设置标记的大小（以磅为单位，必须大于 0）。

【例 3-11】 在图形中设置曲线的不同线型和颜色并绘制图形，如图 3-11 所示。

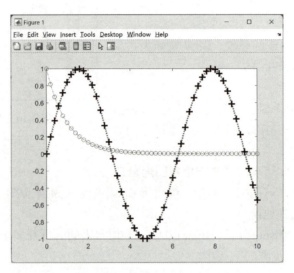

图 3-11 使用不同线型和颜色绘制图形

```
>> x=0:0.2:10;y=exp(-x);
>> plot(x,y,'ro-.')%红色圆圈标点,用点画线连接
>> hold on
>> z=sin(x);
>>plot(x,z,'m+:','LineWidth',2,'MarkerEdgeColor','k','MarkerSize',10)
%紫色加号标点,用点线连接,线宽为2,边颜色为黑色,加号大小为10
```

（2）设置线条对象的属性 获取 plot 绘制的线图对象，通过设置属性修改曲线的特性。

【例 3-11 续】 获取红色曲线对象，并修改图中的曲线颜色属性为黑色。

```
>>p1=plot(x,y,'color','r','Marker','o','LineStyle','-.')
>> p1                 %查看 p1 的所有属性
p1 =
  Line with properties:
                Color: [0 0 0]
            LineStyle: '-.'
            LineWidth: 2
               Marker: 'o'
           MarkerSize: 6
      MarkerFaceColor: 'none'
                XData:[1×51 double]
                YData:[1×51 double]
                ZData:[1×0 double]
>> p1.Color=[0,0,0]        %修改曲线颜色为黑色
```

程序分析：

p1 是 Line 对象，可以看到 p1 的各种属性，使用 p1. Color 可以获得颜色属性，需要注意属性的大小写是区分的，开头字母要大写。

2. 设置坐标轴

MATLAB 可以通过设置坐标轴的刻度和范围来调整坐标轴，表 3-2 列出常用的坐标轴控制命令，都是以 "axis" 开头。

【例 3-12】　在图形中设置曲线的坐标轴，图形显示如图 3-12 所示。

```
>> x=0:0.1:2*pi+0.1;
>> plot(sin(x),cos(x))
>> axis([-2,2,-2,2])       %设置坐标范围
>> axis square             %坐标轴设置为正方形
>> axis off                %坐标轴消失
```

程序分析：

坐标轴显示默认的矩形坐标时看到的是椭圆，将坐标轴设置为正方形则显示为圆；坐标轴消失命令使图形窗口中不显示坐标轴，常用于对图像的显示。

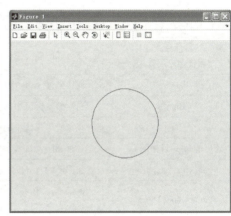

图 3-12　设置曲线的坐标轴

表 3-2　常用的坐标控制命令

命　令	含　义	命　令	含　义
axis auto	使用默认设置	axis equal	纵、横轴采用等长刻度
axis manual	使当前坐标范围不变，以后的图形都在当前坐标范围显示	axis off	取消轴背景
axis fill	在 manual 方式下起作用，使坐标充满整个绘图区	axis tight	把数据范围直接设为坐标范围
axis vis3d	保持高宽比不变，三维旋转时避免图形大小变化	axis on	使用轴背景
axis ij	矩阵式坐标，原点在左上方	axis square	产生正方形坐标系
axis xy	普通直角坐标，原点在左下方	axis normal	默认矩形坐标系
axis([xmin,xmax, ymin,ymax])	设定坐标范围，必须满足 xmin < xmax，ymin<ymax，可以取 inf 或−inf	axis image	纵、横轴采用等长刻度，且坐标框紧贴数据范围

3. 分隔线和坐标框

（1）分隔线　分隔线是指在坐标系中根据坐标轴的刻度使用虚线进行分隔，分隔线的疏密取决于坐标刻度，MATLAB 的默认设置是不显示分格线。

MATLAB 使用 grid on 显示分隔线；grid off 不显示分隔线；反复使用 grid 命令在 grid on 和 grid off 之间切换。

（2）坐标框　坐标框是指坐标系的刻度框，MATLAB 的默认设置是坐标框呈封闭形式。使用 box on 使当前坐标框呈封闭形式；box off 使当前坐标框呈开启形式；反复使用 box 命令则在 box on 和 box off 命令之间切换。

4. 图形注释

图形注释是对打开的正在编辑的图形进行文字标注，常用的图形注释命令见表 3-3。

表 3-3 常用的图形注释命令

命令格式	功　能
title('s')	使用字符串 s 添加图标题
xlabel('s')	使用字符串 s 添加横坐标轴标签
ylabel('s')	使用字符串 s 添加纵坐标轴标签
legend(目标区,'s1','s2', '属性名','属性值')	在目标区建立图例 s1，s2；设置属性名的属性值
line(x,y)	使用向量 x 和 y 中的数据在当前坐标区中绘制线
xline(x)	在当前坐标区中的指定 x 值处创建一条常量垂直线
yline(y)	在当前坐标区中的指定 y 值处创建一条常量水平线
datatip(目标图)	在目标图（如线图或散点图）的第一个绘图数据点上创建数据提示
text(xt,yt,'s')	在图形的（xt，yt）坐标处书写文字注释 s
annotation('type', [x1,x2],[y1,y2])	根据 type 在指定的坐标处添加标注元素，type：rectangle 为矩形，ellipse 为椭圆，textbox 为文本框，line 为线，arrow 为箭头，doublearrow 为双箭头，textarrow 为带文字的箭头

【例 3-13】　在图形中绘制对称曲线并添加文字注释，如图 3-13 所示。

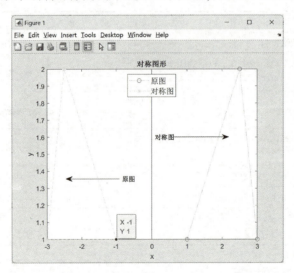

图 3-13 绘制对称曲线并添加文字注释

```
>> a=[1 3 2.5 1;1 1 2 1]'
a =
    1.0000    1.0000
    3.0000    1.0000
    2.5000    2.0000
    1.0000    1.0000
>> x=a(:,1);y=a(:,2);
```

```
>> plot(x,y,'ro:')
>> hold on
>> T=[-1 0;0 1];
>> aa=a*T
aa =
   -1.0000    1.0000
   -3.0000    1.0000
   -2.5000    2.0000
   -1.0000    1.0000
>> x1=aa(:,1);y1=aa(:,2);
>>p2=plot(x1,y1,'y*--')                                     %绘制对称图形
>> title('对称图形')                                        %添加标题
>> xlabel('x'); ylabel('y');                                %添加坐标轴注释
>> annotation('textarrow',[.6,.8],[.6,.6],'string','对称图');  %添加带文字的箭头
>> annotation('textarrow',[.4,.2],[.4,.4],'string','原图');    %添加带文字的箭头
>>xline(0);                                                 %添加线
>> legend('原图','对称图','FontSize',12,'Location','north')   %添加图例
>>dt = datatip(p2,-1,1);                                    %添加数据提示
```

程序分析：

1）a 矩阵与矩阵 T=[−1 0;0 1]相乘得出按照 y=0 轴对称的矩阵 aa。

2）annotation('type',[x1,x2],[y1,y2])函数中的 x1、x2 指对象横坐标的起点和终点，y1 和 y2 指对象纵坐标的起点和终点，x1、x2、y1 和 y2 都表示整个图形的比例，例如 0.5 表示整个图形的一半位置。

如果在图形注释中需要使用一些特殊字符如希腊字母、数学符等，则使用前面加 "\" 的符号表示，例如，"\alpha" 显示 "α"，"\pi" 显示 "π"。

5. 使用鼠标添加注释文字

使用 gtext 函数可以把字符串放到图形中鼠标所指定的位置上，命令格式如下：

gtext('s')　　　　　　　　%用鼠标把字符串放在图形上

gtext({'s1','s2','s3',...})　　%一次将多个字符串分行放置在图形上

gtext({'s1';'s2';'s3';...})　　%一次放置一个字符串分多次放置在图形上

说明：如果参数 s 是单个字符串或单行字符串矩阵，那么一次鼠标操作就可把全部字符以单行形式放置在图上；如果参数 s 是多行字符串矩阵，那么每操作一次鼠标，只能放置一行字符串，需要通过多次鼠标操作，把字符串放在图形的不同位置。

例如，在正弦图形窗口中使用 gtext 添加三个文字标注：

```
>> gtext({'\pi';'2\pi';'3\pi'})
```

在运行 gtext 命令后，当前图形窗口自动由后台转为前台，鼠标光标变为十字叉，如图 3-14

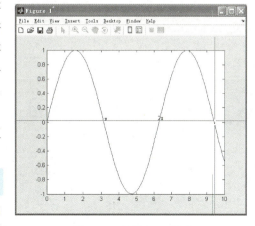

图 3-14　运行 gtext 命令

所示；移动鼠标到希望的位置，单击鼠标右键，将字符串 s 放在紧靠十字叉点的第一象限位置上；在图 3-14 中在三个不同的位置添加标注，放置完第三个文字"3π"后十字叉就消失了。

6. 使用鼠标获取图形数据

MATLAB 还可以从图形中获取数据，ginput 函数单击在图上获取鼠标所在处的数据。因此，ginput 命令在数值优化、工程设计中十分有用，但仅适用于二维图形。命令格式如下：

[x,y] = ginput(n)   **%用鼠标从图形上获取 n 个点的坐标(x,y)**

说明：参数 n 应为正整数，是通过鼠标从图上获得数据点的个数；x、y 用来存放所取点的坐标是列向量，每次获取的坐标点为列向量的一个元素。

当 ginput 函数运行后，会把当前图形从后台调到前台，同时鼠标光标变为十字叉，用户移动鼠标将十字叉移到待取坐标点，单击鼠标左键，便获得该点坐标；当 n 个点的数据全部取到后，图形窗口便退回后台。

为了使 ginput 命令能准确选点，可以先使用工具栏的 🔍 按钮对图进行局部放大处理。

例如，在图形窗口中使用 ginput 获取 3 点的数据存放在变量 x 和 y 中：

```
>> [x,y]=ginput(3)
```

3.2   特殊图形和坐标的绘制

在实际的应用中，还有很多特殊图形经常需要绘制，如数据统计中的饼形图、柱状图和电路分析中的向量图、极坐标图等，MATLAB 绘制这些特殊图形非常方便。

常用的特殊图形函数见表 3-4。

表 3-4   常用的特殊图形函数

函数格式	图形	功　　能
bar(x,y,width,参数)		绘制横坐标 x，纵坐标 y，宽度为 width 的柱状图
area(x,y)		绘制横坐标 x，纵坐标 y 的面积图
pie(x,explode,'label')		绘制显示各元素占总和的百分比的饼形图
scatter(x,y,sz)		在 x，y 位置绘制散点图，sz 是圆圈的大小
stackedplot(tb)		绘制表格 tb 的堆叠图，具有公共的横坐标
plotmatrix(x,y)		创建子坐标矩阵，由 x 各列对应 y 各列组成的散点图
swarmchart(x,y,sz)		绘制群图，散点在 x 维度中偏移，sz 是圆圈的大小
histogram(y,n)		统计并绘制 n 段数据的分布数据的直方图
stem(x,y,参数)		绘制横坐标 x，纵坐标 y，离散的火柴杆图
stairs(x,y,'线型')		绘制横坐标 x，纵坐标 y，离散的阶梯图

（续）

函数格式	图形	功　　能
errorbar(X,Y,L,U,'线型')	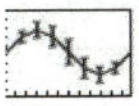	绘制在（X,Y）处向下长为 L，向上长为 U 的误差条
compass(u,v,'线型')		绘制横坐标为 u，纵坐标为 v 的罗盘图
feather(u,v,'线型')	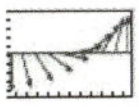	绘制横坐标为 u，纵坐标为 v 的羽毛图
quiver(x,y,u,v)	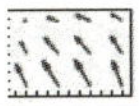	绘制以（x,y）为起点，横纵坐标为（u,v）的向量场
polar(theta,rho,参数)		根据相角 theta 和离原点的距离 rho 绘制极坐标图
semilogx(x,y,'线型')	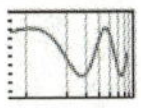	绘制 x 为对数的多条曲线
semilogy(x,y,'线型')	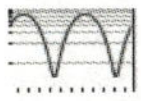	绘制 y 为对数的多条曲线
loglog(x,y,'线型')	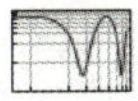	绘制 x、y 都为对数的多条曲线
comet(x,y)		绘制 x、y 的彗星曲线
pareto(y)		绘制 y 的帕雷塔图形
spy(s)	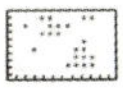	绘制稀疏矩阵 s 的稀疏点位置图
rose(t)	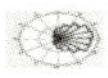	绘制角度 t 的直方图
contour（z）		绘制矩阵 z 的等高线图

3.2.1　特殊图形绘制

在 MATLAB 的 Workspace 窗口中，如果选择了 Workspace 窗口中的某个内存变量，单击鼠标右键，其下拉的菜单如图 3-15 所示，在其中选择各菜单项就可以绘制各种不同的特殊图形；选择"Plot Catalog"则可以打开各种绘图函数的帮助文本。

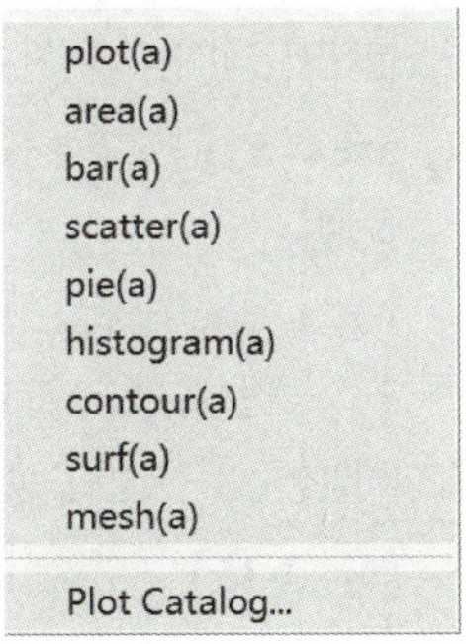

1. 柱状图

柱状图常用于对统计的数据进行显示，便于观察在一定时间段中数据的变化趋势，比较不同组数据集以及单个数据在所有数据中的分布情况，特别适用于少量且离散的数据。MATLAB 使用 bar 函数来绘制柱状图，命令格式如下：

plot(a)
area(a)
bar(a)
scatter(a)
pie(a)
histogram(a)
contour(a)
surf(a)
mesh(a)
Plot Catalog...

图 3-15　Plot 的下拉菜单

bar(x,y,width,参数)　　　　　　　**%画柱状图**

说明：

1）x 是横坐标向量，省略时默认值是 1：m，m 为 y 的向量长度。

2）y 是纵坐标，可以是向量或矩阵，当是向量时每个元素对应一个竖条，当是 m×n 的矩阵时，将画出 m 组竖条每组包含 n 条。

3）width 是竖条的宽度，省略时默认宽度是 0.8，如果宽度大于 1，则条与条之间将重叠。

4）参数有' grouped '（分组式）和' stacked '（累加式），省略时默认为' grouped '。

柱状图函数表见表 3-5。

表 3-5　柱状图函数表

函　数	功　能	函　数	功　能
bar	垂直柱状图	bar3	三维垂直柱状图，参数除了' grouped '和' stacked '还有' detached '（分离式）
barh	水平柱状图	bar3h	三维水平柱状图

【例 3-14】　绘制柱状图显示三个部门 5 个月的销售业绩，使用垂直柱状图分组式、垂直柱状图累加式和三维垂直柱状图三种显示，如图 3-16 所示。

```
>> a1=[25.3 30.5 42.8 61.2 45];
>> a2=[15.3 20.7 38.8 59.2 46];
>> a3=[35.1 40.7 58.8 75.2 59];
>> a=[a1;a2;a3];
>> subplot(1,3,1)
>> bar(a)
>> subplot(1,3,2)
>> bar(a,'stacked')
>> subplot(1,3,3)
>> bar3(a)
```

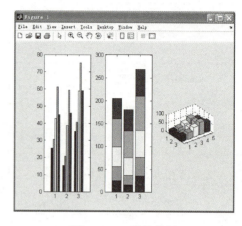

图 3-16　三种柱状图

程序分析：

可以看出分组式是按行分组的，使用累加式进行总和的比较。

2. 面积图

面积图与柱状图相似，只不过是将一组数据的相邻点连接成曲线，然后在曲线与横轴之间填充颜色，适合于连续数据的统计显示。

面积图使用函数 area 绘制，只适用于二维数组，命令格式如下：

area(x,y)　　　　　　　　**％画面积图**

说明：

1）x 是横坐标，可省略，当 x 省略时则横坐标为 $1:size(y,1)$。

2）y 可以是向量或矩阵，如果 y 是向量则绘制的曲线和 plot 命令相同，只是曲线和横轴之间填充了颜色；如果 y 是矩阵则每列向量的数据构成面积叠加起来。

【例 3-15】　绘制面积图显示三个部门 5 个月的销售业绩，如图 3-17 所示，使用例 3-14 中的数据。

```
>> a
a =
    25.3000 30.5000 42.8000 61.2000 45.0000
    15.3000 20.7000 38.8000 59.2000 46.0000
    35.1000 40.7000 58.8000 75.2000 59.0000
>> area(a)
```

程序分析：

面积图是按列绘制的，共有 5 列因此是 5 组面积图。

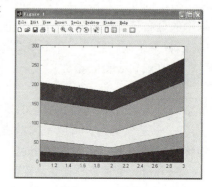

图 3-17　绘制面积图

3. 饼形图

饼形图适用于显示向量或矩阵中各元素占总和的百分比。可以用 pie 函数绘制二维饼形图，命令格式如下：

pie (x , explode , ' label ')　　%画二维饼形图

说明：

1）x 是向量，用于绘制饼形图。

2）explode 是与 x 同长度的向量，用来决定是否从饼图中分离对应的一部分块，非零元素表示该部分需要分离。

3）' label '是用来标注饼形图的字符串数组。

三维的饼形图使用 pie3 函数来绘制，格式与 pie 相同。

【例 3-16】　绘制饼形图显示三个月的数据，如图 3-18 所示。

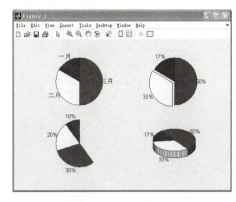

图 3-18　绘制饼形图

```
>> x=[1 2 3];
>> subplot(2,2,1)
%添加文字标注
>> pie(x,{'一月','二月','三月'})
>> subplot(2,2,2)
>> pie(x,[0 1 0])              %将二月的饼块分离
>> subplot(2,2,3)
>> x1=x*0.1;
>> pie(x1)
>> subplot(2,2,4)
>> pie3(x)                     %三维饼形图
```

程序分析：

当 x 的所有元素和>1 时，饼形图是一个整圆，当 x1 的所有元素和<1 时，则不足 1 的部分空缺，如图 3-18 的左下子图所示。

4. 直方图

直方图又称为频数直方图，适于显示数据集的分布情况并具有统计的功能。

histogram 函数用于创建直方图，直方图和柱状图的形状相似但功能不同，直方图自动划分成若干柱条，每个柱的高度显示该区间内分布的数据个数。命令格式如下：

histogram (y , n)　　　　　%统计每段的元素个数并画出直方图

h = histogram (y , n)　　　　%获取直方图对象

说明：n 为分段的个数，也可以使用向量指定边界。

【例 3-17】　绘制直方图统计并显示数据，如图 3-19 所示。

```
>> x=randn(20,1);      %产生 20 个正态分布随机数
>>tiledlayout(2,1);nexttile;
>>histogram(x,20);      %分 20 段
>>nexttile;
```

```
>> h=histogram(x,-3:1:3)              %确定每段边界
h =
  Histogram with properties:
                      Data: [20×1 double]
                    Values: [0 4 4 9 2 1]
                   NumBins: 6
                  BinEdges: [-3 -2 -1 0 1 2 3]
                  BinWidth: 1
                 BinLimits: [-3 3]
             Normalization: 'count'
                 FaceColor: 'auto'
                 EdgeColor: [0 0 0]
>>n=h.Values                          %获取每段的数据
n =
    0    4    4    9    2    1
```

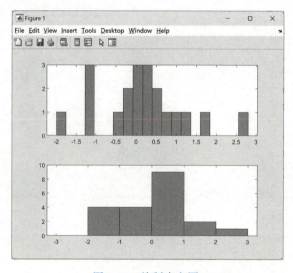

图 3-19 绘制直方图

程序分析：

histogram(x,20)分为 20 段，根据统计的数据自动确定横轴的范围，每段高度是由在该段范围内的元素个数确定的；histogram(x,-3：1：3)自动分 6 段，h.NumBins＝6，每段宽度为 1。

5. 离散数据图

MATLAB 的离散数据图有 stem 绘制的火柴杆图和 stairs 绘制的阶梯图。

（1）stem 函数 stem 函数绘制的方法和 plot 命令相似，不同的是将数据用一个垂直于横轴的火柴棒表示，火柴头的小圆表示数据点。stem 函数的命令格式如下：

stem（x,y,参数）   %绘制火柴杆图

说明：

1）x 是横坐标，可以省略，当 x 省略时则横坐标为 1：size（y，1）。

2）y 是用于画火柴杆的数据，y 可以是向量或矩阵，y 是矩阵时则每行的数据对应一个

横坐标。

3）参数可以是' fill '或线型，' fill '表示将火柴杆头填充，线型与 plot 的线型参数相似。

（2）stairs 函数　　stairs 函数用于绘制阶梯图，命令格式如下：

stairs(x,y,'线型')　　　　　　　　**%绘制阶梯图**

说明：stairs 函数的格式与 stem 函数相似，y 如果是矩阵则每行画一条阶梯曲线。

【例 3-18】　使用火柴杆图和阶梯图绘制离散数据 $y=e^{-t}\sin(2t)$，如图 3-20 所示。

```
>> t=0:0.1:10;
>> y=exp(-t).*sin(2*t);
>> subplot(2,1,1)
>> stem(t,y,'fill')          %填充火柴杆图
>> subplot(2,1,2)
>> stairs(t,y,'r--')         %红色虚线阶梯图
```

6. 散点图

scatter 函数用来绘制包含圆形或其他形状的散点图，常用于显示数据的分布情况。命令格式如下：

scatter(x,y,sz,c)　　　　　　**%绘制在(x,y) 处的散点图,sz 是圆圈大小,c 是颜色**

【例 3-19】　使用 scatter 函数绘制散点图，绘制的散点图如图 3-21 所示。

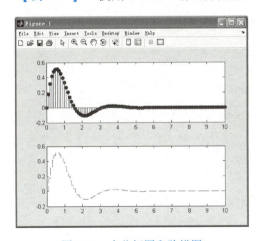

图 3-20　火柴杆图和阶梯图

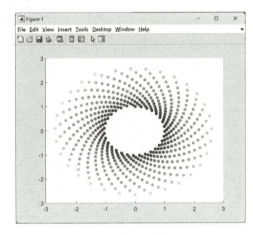

图 3-21　散点图

```
>>t = linspace(0,1,500);
>> x = exp(t).*sin(100*t);
>> y = exp(t).*cos(100*t);
>> c = linspace(1,2,length(t));
>>scatter(x,y,30,c,'filled');        %绘制散点图填充圆形
```

程序分析：

c 为设置的颜色，散点大小为 30，使用 filled 填充圆形。

7. 相量图

相量图可以用来表示复数，MATLAB 可以使用 compass 绘制罗盘图、feather 绘制羽毛图和 quiver 绘制向量场。

（1）compass 函数　compass 函数绘制的图中每个数据点都是以原点为起点的带箭头的线段，称为罗盘图，命令格式如下：

compass(u,v,'线型')　　　　　%绘制横坐标为 **u** 纵坐标为 **v** 的罗盘图

compass(Z,'线型')　　　　　%绘制复相量 **Z** 的罗盘图

说明：u、v 分别为复相量的实部和虚部，$u=real(Z)$，$v=imag(Z)$。

（2）feather 函数　feather 函数是在直角坐标系中绘图，起点为 X 轴上间隔单位长度的刻度点，称为羽毛图，命令格式如下：

feather(u,v,'线型')　　　　　%绘制横坐标为 **u** 纵坐标为 **v** 的羽毛图

feather(Z,'线型')　　　　　%绘制复相量羽毛图

（3）quiver 函数　quiver 函数绘制相量场，也是在直角坐标系中绘图，常用于绘制梯度场，命令格式如下：

quiver(x,y,u,v)　　　　　%绘制以 **(x,y)** 为起点，横纵坐标为 **(u,v)** 的相量场

【例 3-20】 已知如图 3-22 所示电路图，电流 $I=10\sin$ $(100t+\pi/6)$ A，$R=10\Omega$，$\omega L=3\Omega$，$1/(\omega C)=2\Omega$ 时计算 U、U_r、U_c 和 U_L，分别使用 compass、feather 和 quiver 函数绘制复相量 U、U_r、U_c 和 U_L 的相量图，如图 3-23a、b 和 c 所示。

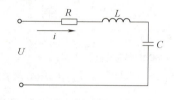

图 3-22　电路图

设 $Z_L=j\omega L$，$Z_C=1/(j\omega C)$，$U=I*(R+Z_L+Z_C)$，

$$\dot{I} = 10\ \underline{/\tfrac{\pi}{6}} = 10e^{j\tfrac{\pi}{6}}$$

```
>> I=10*exp(j*pi/6)
>> R=10;
>> zc=2*1/j;
>> zl=3j;
>> Ur=I*R                    %电阻电压
Ur =
  86.6025 +50.0000i
>> Uc=zc*I                   %电容电压
Uc =
  10.0000 -17.3205i
>> Ul=zl*I                   %电感电压
Ul =
-15.0000 +25.9808i
>> U=I*(R+zc+zl)
U =
  81.6025 +58.6603i
>> compass([Uc,Ur,Ul,U],'r')        %绘制红色罗盘图
>> feather([Uc,Ur,Ul,U])            %绘制羽毛图
>> quiver([0,1,2,3],0,[real(Ur),real(Uc),real(Ul),real(U)],[imag(Ur),imag(Uc),imag
(Ul),imag(U)])                      %绘制相量场
```

程序分析：

compass 绘制的是罗盘图显示幅值和相角，feather 是在直角坐标中绘图，quiver 是相量场，起点横坐标分别是 0、1、2、3，纵坐标是 0，显示相量的实部和虚部。

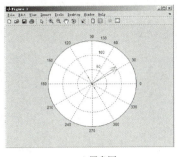

a) 罗盘图

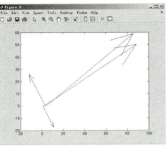

b) 羽毛图

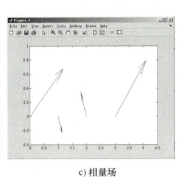

c) 相量场

图 3-23　电路图和相量图

8. 散点图矩阵

使用 plotmatrix 函数创建子坐标区矩阵绘制散点图，常用于多个图对数据进行对比显示。命令格式如下：

plotmatrix(x,y,'参数')　　　　　%绘制散点图矩阵

plotmatrix(x,'参数')　　　　　　%绘制散点图,对角线用直方图

说明：由 x 各列相对 y 的各列数据组成的散点图，如果 x 是 p×n 且 y 是 p×m 矩阵，则生成 n×m 子坐标区矩阵；'参数'设置线型。当只有 x 时，用 histogram(x(:,i)) 替换了第 i 列中对角线上的子坐标区。

【例 3-21】　使用 plotmatrix 函数绘制散点图矩阵，绘制的散点图矩阵如图 3-24 所示。

```
>> figure(2)
>> Y=[x;y]';
>>plotmatrix(Y,'*r')        %绘制散点图矩阵
```

程序分析：

矩阵的第 i 行、第 j 列中的子图是 X 的第 i 列相对于 X 的第 j 列的散点图，沿对角线方向是 X 的每一列的直方图。其中 X、Y 与例 3-19 中相同。

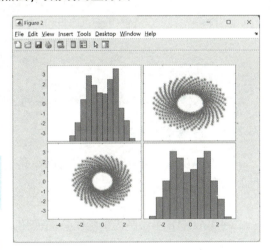

图 3-24　散点图矩阵

9. 堆叠图

使用 stackedplot 函数创建具有公共 x 轴的几个变量的堆叠图，常用于表格中各列数据的显示。命令格式如下：

stackedplot(tb,'参数')　　　　　%绘制表格数据堆叠图

stackedplot(x,y,'参数')　　　　　%绘制 y 列对 x 的堆叠图

【例 3-22】　使用 stackedplot 函数对表格的列数据绘制堆叠图，绘制的堆叠图如图 3-25 所示。

```
>> T=readtable('ex3.xlsx')
T =
  5×4 table
```

Name	Age	Score	State
{'XiaoHong'}	28	95	{'BeiJing'}
{'LiMin' }	36	75	{'JiangSu'}
{'YunDi' }	30	86	{'ShangHai'}
{'KeLe' }	20	56	{'AnHui' }
{'Coco' }	36	90	{'ChongQin'}

```
>>stackedplot(T)        %绘制堆叠图
```

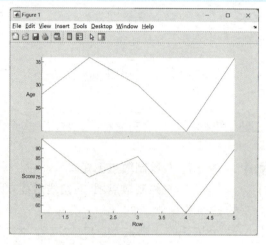

图 3-25　堆叠图

程序分析：

图中的是使用表格的 Age 和 Score 列分别绘制两个堆叠图。

3.2.2　特殊坐标轴图形绘制

MATLAB 除了可以在刻度均匀的直角坐标系中绘制图形，也提供了特殊坐标轴，如极坐标和对数坐标。

1. 极坐标图

在 MATLAB 中绘制极坐标线条图使用 polarplot 命令，绘制极坐标散点图使用 polarscatter，命令格式如下：

polarplot(theta , r , 参数)　　　　　　　%根据相角 **theta** 和离原点的距离 **r** 绘制极坐标图
polarscatter(theta , r , sz)　　　　　　%根据相角 **theta** 和离原点的距离 **r** 绘制散点图

说明：相角 theta 是以弧度为单位，theta 和 r 的尺寸大小要一致，sz 是散点大小。

【例 3-23】　使用 polarplot 函数来绘制极坐标图，如图 3-26 所示。

```
>> theta=0:0.1:2*pi;
>> r1=sin(theta);
>> r2=cos(theta);
%在极坐标中绘制两条曲线
>> polarplot([theta,theta],[r1,r2],'r')
>> hold on;
>> t=0:pi/3:2*pi;
>> r=0.5*ones(length(t),1);
>>polarscatter(t,r,100,'b')        %绘制散点图
```

程序分析：

polarplot 函数绘制红色的两条曲线，polarscatter 的圆圈大小为 100，b 表示蓝色。

2. 对数坐标图

对数坐标图是指坐标轴的刻度不是线性刻度而是对数刻度，semilogx 和 semilogy 函数分别绘制对 X 轴和 Y 轴的半对数坐标图，loglog 是双对数坐标图。命令格式如下：

semilogx(x1,y1,'线型',x2,y2,'线型',……)　　　　　%绘制 x 为对数的多条曲线
semilogy(x1,y1,'线型',x2,y2,'线型',……)　　　　　%绘制 y 为对数的多条曲线
loglog(x1,y1,'线型',x2,y2,'线型',……)　　　　　　%绘制 x、y 都为对数的多条曲线

【例 3-24】　计算传递函数 $G(s) = \dfrac{1}{0.05s + 1}$ 对数幅频特性 $L(w) = -20 * \log 10(\sqrt{(0.05 * w)^2 + 1})$，横坐标为 w 按对数坐标，绘制半对数坐标如图 3-27 所示。

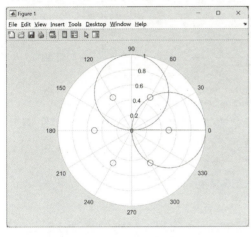

图 3-26　极坐标图和散点图

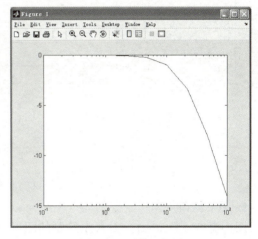

图 3-27　对数坐标图

```
>> w=logspace(-1,2,10);
>> Lw=-20 * log10(sqrt((0.05 * w).^2+1));
>> semilogx(w,Lw)
```

程序说明：

w 是产生的对数相量，这样横坐标就按对数均匀分布。

3.3　MATLAB 的图形窗口

图形窗口是运行 MATLAB 绘图函数时自动生成的，在 MATLAB 中绘制的所有图形都显示在图形窗口中，默认文件名为"Figure 1"。

3.3.1　图形窗口界面

MATLAB R2021a 的图形窗口功能非常强大，除了可以显示绘图函数的结果，还可以进行交互式绘图，能实现图形设置属性、颜色、添加标注等功能。使用"plottools"命令可以打开图形工具面板。

【例 3-25】　在图形窗口中绘制曲线，绘制的图形如图 3-28 所示。

```
>> x=0:0.2:10;
>> y=sin(x).*exp(-x);
>> plot(x,y)
>> plottools
```

MATLAB R2021a 的图形工具面板主要包括图形窗口、图形面板、绘图浏览器和属性编辑器四个面板。

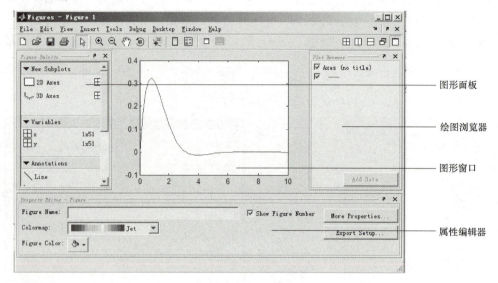

图 3-28 图形工具面板

1. 图形窗口

图形窗口（Figure 1）是显示绘制的图形，即 Figure 1 窗口，显示的是"plot（x,y）"命令绘制的图形。

（1）工具栏

MATLAB R2021a 图形窗口有三个工具栏，如图 3-29 所示。工具栏可以通过"View"菜单来添加。

图 3-29 三个工具栏

1）图形窗口工具栏（Figure Toolbar）：主要用于对图形文件和图形窗口进行各种处理，包括打开、保存、打印文件等，在图形窗口中添加图标、颜色条，进行三维图形的旋转等。

2）照相工具栏（Camera Toolbar）：主要用于设置图形的视角和光照等，可以从不同的视角和光照来观测图形。

3）绘图编辑工具栏（Plot Editor Toolbar）：主要用于向图形中添加文本标注和各种标注对象。

（2）菜单

1）File 菜单中的"Generate M-file"菜单项可以生成画图的 M 文件。例如，在如图 3-30 所示的 M 文件编辑窗口中，显示的是所生成的例 3-24 的"createfigure. m"文件。

2）"Insert"菜单用于向当前图形窗口中插入各种标注图形，包括"X Label""Y Label""Z Label""Title""Legend""Colorbar""Line""Arrow""Text Arrow""Double Arrow""TextBox""Rectangle""Ellipse""Axes"和"Light"等，几乎所有的标注都可以通过菜单来添加。

3）"Tools"菜单中的"Data Cursor"是在曲线上使用光标查看各数据点的数据值。

4）"Tools"菜单中的"Pin to Axes"是用来锚定图形标注对象，使图形窗口变化时标注对象相对于坐标轴的位置不变，选择"Pin to Axes"菜单项，然后单击需要锚定对象的锚定点，则该点就被锚定。

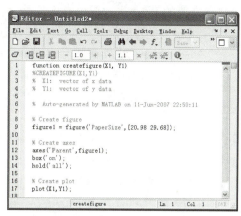

图 3-30　生成的 M 文件编辑器窗口

105

5）"Tools"菜单中的"Basic Fitting"提供了基本的拟合关系曲线。

6）"Tools"菜单中的"Data Statistics"提供了数据统计窗口。

2. 面板

MATLAB 的交互式图形工具主要包括图形面板、绘图浏览器和属性编辑器。

图形面板（Figure Palette）用来添加多个子坐标区，修改绘图变量，以及在图形窗口添加标注等对象；绘图浏览器（Plot Browser）用来显示当前绘图区中不包括文字标注的所有坐标区；属性编辑器（Property Editor）用来设置修改图形中各对象的属性。

3.3.2　图形的打印和输出

MATLAB 生成的图形文件为 .fig 文件格式，如果需要在其他图形软件中编辑图形文件，则可以通过将图形文件导出为特定标准格式的图像文件，也可以将图形以不同文件格式复制到 Windows 剪贴板，供其他程序直接粘贴。

1. 导出图形文件

在 MATLAB R2021a 中导出图形文件使用菜单"File"→"Export Setup…"，则会打开如图 3-31a 所示的导出设置对话框。

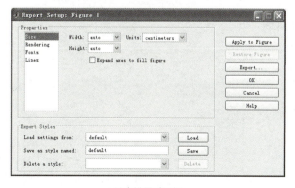

a) 导出设置对话框

b) 另存为对话框

图 3-31　导出设置和另存为对话框

在左侧的 Properties 栏中有四部分设置：

1）Size：设置图形导出的图像文件的长宽尺寸。

2）Rendering：设置图形导出时采用的色彩模式、着色器、分辨率和坐标轴标签等。

3）Fonts：设置图形导出时文字的字体、字号、倾斜度等。

4）Lines：设置图形导出时线条的线型、线宽等。

单击右侧的"Export…"按钮时，就会出现另存为对话框，可以设置保存的文件格式，如图 3-31b 所示，可以看到图形文件的保存格式有 .fig、.bmp、.emf、.jpg、.pdf、.tif、.pcx 和 .png 等常用图形文件格式。

2. 将图形复制到剪贴板

将图形复制到剪贴板的方法是选择菜单"Edit"→"Copy Figure"进行复制，可以先单击"Copy Options…"菜单则打开"Preferences"对话框，如图 3-32 所示，在"Preferences"对话框中进行复制设置。

在"Preferences"对话框中可以对剪贴板保存的文件格式设置颜色、格式和尺寸，MATLAB 把图形复制到剪贴板只有两种图像格式：彩色的增强图元文件向量图（Metafile）和 8 位彩色 BMP 格式点阵图（BMP），默认能使用 Metafile 时就使用 Metafile 格式。

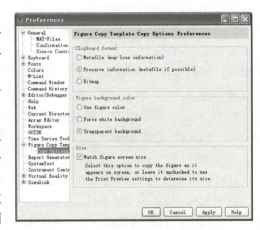

图 3-32 "Preferences"对话框

3.4 基本三维绘图命令

MATLAB 绘制的三维图形包括三维曲线、三维网格线和三维表面图。三维图形与二维图形相比需要的数据是三维的，并且三维图形还增加了颜色表、光照、视角等设置。

3.4.1 三维曲线图

三维曲线图是指根据（x，y，z）坐标变化绘制的曲线，使用 plot3 命令实现，使用格式与二维绘图的 plot 命令相似，命令格式如下：

plot3(x,y,z,'线型')　　%绘制三维曲线

说明：x，y，z 必须是相同尺寸的数组，若是向量时则绘制一条三维曲线，若是矩阵时绘制多条曲线。三维曲线的条数等于矩阵的列数。

【例 3-26】 绘制三维曲线，其中 $y=\sin(x)$，$z=\cos(x)$，绘制的图形如图 3-33 所示。

```
>> x=[0:0.2:10;30:0.2:40]'; %两列数据
>> y=sin(x);
>> z=cos(x);
>> plot3(x,y,z)
```

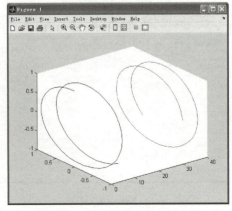

图 3-33 两条三维曲线

程序分析：

x、y、z 都是有两列数据的矩阵，因此绘制了两条三维曲线。

3.4.2　三维曲面图

三维曲面图包括三维网线图和三维表面图，三维曲面图与三维曲线图的不同是三维曲线图是以线来定义而三维曲面图是以面来定义，因此面上的点都要连接起来。MATLAB R2021a 的三维曲面图函数见表 3-6。

表 3-6　三维曲面图函数表

图　形	函数名	功　能	图　形	函数名	功　能
	mesh	三维网线图		waterfall	三维瀑布图
	meshc	三维网线带等高线图		ribbon	三维彩带图，只显示一维数据
	meshz	三维网线带围裙线图		Contour3	三维等高线图
	surf	三维表面图		surfl	三维表面加光照效果图
	surfc	三维表面带等高线图			

1. 产生矩形网格

MATLAB R2021a 绘制三维曲面图的方法是用矩形网格来绘制曲面，即将 x 方向划分为 m 份，将 y 方向划分为 n 份，则整个（x，y）平面就划分成 m×n 个网格，然后计算出各网格点对应的 z 绘制出网格顶点，将各顶点相互连接起来形成曲面。

MATLAB 的 meshgrid 函数就是用来在（x，y）平面上产生矩形网格的，其命令格式如下：

[X,Y]=meshgrid(x,y)　　　　%产生 XY 矩形网格

说明：x 和 y 分别是有 n 个和 m 个元素的一维数组，X 和 Y 都是 n×m 的矩阵，每个（X，Y）对应一个网格点；如果 y 省略，则 X 和 Y 都是 n×n 的矩阵。

【例 3-27】　x 为 5 个元素的一维数组，y 是 3 个元素的一维数组，由 x 和 y 产生 3×5 的矩形网格，绘制的图形上显示的是（X，Y）对应的网格顶点，如图 3-34 所示。

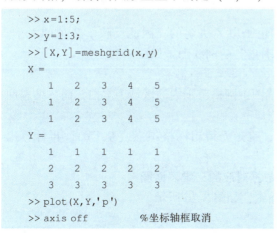

```
>> x=1:5;
>> y=1:3;
>> [X,Y]=meshgrid(x,y)
X =
     1     2     3     4     5
     1     2     3     4     5
     1     2     3     4     5
Y =
     1     1     1     1     1
     2     2     2     2     2
     3     3     3     3     3
>> plot(X,Y,'p')
>> axis off          %坐标轴框取消
```

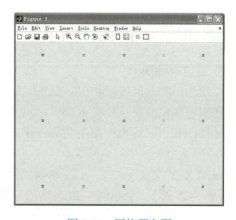

图 3-34　网格顶点图

程序分析：

X 和 Y 是 3×5 的矩阵，图 3-34 绘制的是（X，Y）网格顶点图形。

2. 三维网线图

三维网线图就是将平面上的网格点（X，Y）对应 z 值的顶点画出，并将各顶点用线连接起来，使用 mesh 函数绘制三维网线图，命令格式如下：

mesh(X,Y,Z,C)　　　　　　　　%绘制网格点数据对应的三维网线

说明：（X，Y）是通过 meshgrid 得出的网格顶点，C 是指定各点的用色矩阵，当 C 省略时默认的用色矩阵是 Z。

另外，mesh 函数还有两个派生的函数 meshc 和 meshz，meshc 用来绘制网线图并添加等高线；meshz 用来绘制网线图并添加"围裙"即平行于 z 轴的边框线。

【例 3-28】　绘制 $z = x^2 + y^2$ 的三维网线图，如图 3-35a 所示。

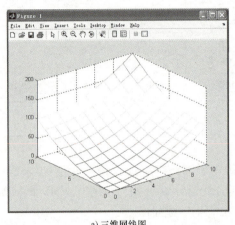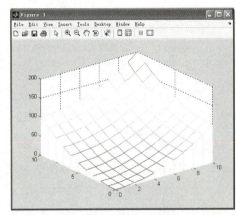

a) 三维网线图　　　　　　　　　　　　b) 带"围裙"的网线图

图 3-35　三维网线图

```
>> x=0:10;
>> [X,Y]=meshgrid(x)              %y省略则表示 x=y
>> Z=X.^2+Y.^2;
>> mesh(X,Y,Z)
```

程序分析：

Z 是由网格顶点（X，Y）计算得出的，颜色是由 Z 决定的，因此反映了 Z 值的大小。如果使用"meshz(X,Y,Z)"命令，则显示带"围裙"的网线图，如图 3-35b 所示。

3. 三维表面图

三维表面图与网线图相似，但不同的是网线图中网格范围内的区域为空白，而三维表面图则用颜色来填充。

MATLAB 中三维表面图使用 surf 函数绘制，也是先得出网格顶点（X，Y），再计算出 Z，命令格式如下：

surf(X,Y,Z,C)　　　　　　%绘制网格点数据对应的三维表面图

【例 3-28 续】　绘制例 3-28 数据的三维表面图，如图 3-36 所示。

```
>> surf(X,Y,Z)     %绘制三维表面图
```

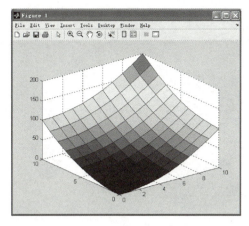

图 3-36　三维表面图

3.4.3　圆柱体、球体和椭圆体

MATLAB 中绘制的三维立体图形的函数还有 cylinder 圆柱体、sphere 球体和 ellipsoid 椭圆体。

1. 圆柱体

使用 cylinder 函数绘制圆柱体，并可以获取圆柱体的数据。命令格式如下：

cylinder(r)　　　　　　　　　%绘制半径为 r 的圆柱体

[X,Y,Z] = cylinder(r)　　　　%返回圆柱的 X、Y 和 Z 坐标

说明：省略 r 时半径为 1，[X,Y,Z]是在圆柱的圆周上 20 个等距点的 x、y 和 z 坐标。

2. 球体

使用 sphere 函数绘制球面，命令格式如下：

sphere(n)　　　　　　　　　%绘制 n∗n 个球面

[X,Y,Z] = sphere(n)　　　　%返回 n∗n 个球面的 X、Y 和 Z 坐标

说明：当 n 省略时由 20×20 个面组成，[X,Y,Z]是三个 (n+1)×(n+1) 矩阵。

3. 椭圆体

使用 ellipsoid 函数绘制多面组成的椭圆体，命令格式如下：

ellipsoid(xc,yc,zc,xr,yr,zr,n)　　　　　%绘制 n∗n 面的椭圆体

[X,Y,Z] = ellipsoid(xc,yc,zc,xr,yr,zr,n)　%返回 n∗n 个球面的 X、Y 和 Z 坐标

说明：中心坐标为 (xc,yc,zc)，半轴长度为 (xr,yr,zr)，当 n 省略时由 20×20 个面组成，[X,Y,Z] 是三个 (n+1)×(n+1) 矩阵。

【例 3-29】　绘制圆柱体、球体和椭圆体，如图 3-37 所示。

```
t=0:pi/10:2*pi;
r=cos(t);
tiledlayout(1,2);nexttile;
cylinder(r+1);                      %绘制圆柱体
nexttile;
sphere                              %绘制半径为 1 的球面
hold on;ellipsoid(2,2,2,1,1,5)      %绘制椭圆体
```

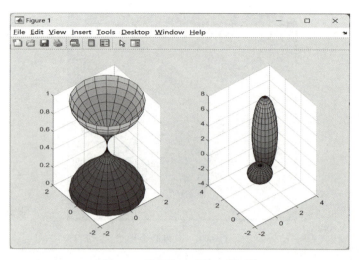

图 3-37　圆柱体、球体和椭圆体

程序分析：

cylinder 函数绘制圆柱体的半径可以是变量，sphere 的半径为 1 圆心在 (0,0,0)；椭圆体与球体在一个图中，圆心在 (2,2,2)，半轴长度为 (1,1,5)。

3.4.4　设置视角和色彩

1. 设置视角

三维图形在不同的位置观察会有不同的结果，因此需要设置视角。视角是由方位角和俯仰角决定的，与 x 平面所成的夹角称为方位角（Azimuth），与 z 平面所成的夹角称为俯仰角（Elevation）；当俯仰角为正时为俯视，为负时为仰视。

MATLAB 可以通过 view 函数来定义观察点，命令格式如下：

view（[az,el]）　　　　　　　%通过方位角和俯仰角设置视角
view（[x,y,z]）　　　　　　　%通过(x,y,z)直角坐标设置视角

view(2)表示二维图形，方位角=0°，俯仰角=90°；view(3)表示三维图形，默认的方位角=-37.5°，俯仰角=30°；[az,el]=view 得到当前的视角值。

另外，可以使用旋转函数 rotate 来实现图形的旋转，rotate 函数命令格式如下：

rotate（h，direction，alpha）　　　%在三维空间中将图形对象 h 旋转

说明：h 为曲面补片、线条、文本或图像对象。direction 是向量，它与旋转轴原点共同确定旋转轴，alpha 如果为正则是围绕方向从旋转原点向右旋。

【例 3-30】　改变视角观察三维表面图，分析不同视角显示的图形，如图 3-38 所示，已知 $z = \dfrac{\sin\sqrt{x^2 + y^2}}{\sqrt{x^2 + y^2}}$。

```
x=-8:0.6:8;
[X,Y]=meshgrid(x);
Z=sin(sqrt(X.^2+Y.^2))./(sqrt(X.^2+Y.^2));
tiledlayout(2,2);nexttile;
surf(X,Y,Z)
```

```
nexttile;
surf(X,Y,Z);view(2)                    %二维平面
nexttile;
surf(X,Y,Z);view([180,0])              %侧面图
nexttile;
h=surf(X,Y,Z);
rotate(h,[1,0,0],30)                   %沿 X 轴旋转 30 度
```

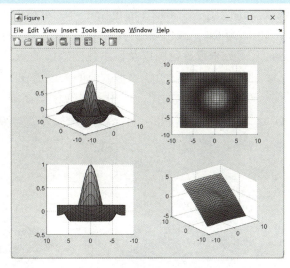

图 3-38　不同视角的三维表面图

2. 设置色彩

色彩可以使图形更加丰富美观，也可以用来显示某些数据信息。MATLAB 使用色图作为着色的基础，色图是一个 m×3 的矩阵，m 的值通常是 64，代表真正用到的颜色个数，而每一行的三列组成一个颜色的 RGB 三元色组，每个图形窗口只能有一个色图。

色图的色彩控制可以使用现成预定义的索引色图函数，表 3-7 为索引色图表。

表 3-7　索引色图表

命　　令	说　　明
hsv	带饱和值的颜色对照表（默认值），以红色开始和结束
hot	代表暖色对照表，黑、红、黄、白浓淡色
cool	代表冷色对照表，青、品红浓淡色
summer	代表夏天色对照表，绿、黄浓淡色
gray	代表灰色对照表，灰色线性浓淡色
copper	代表铜色对照表，铜色线性浓淡色
autumn	代表秋天颜色对照表，红、黄浓淡色
winter	代表冬天色对照表，蓝、绿浓淡色
spring	代表春天色对照表，青、黄浓淡色
bone	代表"X 光片"的颜色，蓝色灰基调
pink	代表粉红色对照表，粉红色线性浓淡色

111

（续）

命 令	说 明
flag	代表"旗帜"的颜色对照表，红、白、蓝、黑交错色
jet	HSV 的变形，以蓝色开始和结束
prim	代表三棱镜对照表，红、橘黄、黄、绿、蓝交错色

表 3-7 中每行的函数默认产生一个 64×3 的色图矩阵，可以改变函数的参数产生一个 m×3 的色图矩阵；默认的色图为 hsv，颜色顺序为红、黄、青、蓝、品红、红。

MATLAB 使用 colormap 函数来设置色图以及显示色图矩阵的值，使用 colorbar 显示色图的颜色条，颜色条在三维图形中清楚地显示颜色与数值的关系，在二维图形中则没有意义。

【例 3-31】 绘制例 3-30 中的三维表面图，使用不同的色图显示并显示颜色条。图 3-39 所示为设置色图为"spring"的三维表面图。

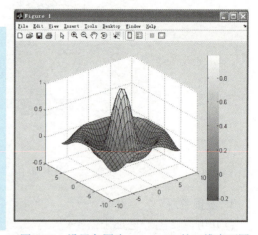

```
>> x=-8:0.6:8;
>> [X,Y]=meshgrid(x);
>> Z=sin(sqrt(X.^2+Y.^2))./(sqrt(X.^2+Y.^2));
>> colormap(spring)        %设置色图
>> colormap                %显示色图矩阵
ans =
    1.0000     0    1.0000
    1.0000   0.0159   0.9841
    1.0000   0.0317   0.9683
    ......
>> surf(X,Y,Z)
>> colorbar                %显示颜色条
```

图 3-39 设置色图为"spring"的三维表面图

程序分析：

色图矩阵每行为三个元素，在 0~1 之间，分别表示 RGB 的红、绿、蓝基色的相对亮度，第一行的颜色设定该曲面的最高点，最后一行的颜色设定该曲面的最低点，其余高度的颜色则根据线性内插法来决定；图中颜色条为垂直颜色条，颜色条以不同的颜色来代表 Z 坐标曲面的高度。

习 题

1. 选择题

（1）运行以下命令：

```
>> x=[1 2 3;4 5 6];
>> y=x+x*i
>> plot(y)
```

则在图形窗口中绘制_____条曲线。

A. 3   B. 2   C. 6   D. 4

（2）运行以下命令：

```
>> x=[1 2 3;4 5 6];
>> plot(x,x,x,2*x)
```

则在图形窗口中绘制_____条曲线。

A. 4　　　　　　B. 6　　　　　　C. 3　　　　　　D. 5

（3）运行 plotmatrix（X）函数，如果 X 是 2×3 的矩阵，则有_____个子坐标图。

A. 9　　　　　　B. 3　　　　　　C. 2　　　　　　D. 6

（4）运行命令"＞＞ figure(3)"，则执行_____

A. 打开三个图形窗口　　　　　　　　　B. 打开一个图形窗口

C. 打开图形文件名为"3. fig"　　　　　　D. 打开图形文件名为"figure 3. fig"

（5）运行以下命令，则会显示_____。

＞＞ellipsoid（2，2，2，1，1，5，2）；

A. 球体　　　　　B. 椭圆体　　　　　C. 平面　　　　　D. 直线

（6）如果要显示向量中各元素占和的百分比，则使用_____函数绘图。

A. histogram　　　B. pie　　　　　C. bar　　　　　D. stairs

（7）极坐标图是使用_____来绘制的。

A. 原点和半径　　　B. 相角和距离　　　C. 纵横坐标值　　　D. 实部和虚部

（8）meshc 函数是_____

A. 绘制三维曲线图　　　　　　　　　B. 绘制三维网线图并添加平行于 z 轴的边框线

C. 绘制三维表面图　　　　　　　　　D. 绘制三维网线图并添加等高线

（9）三维图形中的默认视角是_____

A. 方位角＝0°，俯仰角＝90°　　　　　B. 方位角＝90°，俯仰角＝0°

C. 方位角＝37.5°，俯仰角＝30°　　　　D. 方位角＝0°，俯仰角＝180°

（10）二维图形中的 colorbar 命令运行后，颜色条显示_____

A. 无色　　　　　B. 黑色　　　　　C. 白色　　　　　D. 有颜色但无意义

2. 在 0～10 的坐标轴范围内绘制三条曲线，一条水平线，一条垂直线，一条对角斜线。

3. 绘制一条半径为 2 的圆，要求在图形窗口中显示的是圆形。

4. 绘制函数曲线 $y=5t\sin(2\pi t)$，t 的范围为 0～2。

5. 在同一图形窗口绘制曲线 $y_1=\sin(t)$，t 的范围为 0～2π，$y_2=\sin(2t)$，t 的范围为 π～4π；要求 y_1 曲线为黑色点画线，y_2 曲线为红色虚线圆圈，使用鼠标将文字标注添加到两条曲线上。

6. 在同一图形窗口分别绘制 $y_1=x$、$y_2=x^2$、$y_3=e^{-x}$ 三条函数曲线，x 的范围为 $[-2\ 6]$，要求整个图形加上标题，给横坐标轴加上标注，图的右上角标注三条曲线的图例，使用文字标注 $x=1$ 点，并在 $x=1$ 处绘制一条 $[-2，10]$ 的垂直线。

7. 已知某班 10 个同学的成绩为 65、98、68、75、88、78、82、94、85、56，分别统计并绘制 60 分以下、60～70、70～80、80～90、90～100 分数段的人数图；并使用饼形图显示各分数段所占的百分比。

8. 已知某班五个同学的三次成绩为 $\begin{bmatrix} 65 & 78 & 86 & 93 & 69 \\ 75 & 85 & 92 & 95 & 70 \\ 72 & 80 & 79 & 92 & 72 \end{bmatrix}$，使用柱状图和阶梯图显示每个同学的成绩变化。

9. 用 semilogx 命令绘制传递函数为 $\dfrac{10}{s(0.5s+1)}$ 的对数幅频特性曲线，横坐标为 w，纵坐标为 Lw，w 范围为 10^{-2}～10^3 按对数分布，并绘制双对数坐标图。

10. 绘制 $y=\sin(2x)$ 的曲线，并使用图形窗口的图形面板、绘图浏览器和属性编辑器添加文字和箭头，保存图形文件为 . jpg 格式。

11. 绘制半径 $r=\cos(10x)$ 的圆柱体，x 在 $[0，10]$ 范围，并显示其侧面。

12. 绘制 $z=\sqrt{x^2+y^2}$ 的三维网线图和表面图，x 在 $[-5,5]$ 范围，y 在 $[-5,5]$ 范围，将网线图用 gray 色图并用颜色条显示色图，改变视角显示二维图形。

第4章

符号运算

MATLAB 除了具有强大的数值运算功能还具有符号运算功能，数值运算的对象是数值，而符号运算的对象是非数值的符号，对于公式推导和因式分解、化简等抽象的运算都可以通过符号运算来解决。

MATLAB 具有专用的符号数学工具箱（Symbolic Math Toolbox）进行符号运算，由 MATLAB 实时编辑器（Live Script Editor）代替了原来的 Mupad Notebook，可以创建、运行和共享符号表达式，直接生成 MATLAB 函数、Simulink 函数块和 Simscape 方程，使符号运算的功能有了很大的扩展。

符号工具箱能够实现微积分运算、线性代数、表达式的化简、求解代数方程和微分方程、积分变换和不同精度转换，符号计算的结果可以以图形化显示，并可以作为实时脚本转换为 HTML 或 PDF 文件。

符号运算的特点：

1）符号运算以推理解析的方式进行，计算的结果不受计算累积误差影响。

2）符号计算可以得出完全正确的封闭解和任意精度的运算。

3）符号计算命令调用简单，与数值计算命令基本一致。

4.1 符号对象的创建和使用

在进行符号运算时，首先必须定义符号对象（Symbolic Object），符号对象的数据类型称为 sym 类型，用来存储代表符号的字符串。

4.1.1 创建符号对象

符号对象包括符号常量、符号变量和符号表达式。创建符号对象可以使用 sym 和 syms 函数来实现。

1. sym 函数

sym 函数的命令格式如下：

S＝sym(s,参数)　　　　　　　　%由数值创建符号对象

S＝sym(＇s＇,参数)　　　　　　　%由字符串创建符号对象

说明：S 为所创建的符号对象；参数表示转换后的格式，可以省略，当被转换的 s 是数值时，参数可以是＇d＇、＇f＇、＇e＇或＇r＇四种格式，当被转换的＇s＇是字符串时，参数可以是＇real＇、＇rational＇、＇integral＇、＇positive＇和＇clear＇多种格式，各参数的含义见表 4-1。

表 4-1　各参数的含义

参数	作　用	实　例
d	返回最接近的小数（默认位数为 32 位）	>>x=sym（pi，'d'） x = 3.1415926535897931159979634685442
f	返回浮点型数值	>> x=sym（pi，'f'） x =884279719003555/281474976710656
r	返回最接近的有理数型数值（为系统默认方式）	>> x=sym（pi，'r'） x =pi
e	返回最接近的带浮点估计误差的有理数型	>> x=sym（pi，'e'） x =pi－（198 * eps）/359
real	限定为实型符号变量，conj（s）与 s 相同	>> y=sym（'y'，'real'）
rational	限定为有理数型	>> y=sym（'y'，'rational'）
integral	限定为整型	>> y=sym（'y'，'integral'）
clear	清除限定	>> y=sym（'y'，'clear'）
positive	限定为正实型符号变量	>> y=sym（'y'，'positive'）

2. syms 函数

使用 syms 函数来创建多个符号变量，syms 函数对于创建多个符号对象很方便。syms 函数的命令格式如下：

syms（s1,s2,s3,…,参数）　　　　　　%创建多个符号变量
syms s1 s2 s3 … 参数　　　　　　%创建多个符号变量,由空格分开变量
syms f（x1,x2,x3）　　　　　　%创建符号变量和符号函数

说明：syms 同时创建多个符号变量，也可以同时创建符号函数。

例如，同时创建多个符号变量和符号函数：

```
>>syms f(x,y)
>>syms a b c
```

3. class 函数

如果需要了解对象的数据类型，可以使用 class 函数来获得。class 函数的命令格式如下：

s=class（x）　　　　　　%返回对象 x 的数据类型

说明：s 为字符型，如果 x 是符号对象，则 s 为'sym'。

4.1.2　符号常量和符号变量

符号常量是不含变量的符号表达式，用 sym 函数来创建；符号变量使用 sym 和 syms 函数来创建。

【例 4-1】　在实时编辑器中创建 Live Script 文件，编写并运行创建符号常量和符号变量，运行界面如图 4-1 所示。

程序分析：

实时编辑器窗口右边为运行的结果，变量 a 是数值，a1、a2 和 a3 是符号对象 sym 类型，表示形式不同，但存储的内容是相同的。

创建符号表达式时，可以使用 assume 函数设置假设条件，assumeAlso 添加新的假设条

件，使用 assumptions 显示假设条件，函数的命令格式如下：

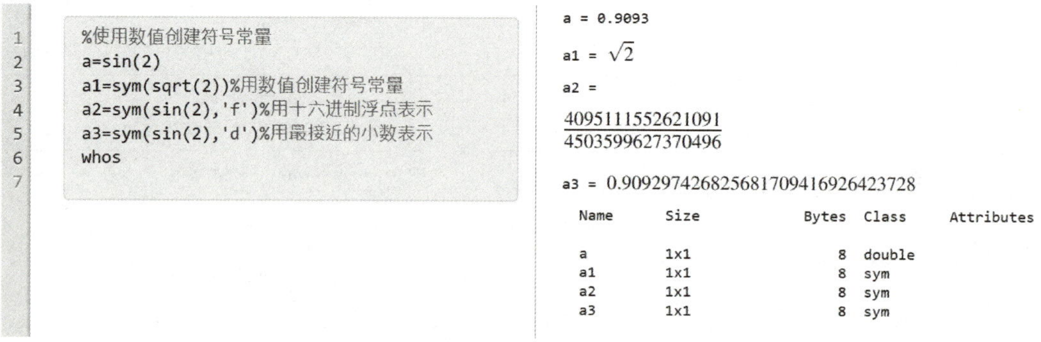

```
1  %使用数值创建符号常量
2  a=sin(2)
3  a1=sym(sqrt(2))%用数值创建符号常量
4  a2=sym(sin(2),'f')%用十六进制浮点表示
5  a3=sym(sin(2),'d')%用最接近的小数表示
6  whos
7
```

```
a = 0.9093

a1 = √2

a2 =

4095111552621091
─────────────────
4503599627370496

a3 = 0.909297426825681709416926423728

Name      Size              Bytes  Class     Attributes

a         1x1                   8  double
a1        1x1                   8  sym
a2        1x1                   8  sym
a3        1x1                   8  sym
```

图 4-1　实时编辑器窗口运行结果

assume (condition)　　　　　　　　%假设条件

assume (expr , set)　　　　　　　　%对符号表达式设置条件

assumptions (var)　　　　　　　　%变量的假设条件

说明：assume 的假设条件 condition 可以使用比较符号 >、=、<，逻辑运算符号 &、|、以及 in；set 设置条件可以是' real '、' positive '、' integer '等。

【例 4-2】　使用字符串创建符号变量，并使用假设条件。

```
>>syms x;
>>assume(x>5);            %设置假设条件
>>assumeAlso(x<10)
>>assumptions             %显示假设条件
ans =
[5 < x, x < 10]
```

4.1.3　符号表达式

由符号对象生成的新对象仍然是符号对象，符号表达式是由符号常量和符号变量等构成的表达式，可以使用 sym 和 syms 函数来创建。

【例 4-3】　分别使用 sym 和 syms 函数创建符号表达式。

```
>>syms a b c x
>>f1=a*x^2+b*x+c          %创建符号表达式
f1 =
a*x^2+b*x+c
>>syms f2(z);
>>f2=sin(z)^2+cos(z)^2==1  %创建符号方程
f2 =
sin(z)^2+cos(z)^2=1
```

程序分析：

一共创建了符号对象 a、b、c、x、z、f1 和 f2，f1 和 f2 是由符号变量生成的表达式，因此也是符号对象。

4.1.4 符号矩阵

符号矩阵的元素是符号对象，符号矩阵可以用 syms 函数创建符号元素后组合，也可以直接使用 syms 函数创建符号矩阵，命令格式如下：

syms('s',[n m]) 　　　　　　%生成 n 行 m 列的符号矩阵

syms x1 x2 [n,m] 　　　　　%生成多个 n 行 m 列的符号矩阵

【例 4-4】 分别使用 sym 和 syms 函数创建符号矩阵，并查看字符矩阵与符号矩阵的不同。

```
>>A1='[1,2;3,4]';                  %创建字符矩阵
>>A2=sym([1 2;3 4])
A2 =
[1, 2]
[3, 4]
>>syms a b c d;A3=[a,b;c,d]         %创建符号矩阵
A3 =
[ a, b]
[ c, d]
>>B=sym('b',[2,3])                 %创建 2×3 的符号矩阵
B =
[ b1_1, b1_2, b1_3]
[ b2_1, b2_2, b2_3]
>>B=sym('b%d%d',[2,3])             %创建符号矩阵下标修改格式
B =
[b11, b12, b13]
[b21, b22, b23]
>>syms C D [2,1]                   %创建两个符号矩阵
>>C
C =
C1
C2
```

程序分析：

A1 为字符矩阵，A2 和 A3 是符号矩阵；B 是 2×3 的符号矩阵，C 和 D 是 2×1 的符号矩阵。

另外，MATLAB 还提供了符号矩阵变量，与符号矩阵的区别是整个符号矩阵变量为一个整体，命令格式如下：

syms x1 x2 [n,m] matrix 　　　　　　%生成多个 n 行 m 列的符号矩阵变量

【例 4-4 续】 使用 syms 函数创建符号矩阵变量。

```
>>syms E F [2,1] matrix
>>E
E =
E
```

程序分析：

可以看到符号矩阵变量 E 只显示变量符号，并不显示矩阵元素，在工作空间中 E 和 F

的类型为 symmatrix，其他变量则是 sym 类型。

4.2　符号对象的运算

由于 MATLAB 采用了重载技术，因此符号表达式的运算符和基本函数都与数值运算中的几乎完全相同，符号运算与数值运算相互转换简洁方便。

4.2.1　符号运算的类型转换

符号对象与数值在运算时需要相互转换，不同是符号运算以推理解析的方式进行，因此运算过程不会出现舍入误差，如果提供足够的存储空间和运算时间，则符号运算可以得到任意精度的数值解。

1. 符号变量与数值变量的相互转换

（1）符号对象转换为其他类型对象　根据转换的类型，可以使用的函数有 double 和 sym2cell，命令格式如下：

d=double(s)　　　　%转换为双精度型数据

c=sym2cell(s)　　　　%转换为元胞数值

【例 4-5】　将符号对象转换为数值或元胞数组。

```
>>S1=sym([sqrt(2),pi])
S1 =
[2^(1/2), pi]
>>d=double(S1)                %转换为双精度型数据
d =
    1.4142    3.1416
>>syms a b c d;S2=[a,b;c,d];
>>C2=sym2cell(S2)
C2 =
  2×2 cell array
    {1×1 sym}    {1×1 sym}
    {1×1 sym}    {1×1 sym}
>>c11=C2{1,1}
c11 =
a
```

程序分析：

变量 d 是 double 型，C2 是元胞数组，其中每个元素都是符号变量，c11 是符号变量。

（2）其他类型对象转换为符号对象　其他类型对象转换为符号对象的函数分别是 sym、syms、str2sym 和 cell2sym，可以将数值、字符串和元胞数组转换为符号对象。

【例 4-5 续】　将字符矩阵转换为符号矩阵。

```
>>s3='[a,b;c,d]';S3=str2sym(s3)
S3 =
[a, b]
[c, d]
```

2. 任意精度符号变量的转换

VPA 型（variable-precision floating-point arithmetic）是指任意精度运算，这种符号运算可以设置任意有效精度，当保留的有效位数增加时，运算的时间和使用的内存也会增加。

任意精度的 VPA 型运算可以使用 digits 和 vpa 函数来实现。命令格式如下：

digits(n)　　　　　　　　%设定 n 位有效位数的精度

S=vpa(s,n)　　　　　　　　%将 s 按 n 位有效位数计算得出符号对象 S

说明：digits 函数可以改变默认的有效位数，随后的计算都以新精度为准，n 省略时显示默认的有效位数为 32 位；vpa 函数只对指定的符号对象 s 按新精度进行计算并显示计算结果，但并不改变全局的 digits 参数，当 n 省略则按 digits 函数的精度来计算。

【例 4-6】　创建符号对象并转换为任意精度 VPA 型对象，在实时编辑器窗口中显示程序和运行结果，如图 4-2 所示。

```
%创建符号对象并获得任意精度VPA型对象
digits                    %显示默认精度
q=sym(sqrt(2))
q=vpa(q)                 %按默认精度计算并显示
n1=double(q)             %符号对象转换为数值对象
format long
n1
digits(15)               %改变默认精度
p=sym(sin(2))
pq=vpa(q*p)              %按当前精度计算并显示
n2=double(pq)
```

```
Digits = 32

q = √2

q = 1.4142135623730950488016887242097

n1 = 1.414213562373095

n1 = 1.414213562373095

p =
4095111552621091
────────────────
4503599627370496

pq = 1.28594075324784

n2 = 1.285940753247836
```

图 4-2　符号对象的任意精度

任意精度运算还包括函数 vpasolve、vpasum 和 vpaintegral 分别进行解方程、求和以及积分的任意精度计算。

4.2.2　符号对象的基本运算

1. 算术运算

1）"+" "−" " * " " \ " "/" "^" 运算符分别实现符号矩阵的加、减、乘、左除、右除和求幂运算。

2）". * " "./" ". \ " ".^" 运算符分别实现符号数组的乘、除、求幂，即数组间元素与元素的运算。

3）" ′ " ".′" 运算符分别实现符号矩阵的共轭转置和非共轭转置。

另外，函数 nthroot 用来求变量的 n 次根。

【例 4-7】　创建符号对象并进行算术运算，在实时编辑器窗口中显示程序和运行结果，如图 4-3 所示。

程序分析：

A1 和 A2 是符号矩阵，S1 运算的结果是符号矩阵元素相乘；S2 和 S3 也是符号矩阵；B1 和 C1 是符号矩阵变量，S4 运算的结果是两个矩阵整体运算。

119

```
%进行符号算术运算
syms a b c d
A1=[a,b;c,d];A2=sym([1 2;3 4]);
S1=A1*A2              %符号矩阵相乘
S2=A2^3
S3=nthroot(S2,3)      %计算三次幂
syms B1 C1 [2,1] matrix
S4=B1*C1'             %符号矩阵变量相乘
```

S1 =
$$\begin{pmatrix} a+3b & 2a+4b \\ c+3d & 2c+4d \end{pmatrix}$$

S2 =
$$\begin{pmatrix} 37 & 54 \\ 81 & 118 \end{pmatrix}$$

S3 =
$$\begin{pmatrix} 37^{1/3} & 54^{1/3} \\ 81^{1/3} & 118^{1/3} \end{pmatrix}$$

$$S4 = B_1 \overline{(C_1)}^T$$

图 4-3　符号对象算术运算

2. 符号矩阵运算函数

符号运算中的矩阵代数命令有 diag、triu、inv、det、rank、qr、eig、svd 和 expm、logm 等，它们的用法几乎与数值计算中的情况完全一样。

【例 4-7 续】　对符号矩阵进行运算。

```
>>A1v=inv(A1)              %计算符号矩阵的逆阵
A1v =
[ d/(a*d-b*c), -b/(a*d-b*c)]
[-c/(a*d-b*c),  a/(a*d-b*c)]
>>A2d=inv(A2)              %计算行列式
A2d =
[ -2,    1]
[3/2, -1/2]
>>inv(B1)
Error using inv
Invalid data type. Input matrix must be double or single.
```

程序分析：

B1 是符号矩阵变量，是进行整体运算的，不能进行矩阵行列式计算。

3. 关系运算

在符号对象的比较运算中，包括 ">"">=""<""<="" = =""~ ="，可以结合 as-sume 等函数使用。

另外，函数 isequal 也是判断是否相等，函数 has、in、piecewise、hasSymType 和 isSymType 进行逻辑判断，结果为逻辑型 0 或 1。

4. 逻辑运算

在符号运算中逻辑运算包括 "&"" | " 和 xor，可以对关系表达式进行逻辑运算，函数 all、any、in、isinf、isnan 等也进行逻辑运算。

【例 4-8】　对符号对象进行关系和逻辑运算，在实时编辑器窗口中显示程序和运行结果，如图 4-4 所示。

120

```
%符号对象逻辑运算                          L1 = 2×2 logical array
syms a b c d x
A1=[a,b;c,d];                                    1   0
L1=has(A1,a)        %判断A1中是否有a              0   0
assume(x>0);
s=solve(x^2-1==0)   %满足条件的方程解      s = 1
syms y;  y=0:2
eq=[y>=0, length(y)==3];                   ans = logical
all(eq)             %判断是否都满足             1
```

图 4-4　关系和逻辑运算

5. 算术运算函数

三角函数包括 sin、cos、sinc、cot 和 tan，双曲函数包括 sinh、cosh 和 tanh，三角反函数包括 asin、acos 和 atan 函数等。

指数函数 sqrt、exp 和 expm 的使用方法与数值运算的完全相同；对数函数有自然对数 log（表示 ln）、log2 和 log10。

复数的共轭 conj、实部 real、虚部 imag、角度 angle 和求模 abs 等函数，与数值计算中的使用方法相同。

算术运算的统计函数 max、min、mod 和 rem 等，同样可以应用于符号运算。

【例 4-8 续】　创建符号矩阵并进行运算。

```
>> D=A1+i;
>> D1=conj(D)            %计算共轭复数
D1 =
[ conj(a) - 1i, conj(b) - 1i]
[ conj(c) - 1i, conj(d) - 1i]
>> exp(A1)               %指数运算
ans =
[ exp(a), exp(b) ]
[ exp(c), exp(d) ]
>> rem(sym(15),2)        %计算余数
ans =
1
```

4.3　符号表达式的变换

符号表达式往往比较繁琐不直观，因此在运算时应根据需要对其进行化简、替换和转换等操作。

4.3.1　符号表达式中的自由符号变量

当符号表达式中含有多个符号变量时，例如，符号表达式"ax^2+bx+c"中有符号变量 a、b、c 和 x，在运算时往往只有一个符号变量是自由符号变量，其余的都当作常量来处理。

在符号表达式中如果有多个符号变量而没有指定自由符号变量，则 MATLAB 将基于以下原则来选择一个自由符号变量：

1）符号表达式中的多个符号变量，按以下顺序来选择自由符号变量：首先选择 x，如果没有 x，则选择在字母表顺序中最接近 x 的字符变量，如果字母与 x 的距离相同，则在 x 后面的优先。

2）字母 pi、i 和 j 不能作为自由符号变量。

3）大写字母比所有的小写字母都靠后。

例如，在符号表达式"ax^2+bx+c"中，自由符号变量的顺序为 x→c→b→a。

4.3.2　符号表达式的化简

MATLAB 的符号数学工具箱提供了 collect、expand、horner、factor、simplify 和 simple 等函数实现符号表达式的化简。

多项式的符号表达式有多种形式，例如，$f(x) = x^3 + 6x^2 + 11x - 6$ 可以表示为以下几种形式：

1）合并同类项形式：$f(x) = x^3 + 6x^2 + 11x - 6$

2）因式分解形式：$f(x) = (x - 1)(x - 2)(x - 3)$

3）嵌套形式：$f(x) = x(x(x - 6) + 11) - 6$

函数 collect、expand、horner、factor 和 pretty 的化简结果见表 4-2，除此之外，compose 和 combine 函数也可以实现变换。

表 4-2　符号表达式化简

函数格式	化简前	命　令	化简后	功　能
g＝collect (f,符号变量)	f=(x-1)*(x-2)*(x-3)	g＝collect(f)	g＝-6+x^3-6*x^2+11*x	将 f 按照"符号变量"的同次幂合并
	f=(t-1)*(t-x)	g＝collect(f,'t')	g＝t^2+(-1-x)*t+x	
g＝expand (f,符号变量)	f=(x-1)*(x-2)*(x-3)	g＝expand(f)	g＝-6+x^3-6*x^2+11*x	展开成多项式和的形式
	f=cos(x-y)	g＝expand(f)	g＝cos(x)*cos(y)+sin(x)*sin(y)	
g＝horner(f)	f=x^3-6*x^2+11*x-6	g＝horner(f)	g＝-6+(11+(-6+x)*x)*x	化简成嵌套的形式
	f=t^2-(1+x)*t+x	g＝horner(f)	g＝(-t+1)*x+(t-1)*t	
g＝factor(f)	f=sym('120')	g＝factor(f)	g＝(2)^3*(3)*(5)	进行因式分解
	f=x^3-6*x^2+11*x-6	g＝factor(f)	g＝(x-1)*(x-2)*(x-3)	
pretty(f)	f=x^3-6*x^2+11*x-6	pretty(f)	$x^3 - 6x^2 + 11x - 6$	给出排版形式的输出结果

另外还有 simplify 函数可以实现多种简化功能。

simplify 函数是一个功能强大的函数，利用各种形式的代数恒等式对符号表达式进行化简，包括求和、分解、积分、幂、三角、指数、对数、Bessel 以及超越函数等方法来简化表达式。

【例 4-9】　使用 simplify 函数化简符号表达式，已知符号表达式分别为 $\dfrac{x^2-1}{x-1}$、$\cos^2 x + \sin^2 x$ 和 e^{x+y}。

```
>> syms x y
>> f1=(x^2-1)/(x-1);
>> g1=simplify(f1)
```

```
g1 =
x+1
>> f2=cos(x)^2+sin(x)^2;
>> g2=simplify(f2)
g2 =
1
>> f3=exp(x)*exp(y);
>> g3=simplify(f3)
g3 =
exp(x+y)
```

4.3.3 符号表达式的替换

符号表达式的简化还可以通过替换来实现，MATLAB R2021a 提供了 subexpr 和 subs 函数来实现符号表达式的替换，使符号表达式简洁易读。

1. subexpr 函数

subexpr 函数用来替换符号表达式中重复出现的子表达式，通过替换子表达式来化简。subexpr 函数可以自动寻找子表达式，只对长的子表达式替换，短的子表达式即使多次出现也不替换。命令格式如下：

[r,s1]=subexpr(S,'s')　　　　　　　%用符号变量' s '来置换 S 中的子表达式

说明：r 为替换后的符号表达式，s1 为被替换的子表达式，S 为原符号表达式，' s '为用来替换的子表达式。

【例 4-10】 将符号矩阵中的重复子表达式使用 subexpr 函数实现替换，重复子表达式是 $\sqrt{x^2 + xy + xz}$ 。

```
>> syms x y z
>> v =[ (x^2+x*y+x*z)^(1/2),y-(x^2+x*y+x*z)^(1/2)
    x+(x^2+x*y+x*z)^(1/2),2*(x^2+x*y+x*z)^(1/2)
    1,1]
>> [r,s1] = subexpr(v,'A')          %用' A '替换
r =
[   A, y-A]
[ x+A, 2*A]
[   1, 1]
s1 =
(x^2+x*y+x*z)^(1/2)
```

2. subs 函数

subs 函数用来对符号表达式中某个特定符号进行替换，命令格式如下：

subs(s,old,new)　　　　　　　%用 new 替换符号表达式 s 中的 old

说明：old 是指符号表达式中要被替换的符号对象，可以省略，当 old 省略时则替换自由符号变量；new 是指替换的符号对象，可以省略，当 new 省略时使用工作空间中的变量来替换。

【例 4-11】 将符号表达式 $f = (x - y)(x + y) + (x - y)^2 + 2(x - y)$ 中的特定符号使用 subs 函数替换。

```
>> syms x y z S u v
>> f=(x-y)*(x+y)+(x-y)^2+2*(x-y);
>> f1=subs(f,x-y,S)              %将 x-y 用 S 替换
f1 =
((S))*(x+y)+((S))^2+2*x-2*y
>> x=5;
>> y=3;
>> f2=subs(f)                    %将工作空间的变量 x 和 y 替换符号变量
f2 =
    24
>> f3=subs(f,u+v)                %用 u+v 替换符号变量 x
f3 =
((u+v)-y)*((u+v)+y)+((u+v)-y)^2+2*(u+v)-2*y
```

程序分析：

subs 函数可以用符号变量、符号表达式和工作空间中变量值替换原来的符号对象，替换后的 f2 仍然是符号对象。

4.3.4　计算反函数和复合函数

1. 反函数

函数 $f(x)$ 存在一个反函数 $g(\cdot)$，$g(f(x))=x$，则 g 和 f 互为反函数，MATLAB R2021a 中的 finverse 函数可以用来求符号函数的反函数。命令格式如下：

g=finverse(f,v)　　　　　　　　%对 f(v) 按指定自变量 v 求反函数

说明：当 v 省略，则对默认的自由符号变量求反函数。

【例 4-12】　求符号函数 $f=5\sin x + y$ 的反函数。

```
>> syms x y
>> f=5*sin(x)+y;
>> g=finverse(f)                %对默认自由变量求反函数
g =
-asin(1/5*y-1/5*x)
>> g1=finverse(f,y)             %对 y 求反函数
g1 =
-5*sin(x)+y
```

2. 复合函数

MATLAB R2021a 提供了 compose 函数可以求出 $f(x)$ 和 $g(y)$ 的复合函数 $f(g(y))$。命令格式如下：

compose(f,g,x,y,z)　　　　%计算 f 和 g 的复合函数

说明：x、y、z 都可以省略，都省略时则计算出的复合函数为 f(g(y))；当 x 和 y 省略时，计算出 f(g(z))；都不省略时以 x 为自由符号变量计算出 f(g(z))，并将 z 替代符号变量 y。

【例 4-13】　求两个符号函数 $f=x+y$ 和 $g=t*v$ 的复合函数。

```
>> syms x y t v n
>> f=x+y;
>> g=t*v;
>> y1=compose(f,g)              %以 x 为符号变量求复合函数
```

```
y1 =
t * v+y
>> y2=compose(f,g,'n')                    %求复合函数 f(g(n))
y2 =
t * n+y
>> y3=compose(f,g,y,'n')                   %以 y 为自由符号变量求复合函数 f(g(n))
y3 =
x+t * n
>> y4=compose(f,g,y,t,'n')                 %以 n 代替 t 求复合函数 f(g(n))
y4 =
x+n * v
```

程序分析：

f 符号函数中默认的自由符号变量是 x，g 符号函数中默认的自由符号变量是在字母表上离 x 较近的 v。

4.3.5　多项式符号表达式

1. 多项式符号表达式的运算

多项式符号表达式运算的函数很多，其中函数 root 求多项式的根，resultant 计算两个多项式合成，numden 进行多项式分母通分，polynomialDegree 计算多项式最高阶次。

【例 4-14】　求多项式符号表达式的分子和分母符号表达式，已知多项式为 $\frac{1}{x-1}+\frac{1}{x+1}+3$，并计算根和阶次。

```
>>syms x s
>>f1=sym(1/(x-1)+1/(x+1)+3);
>> [N1,D1] = numden(f1)
N1 =
2 * x+3 * x^2-3
D1 =
(x-1) * (x+1)
>>deg = polynomialDegree(N1)              %求多项式的阶次
deg =
    2
>>R=root(D1)                              %计算多项式根
R =
root(x^2 - 1, x, 1)
root(x^2 - 1, x, 2)
```

2. 符号表达式与多项式的互换

多项式的符号表达式可以与表示多项式系数的行向量之间相互转换，sym2poly 和 poly2sym 函数实现相互转换，命令格式如下：

**　　c= sym2poly(s)**　　　　%将符号表达式 s 转换为行向量 c
**　　r = poly2sym(c,v)**　　　%将行向量 c 转换为符号表达式 r

说明：符号表达式 s 转换为行向量 c 时，c 按降幂排列，v 是生成符号表达式中使用的符号变量，可以省略，如果 v 省略则使用符号变量 x。

【例 4-14 续】 多项式符号表达式的分子和分母转换为多项式的系数行向量，并转换成符号表达式 $\dfrac{3s^2+2s-3}{s^2-1}$。

```
>>n1=sym2poly(N1)
n1 =
    3    2    -3
>>d1=sym2poly(D1);
>> f2=poly2sym(n1,s)/poly2sym(d1,s)          %转换为以 s 为符号变量的表达式
f2 =
(3*s^2+2*s-3)/(s^2-1)
```

4.4 符号微积分、极限和级数

4.4.1 符号表达式的微积分

微积分在高等数学中占据重要的地位，MATLAB 可以对符号表达式进行微积分运算，微分使用 diff 函数实现，积分使用 int 函数实现。

1. 微分

符号表达式的微分运算使用 diff 函数，命令格式如下：

diff(f,t,n)   **%计算 f 对符号变量 t 的 n 阶微分**

说明：f 是符号表达式；t 是进行微分的符号变量，可以省略，t 省略时指默认的自由符号变量；n 是微分的阶次，可以省略，n 省略时是一阶微分。diff 函数也可以对符号矩阵进行运算，结果是对符号矩阵的每一个元素进行微分运算。

【例 4-15】 计算符号表达式 $f = \sin(ax) + y^2\cos(x)$ 的微分。

```
>> syms a x y
>> f=sin(a*x)+y^2*cos(x);
>> dfdx=diff(f)          %对默认自由变量 x 求一阶微分
dfdx =
cos(a*x)*a-y^2*sin(x)
>> dfdy=diff(f,y)        %对符号变量 y 求一阶微分
dfdy =
2*y*cos(x)
>> dfdy2=diff(f,y,2)     %对符号变量 y 求二阶微分
dfdy2 =
2*cos(x)
```

【例 4-16】 计算符号矩阵的一阶微分，已知符号矩阵为 $f = \begin{pmatrix} \sqrt{1+x^2} & t^x \\ e^x & x+y \end{pmatrix}$。

```
>> syms t x y
>> f=sym([sqrt(1+x^2) t^x;exp(x) x+y]);
>> dfdx=diff(f)
dfdx =
[ 1/(1+x^2)^(1/2)*x,    t^x*log(t)]
[       exp(x),            1]
```

diff 函数还可以用来计算数组各行的差值，例如：

```
>> a=[1 2 3;1 0 1]
a =
    1    2    3
    1    0    1
>> diff(a)
ans =
    0   -2   -2
```

2. 积分

在数学中积分与微分是一对互逆运算，即找出一个符号表达式 F 使得 diff (F) = f，积分分为定积分和不定积分，运用函数 int 可以计算符号表达式的积分，命令格式如下：

int(f,t,a,b)　　　　　　　　　**%计算符号变量 t 的积分**

说明：f 为符号表达式；t 为积分符号变量，可以省略，当 t 省略时则指默认自由符号变量；a 和 b 是为积分上下限 [a b]，可以省略，省略时计算的是不定积分。

函数的积分有时可能不存在，即使存在，也可能限于很多条件，MATLAB 无法顺利得出。当 MATLAB 不能找到积分时，它将给出警告提示并返回该函数的原表达式。

【例 4-17】 计算符号表达式的双重积分，已知符号表达式为。

$$f = \int_0^{2\pi} \int_0^a r^2 \sin^2\varphi \, dr \, d\varphi。$$

```
>> syms a r phi
>> g=r^2 * (sin(phi))^2;
>> f=int(int(g,r,0,a),phi,0,2 * pi)
f =
(pi * a^3)/3
```

程序分析：

上面的表达式是双重定积分，多重积分的计算是将 int 函数嵌套使用。

【例 4-18】 根据微分表达式计算原函数 f，已知微分表达式为 $\dfrac{df}{dt} = \begin{bmatrix} t & e^t \\ 2\cos(t) & \ln(t) \end{bmatrix}$。

```
>> syms t
>> dfdt=[sin(2 * t) exp(t);2 * cos(t) log(t)];
>> f=int(dfdt)
f =
[    1/2 * t^2,         exp(t)]
[  2 * sin(t), t * (log(t)-1)]
```

4.4.2　符号表达式的极限

微分实际上就是由极限计算得出的，$\dfrac{df(x)}{dx} = \lim\limits_{\Delta x \to 0} \dfrac{f(x + \Delta x) - f(x)}{\Delta x}$，如果符号表达式的极限存在，MATLAB R2021a 提供了 limit 函数来求其极限，limit 函数的功能见表 4-3。

127

表 4-3　limit 函数的功能

函数格式	表达式	说　明
limt(f)	$\lim\limits_{x\to 0}f(x)$	求符号表达式 f 对 x 趋近于 0 的极限
limt(f,a)	$\lim\limits_{x\to a}f(x)$	求符号表达式 f 对默认自由符号变量趋近于 a 的极限
limt(f,x,a)	$\lim\limits_{x\to a}f(x)$	求符号表达式 f 对 x 趋近于 a 的极限
limt(f,x,a,'left')	$\lim\limits_{x\to a^-}f(x)$	求符号表达式 f 对 x 左趋近于 a 的极限
limt(f,x,a,'right')	$\lim\limits_{x\to a^+}f(x)$	求符号表达式 f 对 x 右趋近于 a 的极限

【例 4-19】　使用 limit 函数计算符号表达式的极限，符号表达式分别为 $e^{-t}\sin(t)$ 和 $\dfrac{1}{t}$。

```
>> syms t
>> f1=exp(-t)*sin(t);
>> ess=limit(f1,t,inf)              %计算趋向无穷大的极限
ess =
0
>> f2=1/t;
>> limitf2=limit(f2)               %计算趋向 0 的极限
limitf2 =
NaN
>> limitf2_l=limit(f2,'t','0','left')    %计算趋向 0 的左极限
limitf2_l =
-Inf
>> limitf2_r=limit(f2,'t','0','right')   %计算趋向 0 的右极限
limitf2_r =
Inf
```

程序分析：

无穷大使用 inf 表示，由于符号表达式 1/t 的左右极限不相等，极限不存在表示为 NaN。

4.4.3　符号表达式的级数

1. 级数求和

MATLAB 提供了 symsum 函数实现有限个级数求和，命令格式如下：

symsum(s,x,a,b)　　　　　　　　%计算表达式 s 当 x 从 a 到 b 的级数和

说明：s 为符号表达式；x 为符号变量，可省略，省略时使用默认自由变量；a 和 b 为符号变量的范围，可省略，省略时范围是无限个级数。

【例 4-20】　使用 symsum 函数对符号表达式进行级数求和，已知符号表达式分别是 $\dfrac{n^2-n+1}{2^n}$ 和 $\dfrac{1}{k}$。

```
>> syms k n
>> f1=(1/2)^n*(n^2-n+1);
>> limitf1=symsum(f1,n,0,inf)        %计算无穷级数和
limitf1 =
6
```

```
>> f2=1/k;
>>sumf2=symsum(f2,k,1,10)%计算前 10 项级数和
sumf2 =
7381/2520
```

2. taylor 级数

如果函数 $f(x)$ 在点 x_0 的某一邻域内具有从一阶到 $n+1$ 阶的导数，则在该邻域内函数 $f(x)$ 在点 $x=x_0$ 时，趋向无穷的幂级数为

$$f(x) = f(x_0) + f'(x_0)(x - x_0) + \frac{f''(x_0)}{2!}(x - x_0)^2 + \cdots$$

这个级数称为泰勒级数，MATLAB 中使用 taylor 函数来计算，命令格式如下：

taylor(f,x,x0)　　　　　　　　%求泰勒级数以符号变量 x 在 x0 点展开

taylor(f,x,'Order',n)　　　　%求泰勒级数以符号变量 x 展开 n 阶

说明：f 为符号表达式；x 为符号变量，可省略，省略时使用默认自由变量；n 是指 f 进行泰勒级数展开的阶次，默认展开前 5 项；x0 是泰勒级数的展开点。

【例 4-21】 使用 taylor 函数对符号表达式 $\cos(x)$ 和 $e^{-t}\sin(t)$ 进行泰勒级数展开。

```
>> syms x
>> f1=cos(x);
>> taylorf1=taylor(f1,x,1,'order',3)          %计算 x=1 级数展开前 3 项
taylorf1 =
cos(1)-sin(1) * (x-1)-(cos(1) * (x-1)^2)/2
>> f2=exp(-x) * sin(x);
>> taylorf2=taylor(f2)                         %计算级数展开前 5 项
taylorf2 =
-x^5/30+x^3/3-x^2+x
```

4.5　符号积分变换

所谓积分变换就是通过积分运算将一类函数变换成另一类函数，积分变换在工程技术和应用数学中都有着广泛的应用，Symbolic Math Toolbox 提供了专门的函数，可以提高运算效率，下面分别介绍 Fourier（傅里叶）变换、Laplace（拉普拉斯）变换和 Z 变换。

4.5.1　Fourier 变换

时域中的 $f(t)$ 与频域中 Fourier 变换后的 $F(\omega)$ 之间的关系如下：

$$F(\omega) = \int_{-\infty}^{\infty} f(t) e^{-j\omega t} dt$$

$$f(t) = \frac{1}{2\pi} \int_{-\infty}^{\infty} F(\omega) w^{-j\omega t} d\omega$$

MATLAB R2021a 提供 Fourier 变换可以使用的函数有 fourier，也可以直接使用 int 积分函数 ifourier 进行逆变换。fourier 和 ifourier 函数的命令格式如下：

F=fourier(f,t ,w)   **%求以 t 为符号变量 f 的 Fourier 变换 F**

说明：f 和 F 是符号表达式；t 是符号变量，可省略，省略时使用默认自由变量；w 可省略，省略时默认为'w'。

f=ifourier（F,w,t)   **%求以 w 为符号变量的 F 的 Fourier 反变换 f**

【例 4-22】 使用 fourier 和 ifourier 函数对符号表达式 $\sin(x)$ 进行积分变换。

```
>> syms x
>> f1=sin(x);
>> ff1=fourier(f1)              %Fourier 变换
ff1 =
i*pi*(-dirac(w-1)+dirac(w+1))
>> if1=ifourier(ff1)           %Fourier 反变换
if1 =
(exp(-x*1i)*1i)/2 - (exp(x*1i)*1i)/2
>>if2=simplify(if1)            %化简
if2 =
sin(x)
```

程序说明：

MATLAB R2021a 的符号工具箱中提供了 dirac 和 heaviside 函数，分别表示单位脉冲函数 $\begin{cases} 0 & t \geq 0 \\ \infty & t=0 \end{cases}$ 和单位阶跃函数 $\begin{cases} 1 & t \geq 0 \\ 0 & t<0 \end{cases}$。

4.5.2 Laplace 变换

Laplace 变换在高等数学和自动控制领域应用非常广泛，Laplace 变换和反变换的定义为

$$F(s) = \int_0^\infty f(t) e^{-st} dt$$

$$f(t) = \frac{1}{2\pi t} \int_{c-j\infty}^{c+j\infty} F(s) ds$$

MATLAB R2021a 提供了 laplace 和 ilaplace 函数实现 Laplace 变换和反变换，与 Fourier 变换相同，也可以利用积分函数 int 来实现 Laplace 变换，laplace 和 ilaplace 函数的命令格式如下：

F=laplace(f,t,s)   **%求以 t 为变量 f 的 Laplace 变换 F**

f=ilaplace(F,s,t)   **%求以 s 为变量的 F 的 Laplace 反变换 f**

说明：f 是符号表达式；t 是符号变量，可省略，当 t 省略默认自由变量为't'；s 是符号变量，可省略，省略时为's'。

【例 4-23】 使用 laplace 和 ilaplace 计算单位阶跃函数、t 和 $\sin(wt)$ 的 Laplace 变换和反变换。

```
>> syms t w s x
>> f2=t;
>> if1=laplace(sym(1))         %对单位阶跃函数求 Laplace 变换
if1 =
1/s
>> if2=laplace(f2,t,x)         %替换为 x 的 Laplace 变换
if2 =
1/x^2
>> f3=sin(w*t);
```

```
>> if3=laplace(f3,t,s)
if3 =
w/(s^2+w^2)
>> ilf=ilaplace(heaviside(t),s,t)        %对单位阶跃函数求 Laplace 反变换
ilf =
dirac(t)*heaviside(t)
```

程序分析：

MATLAB 中提供了 heaviside(t)函数表示单位阶跃函数，对单位阶跃函数的 Laplace 变换为 $1/s$，Laplace 反变换是单位脉冲函数 dirac(t)。

【例 4-24】 计算符号表达式 At^3+Be^{at}，$\dfrac{\mathrm{d}f(t)}{\mathrm{d}t}$ 的 Laplace 变换表达式。

```
>>syms A B a t
>>f1=A*t^3+B*exp(a*t)
>> F1=laplace(f1)
F1 =
6*A/s^4+B/(s-a)
>> syms f2(t);
>> F2=laplace(diff(f2))
F2 =
s*laplace(f2(t),t,s)-f2(0)
```

131

程序分析：

$$L\left[\frac{\mathrm{d}f(t)}{\mathrm{d}t}\right]=SF(s)+f(0)，其中 f(0)=f(t)\big|_{t=0}。$$

【例 4-25】 根据图形计算函数的 Laplace 变换，图 4-5 中的波形表示为 $f(t)=u(t)-u(t-\tau)$。

```
>>syms A t
>> tou=sym('tou','positive');%定义 tou 为正实型符号变量
>> f1=A*heaviside(t)-A*heaviside(t-tou);
>> F1=laplace(f1)
F1 =
A/s-A*exp(-s*tou)/s
```

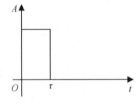

图 4-5　信号波形图

4.5.3　Z 变换

一个离散信号的 Z 变换和 Z 反变换的定义为

$$F(z)=\sum_{n=0}^{\infty}f(n)z^{-n}$$

$$f(n)=Z^{-1}|F(z)|$$

MATLAB 提供了 ztrans 和 iztrans 函数求 Z 变换和 Z 反变换，还可以使用幂级数展开法和部分分式展开法求 Z 变换。

使用 ztrans 和 iztrans 函数计算 Z 变换和 Z 反变换的命令格式如下：

F=ztrans(f,n,z)　　　　　　　　%求以 n 为变量的 f 的 Z 变换 F

f=iztrans(F,z,n)　　　　　　　　%求以 z 为变量的 F 的 Z 反变换 f

说明：f 是离散信号的符号表达式；n 是符号变量，可省略，省略时默认符号变量为' n '；z 是符号变量表示替换符号变量，可省略，省略时默认符号变量为' z '。

【例 4-26】　使用 ztrans 和 iztrans 函数对单位阶跃函数、t 和 $\sin(t)$ 进行 Z 变换。

```
>> syms k n z t
>> zf1-ztrans(heaviside(t),n,z)          %对单位阶跃函数求 Z 变换
zf1 =
heaviside(t)* z/(z-1)
>> zf12=symsum(heaviside(t)/z^n, n, 0, inf)   %使用级数求和求 Z 变换
zf12 =
heaviside(t)* z/(z-1)
>>f2=n;
>>zf2=ztrans(f2)                          %对 t 求 Z 变换
zf2 =
1/(z-1)^2* z
>>f3=sin(n* k);
>> zf3=ztrans(f3,n,z)
zf3 =
z* sin(k)/(z^2-2* z* cos(k)+1)
>> izf1=iztrans(zf1,z,n)                   %对单位阶跃函数求 Z 反变换
izf1 =
1
```

程序分析：

可以看出使用 ztrans 函数和使用级数 symsum 函数计算的结果是相同的；Z 变换是对于离散信号的，因此变换前的函数是以 n 为变量的。

4.5.4　傅里叶分析和滤波

在信号处理应用和计算数学中，傅里叶变换和滤波器是用于处理和分析离散数据的工具，当数据表示为时间或空间的函数时，傅里叶变换会将数据分解为频率分量。

1. 快速傅里叶变换

fft 和 ifft 函数用于快速傅里叶变换和逆变换，命令格式如下：

Y = fft(X,n)　　　%用快速傅里叶变换算法计算 X 的离散傅里叶变换 DFT
X = ifft(Y,n)　　　%使用快速傅里叶逆变换计算 Y 的逆离散傅里叶变换

说明：X 和 Y 可以是向量、矩阵和多维数组，n 是指 DFT 的点数。

【例 4-27】　对离散信号进行快速傅里叶变换，并绘制单侧幅值频谱图，并通过逆变换，运行的波形如图 4-6 所示。

```
>>Fs = 1000;                   %采样频率
>>T = 1/Fs; L = 100;           %信号长度
>>t = (0:L-1)* T;
>>x = 0.7* sin(2* pi* 50* t) + sin(2* pi* 120* t);
>>z1=0.5* randn(size(t));      %白噪声
>>Y=fft(x+z1);                 %快速傅里叶变换
>>N=L/2;f = Fs* (0:(N))/L;
```

```
>>stem(f(1:N),abs(Y(1:N)))              %火柴杆图
>>figure(2)
>>iX=real(ifft(Y));                     %傅里叶逆变换
>> plot(t,x+z1,t,iX,':')
```

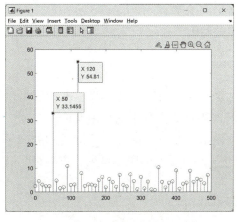

a) 时间波形和傅里叶逆变换波形图   b) 逆变换时间信号波形

图 4-6 信号波形图

程序分析：

快速傅里叶变换的频率信号图中，可以看到在频率为 50 和 120 时为峰值点；在逆变换后的时间波形中两个信号重叠在一起了。

2. 滤波函数

filter 和 filter2 函数为一维和二维数组滤波器，命令格式如下：

y＝filter(b,a,x)   **%由有理传递函数对 x 滤波**

说明：a 和 b 是有理传递函数的分母和分子系数。

【**例 4-27 续**】 对信号进行移动平均滤波，滤波前后的信号如图 4-7 所示。

移动平均滤波器是用于对含噪数据进行平滑处理的常用方法，沿数据移动一定长度的窗口，计算每个窗口中包含的数据的平均值。

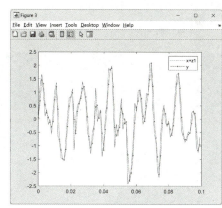

图 4-7 信号波形图

```
>>figure(3);windowSize = 2;            %窗口长度
>>b = (1/windowSize) * ones(1,windowSize);a = 1;
>>y = filter(b,a,x+z1);                %移动平均滤波
>>plot(t,x+z1,t,y);legend('x+z1','y')
```

4.6 符号方程的求解

解方程在数学中是非常重要的，MATLAB 为方程的求解提供了强大的工具，符号方程分为代数方程和微分方程，下面介绍这两种方程的求解。

4.6.1　代数方程的求解

一般的代数方程包括线性方程、非线性方程和超越方程。当方程不存在解析解又无其他自由参数时，MATLAB 提供了 solve 函数得出方程的数值解。命令格式如下：

solve(eqn,var)　　　　%求方程关于指定变量 v 的解

solve(eqns,vars)　　　%求方程组关于指定变量解

说明：

1）先使用 syms 对变量 var 进行定义。

2）eqn 是符号方程，可以是含等号的方程或不含等号的符号表达式，不含等号所指的仍是令 eqn＝0 的方程；var 和 vars 可省略，当省略时默认为方程中的自由变量。

3）其输出结果有三种情况：单个方程有单个输出参数，是由多个解构成的列向量；输出参数和方程数目相同则每个输出参数一个解，并按照字母表的顺序排列；方程组只有一个输出参数为结构体的形式。

【例 4-28】　使用 solve 求解两个方程组，方程组分别为

$$
\begin{cases}
\dfrac{1}{x}+\dfrac{1}{y}=a \\
\dfrac{1}{x}+\dfrac{1}{z}=b \\
\dfrac{1}{y}+\dfrac{1}{z}=c
\end{cases}
和
\begin{cases}
x^2+xy+y=0 \\
x^2-4x+3=0
\end{cases}
(x>1)。
$$

```
>> syms x y z a b c;
>>eqns=[x^2+x*y+y,x^2-4*x+3];
>>assume(x>1)
>>f=solve(eqns)              %解方程组输出一个结果
f =
    x: [1x1 sym]
    y: [1x1 sym]
>> f.x                       %取结构数组的元素
ans =
3
>>[x,y,z]=solve(1/x+1/y==a,1/x+1/z==b,1/y+1/z==c)%解方程组
x =
2/(a + b - c)
y =
2/(a - b + c)
z =
2/(b - a + c)
```

程序分析：

从工作空间可以看到，变量 f 是结构数组，因为方程 x 的解是两个（1，3），但因为要

满足条件 x>1，因此 f. x 只有一个解 3。

对于含周期解的方程，可能有无穷多个解，而 MATLAB 只给出零附近的解，例如，

```
>>solve(sin(x)==1)
ans =
pi/2
```

4.6.2　微分方程的求解

微分方程的求解比方程要稍微复杂一些，按照自变量的个数可以分为常微分方程和偏微分方程，微分方程可能得不到简单的解析解或封闭式的解，往往不能找到通行的方法。

MATLAB 提供 dsolve 来求常微分方程的符号解，命令格式如下：

dsolve(eqn,cond,var)　　　　%求解微分方程

说明：

1）先使用 syms 对变量 var 和函数进行定义，var 省略则默认为自由符号变量。

2）eqn 是符号常微分方程，方程中 diff 表示微分。

3）cond 是初始条件，可省略，当初始条件少于微分方程数时，在所得解中将出现任意常数符 C1、C2、…，解中任意常数符的数目等于所缺少的初始条件数，是微分方程的通解。

【例 4-29】　使用 dsolve 求解微分方程和方程组，微分方程为

$$\frac{d^2c(t)}{dt^2}+1.414\frac{dc(t)}{dt}+c(t)=1$$

方程组为 $\begin{cases}\frac{dx}{dt}=y\\\frac{dy}{dt}=-x\end{cases}$。

```
>>syms c(t) x y x(t) y(t)
>>eqn1=diff(c,t,2)+1.414*diff(c,t)+c==1;
>>cond1=[c(0)==0,c(1)==0];
>>c=dsolve(eqn1,cond1);                    %解微分方程
>>digits 8;ct=vpa(c)
ct =
1.0-1.9511896*exp(-0.707*t)*sin(0.70721355*t)-1.0*exp(-0.707*t)*cos(0.70721355*t)
>>[x,y]=dsolve(diff(x,t)==y,diff(y,t)==-x)    %解微分方程组
x =
-C1*cos(t)+C2*sin(t)
y =
C1*sin(t)+C2*cos(t)
```

程序分析：

由初始条件可以得出常微分方程的特解，缺少初始条件，则解得微分方程的通解，微分方程组缺少两个初始条件，则解中有两个常数符 C1 和 C2。

4.7　符号函数的可视化

MATLAB R2021a 的 Symbolic Math Toolbox 还提供了符号函数的可视化命令，可以在类似计算器的界面窗口中方便地进行符号函数运算，符号函数计算器和泰勒级数计算器是主要的两种可视化界面。

4.7.1　符号函数计算器

符号函数计算器提供了进行符号函数运算的界面窗口，具有功能简单，操作方便的特点，由 funtool. m 文件生成，针对只有一个变量的符号表达式可以实现多种运算。

在命令窗口中输入命令"funtool"，就会出现该符号函数计算器，由两个图形窗口（Figure 1、Figure 2）和一个函数运算控制窗口（Figure 3）共三个窗口组成。

Figure 1 窗口显示的是 f 表达式曲线，Figure 2 窗口显示的是 g 表达式曲线，Figure 3 窗口用来修改 f、g、x、a 函数表达式和参数值；Figure 1 和 Figure 2 任何时候只有一个窗口被激活，Figure 3 中的任何操作只能对被激活的窗口起作用。

Figure 3 界面下面的按钮可提供各种运算：第一排是单函数运算；第二排是函数和参数 a 的运算；第三排是两个函数间的运算；最下面一排是计算器自身操作，其中"Demo"按钮是自动演示符号函数计算器的计算功能，"Help"按钮查看符号函数计算器的帮助文档，每次单击"Cycle"按钮就循环显示典型函数演示表里的函数曲线。

例如，在图 4-8 中，输入"f=x^2+2 * x+1"，"g=sin(x)"，"a=1"，则在 Figure 1 和 Figure 2 中就显示了 f 和 g 的波形图，可以在 Figure 3 中单击各种按钮，实现不同的符号函数运算。

4.7.2　泰勒级数计算器

泰勒级数计算器提供了在给定区间内被泰勒级数逼近的情况，在命令窗口中输入命令"taylortool"，就会出现该泰勒级数计算器窗口，如图 4-9 所示。图中蓝色的曲线为 f(x) 的曲线，红色的点线为泰勒级数 TN(x) 的曲线。

在泰勒级数计算器图形窗口中：

1）f(x)：需要使用泰勒级数逼近的函数，可以在命令窗口中直接输入"taylortool('f(x)')"命令，也可以在图 4-8 窗口中输入 f(x) 表达式。

2）N：泰勒级数展开的阶次，默认为 7。

3）a：泰勒级数的展开点，默认为 0。

4）x 的范围：默认为 −2 * pi ~ 2 * pi。

例如，在图 4-8 中输入例 4-26 中的函数，"f(x) = exp(−x) * sin(x)"，"N=5"和"a=1"，则显示了以"1"为观察点的 f(x) 和 $T_N(x)$ 波形图，在图中可以清楚地观测两条曲线的逼近情况。

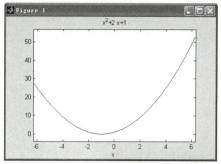
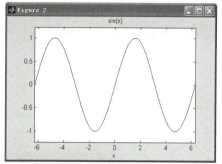
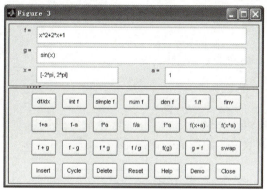

图 4-8　符号函数计算器的三个窗口

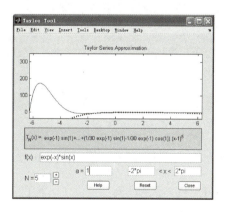

图 4-9　泰勒级数计算器窗口

4.8　综合举例

【例 4-30】　已知系统传递函数 $G(s) = \dfrac{5}{(s+1)(s+3)}$，计算当输入信号为阶跃信号 $r(t) = u(t)$ 时，系统的输出拉普拉斯变换 $C(s)$，并绘制系统输出 $c(t)$ 的时域波形曲线。

系统输出的拉普拉斯变换 $C(s) = R(s) * G(s)$

输出时间响应 $c(t) = L^{-1}C(s)$

```
>>syms t s r c
>> R=laplace(heaviside(t))
R =
1/s
>> G=5/(s+1)/(s+2);
>> C=R*G;
>> pretty(C)
        5
-----------------
s(s+1)(s+2)
>> c=ilaplace(C)   %计算 C 的拉普拉斯反变换得出时间 t 的函数
c =
5/2*exp(-2*t)-5*exp(-t)+5/2
>> t=0:0.1:10;
>> y=subs(c,t);   %将数据代入 c 表达式将 t 替换
>> plot(t,y)
```

程序分析：

先计算出输出的拉普拉斯变换表达式 $C(s)$ ，再经过拉普拉斯反变换得出 $c(t)$ ，并将 t 用数据替换得出输出 y 的数值。绘制的输出波形图如图 4-10 所示。

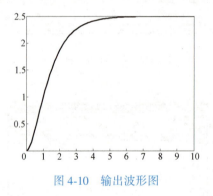

图 4-10　输出波形图

4.9　绘图函数

MATLAB 对符号表达式、符号方程等对象都提供了方便的绘图函数，常用的二维绘图函数见表 4-4。

表 4-4　符号绘图函数的功能

函数名	功　　能
fplot(f)	绘制符号函数曲线图，默认范围是 [-5, 5]
fimplicit(f)	绘制符号隐式方程或函数，默认 x 和 y 的范围是 [-5, 5]
ezpolar(f)	绘制极坐标图，默认角度范围是 $0 < \theta < 2\pi$
fcontour(f)	绘制 f(x,y)的等高线图，默认 x 和 y 的范围是 [-5, 5]

另外，还有 fmesh、fplot3、fsurf 和 flimplicit3 分别绘制三维的符号图形，与 mesh、plot3、surf 和 flimplicit 功能相似。

【例 4-31】　使用符号绘图函数绘制二维和三维曲线，绘制的曲线如图 4-11 所示。

```
>>clear;syms t f1(x,y) f2(a,b)
>>tiledlayout(1,3);nexttile;
>>y1=sin(t);fplot(t,y1)              %绘制曲线
>>nexttile;
>>f1(x,y)=x^2+y^2-4;fimplicit(f1)    %绘制方程曲线
>>nexttile;
>>f2(a,b)=cos(a)+sin(b);fmesh(f2)    %绘制三维网格图
```

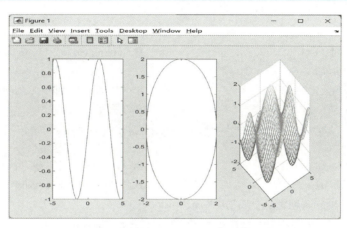

图 4-11　绘制二维和三维曲线图形

习　　题

1. 选择题

（1）运行命令"＞＞ a＝sym（'pi'，'d'）"，则对于变量 a 的描述_____是正确的。

A. a 不存在　　　　　　　　　　　　　B. a 显示为 10 位的数值

C. a 显示为 32 位的数值　　　　　　　　D. 语法出错

（2）运行以下命令则变量 a 的类型是_____。

>> syms a

>> a＝sin(2)

A. sym　　　　　　　B. double　　　　　　　C. char　　　　　　　D. int

（3）运行以下命令，则_____描述是正确的。

>>syms a b c d

>> A＝［a b；c d］

A. A 占用的内存大于 a　　　　　　　　　B. 创建了 5 个符号变量

C. A 占用的内存是 a、b、c、d 的总和　　　D. 语法出错

（4）运行以下命令后变量 C 的值是_____。

>> A＝sym（［5 5；6 6］）；

>> B＝sym（［1 2；3 4］）；

>> C＝A. ＊B

A. $\begin{bmatrix} 5, & 10 \\ 18, & 24 \end{bmatrix}$　　　　B. $\begin{bmatrix} 5, & 10 \\ 18, & 24 \end{bmatrix}$　　　　C. $\begin{bmatrix} 5*1, & 5*2 \\ 6*3, & 6*4 \end{bmatrix}$　　　　D. 出错

（5）运行命令 ">> a=double(sym(sin(pi/2)))"，则变量 a 是_____

A. 符号变量   B. 字符串'1'

C. double 型的数值 1   D. 出错

（6）符号表达式 "g=sym(sin(a*z)+cos(w*v))" 中的自由符号变量是_____。

A. a   B. z   C. w   D. v

（7）将符号表达式化简为嵌套形式，使用_____函数。

A. collect   B. expand   C. factor   D. horner

（8）积分表达式 $\int_0^{\frac{\pi}{2}}\int \cos(x)\,\mathrm{d}t\mathrm{d}x$ 的实现应使用下面的_____命令。

A. int(int(cos(x)),0,pi/2)   B. int(int(cos(x),'t'),0,pi/2)

C. int(int(cos(x)),'t',0,pi/2)   D. int(int(cos(x),'t',0,pi/2))

（9）运行命令 "f=solve(x^2+1)"，则_____

A. f 是有两个数值元素的行向量   B. f 是有两个数值元素的列向量

C. f 是符号对象   D. f 只有一个元素

（10）运行命令 ">>syms x y(t) t;y=dsolve(x*diff(y,t,2)-3*diff(y,t)==x^2,t)" 求解微分方程，则_____。

A. diff(y,t) 是指 dy/dx   B. 得出的 y 是通解有一个常数符 C1

C. diff(y,t,2) 是指 d2y/dx   D. 得出的 y 是通解有两个常数符 C1 和 C2

2. 分别使用 sym 和 syms 创建符号表达式 "sinx+cosy"。

3. 创建符号常量 pi，并分别使用十进制、十六进制和有理数型格式表示。

4. 使用 magic 函数创建 3×3 的矩阵，并转换为符号矩阵，查看符号矩阵与数值矩阵的不同。

5. 分别对符号矩阵 $A=\begin{bmatrix} a & b \\ c & d \end{bmatrix}$ 和 $B=\begin{bmatrix} c & d \\ a & b \end{bmatrix}$ 进行加、点乘、点除和比较是否相等运算，并对 A 计算行列式和对数 log10 的运算。

6. 创建数值变量 $a=\ln(10)$，并分别转换为有理数型和 18 位精度的 VPA 型符号对象。

7. 确定下面各符号表达式中的自由符号变量：

1/(log(t)+log10(w*t))   sqrt(t)/y   10*i+x*j   exp(-a*result)

8. 对符号表达式 $f=\cos x+\sqrt{-\sin^2 x}$，分别使用 collect、expand 和 simplify 函数化简。

9. 将符号表达式 $y=x^2-1$ 中的 $x-1$ 用 a 或 5 替换，并求 y 的反函数。

10. 已知符号表达式 $f=x^3+5x^2+4x+1$，$g=e^{-x}$，求复合函数 $f(g(x))$，并将 f 转换为多项式系数。

11. 分别对符号表达式 $f=\sin(ax)$ 中的变量 a 和 x 进行一阶微分和二阶微分，并计算当 x 在 $[0,2\pi]$ 范围的积分。

12. 对符号表达式 $y=2t\sin(t+\pi/4)$ 求 t 趋向极限 1 的值，并使用级数和求前 10 项。

13. 求 $F_1(s)=\dfrac{3}{(s+1)(s+2)}$ 与 $F_2(s)=\dfrac{1}{(s+2)^2}$ 和的分子和分母，并求出 Laplace 反变换。

14. 求解符号方程组 $\begin{cases} 2x_1-3x_2+x_3+2x_4=8 \\ x_1+3x_2+x_4=6 \\ x_1-x_2+x_3+8x_4=7 \\ 7x_1+x_2-2x_3+2x_4=5 \end{cases}$

15. 求符号微分方程 $\dfrac{\mathrm{d}y}{\mathrm{d}x}+y\tan x=\cos x$ 的通解和当 $y(0)=2$ 的特解。

16. 绘制函数 $y=\tan(x)$ 的曲线，其中 x 范围为 0~10。

第5章

程序设计和M文件

MATLAB R2021a 和其他高级语言一样，要实现复杂的功能和进行较大系统的分析设计就需要编制程序，调用各种子函数。

本章主要介绍 MATLAB 的结构化流程设计方法，函数的创建和函数间的调用，以及函数的调试方法。

5.1 程序控制

对于结构化程序设计语言，一般有三种常用的结构，即顺序结构、分支结构和循环结构，MATLAB 支持各种流程结构并提供了四种程序流程控制语句：分支控制语句、循环控制语句、错误控制语句和流程控制命令。

5.1.1 分支控制语句

分支控制语句实现满足一定条件就执行相应分支的功能，MATLAB 的分支控制有 if 结构和 switch 结构。

1. if 结构

if 结构包括 if、else、elseif 和 end 命令，if 结构比较灵活，常用于是非条件的判断，if 结构的格式如下：

```
    if 条件 1
    语句段 1
elseif 条件 2
    语句段 2
    ......
    else
    语句段 n
end
```

说明：

1）对 if 和 elseif 的多个"条件"进行逻辑运算，满足哪个条件（逻辑运算的结果为 True）就执行后面相应的语句段，如果条件都不满足则执行 else 后的语句段；当"条件"为数组时，要全 1 才能算满足条件，有一个为 0 都表示不满足条件。

2）if 和 end 必须配对使用。

【例 5-1】 根据函数计算结果，使用 if 结构：

$$函数为\begin{cases} x^2-1 & x \geq 1 \\ 0 & -1 < x < 1 \\ -x^2+1 & x \leq -1 \end{cases}$$

```
>> x=input('Input X please. x=')        %从键盘输入 x 的值
    Input X please. x=10
    x=
        10
>> if x>=1
        y=x.^2-1
    elseif -1<x & x<1
        y=0*x
    else
        y=-x.^2-1
    end
    y=
        99
```

程序分析:

从 if 语句到 end 结束，在命令窗口中必须全部输入完才能运行。input 语句是让用户通过键盘输入数据。

2. switch 结构

switch 结构包括 switch、case、otherwise 和 end 命令，常用于各种条件的列举，switch 结构的格式如下:

```
switch 表达式
case 值 1
    语句段 1
case 值 2
    语句段 2
...
otherwise
    语句段 n
end
```

说明:

1）将表达式依次与 case 后面的值进行比较，满足值的范围就执行相应的语句段，如果都不满足则执行 otherwise 后面的语句段。

2）表达式只能是标量或字符串。

3）case 后面的值可以是标量、字符串或元胞数组，如果是元胞数组则将表达式与元胞数组的所有元素进行比较，只要某个元素与表达式相等，就执行其后的语句段。

4）switch 和 end 必须配对使用。

【例 5-2】　使用 switch 结构判断学生成绩的等级，90 分以上为优，80~90 分为良，70~80 分为中，60~70 分为及格，60 分以下为不及格。

```
>> score=98;
>> s1=fix(score/10);                      %取十位数
```

```
>> switch s1
    case {9,10}
        s='优'
    case 8
        s='良'
    case 7
        s='中'
    case 6
        s='及格'
    otherwise
        s='不及格'
end
```

结果：

```
s=
优
```

程序分析：

s1 使用 fix 函数计算取出十位上的数；｛9，10｝表示分数范围是 90 分以上和 100 分，是元胞数组表示 9 和 10 两个元素，只要与其中一个匹配就执行后面的语句。

5.1.2　循环控制语句

循环控制语句可以实现将某段程序重复执行，MATLAB 提供的两种循环控制结构为 for 循环和 while 循环。

1. for 循环

for 循环的结构包括 for 和 end 命令，常用于预先知道循环次数的情况，for 循环结构的格式如下：

```
for 循环变量=array
    循环体
end
```

说明：array 可以是向量也可以是矩阵，循环执行的次数就是 array 的列数，每次循环中循环变量依次取 array 的各列并执行循环体，直到 array 所有列取完。

下面都是正确的 for 循环表达式：

```
for n=1:5                          %循环 5 次
for n=-1:0.1:1                     %循环 21 次
for n=linspace(-2*pi,2*pi,5)      %循环 5 次
a=eye(2,3); for n=a               %循环 3 次,n 为列向量
```

【例 5-3】　使用 for 循环实现符号运算，在实时编辑器窗口编写并运行程序，如图 5-1 所示。

程序分析：

循环 4 次，每次用 n 替换 x。

应注意，在 MATLAB 中变量 i 和 j 表示复数的虚部单位，因此使用时应避免使用 i 和 j

143

作为循环变量。

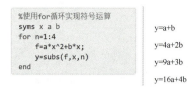

图 5-1　实时编辑器进行符号运算窗口

【例 5-4】　使用 for 循环计算并绘制 x 在［-5，5］范围内的三段曲线，函数为

$$\begin{cases} x^2-1 & x \geqslant 1 \\ 0 & -1<x<1 \\ -x^2+1 & x \leqslant -1 \end{cases}$$

绘制的曲线如图 5-2 所示。

```
>> y=[];
>> for x=-5:0.1:5
if x>=1
    y1=x.^2-1;
elseif -1<x & x<1
    y1=0*x;
else
    y1=-x.^2-1;
end
y=[y y1];
end
>> x=-5:0.1:5;
>> plot(x,y)
```

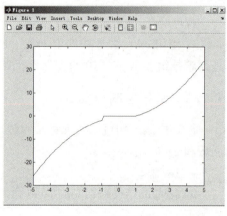

图 5-2　三段曲线图

程序分析：

程序中使用 for 循环结构嵌套 if 分支结构。

注意：由于 MATLAB 执行循环的效率较低，为了提高程序执行效率最好不要频繁使用循环，而应使用 MATLAB 擅长的数组运算。

【例 5-5】　使用 for 循环实现动画曲线，在实时编辑器窗口编写并运行程序，如图 5-3 所示。

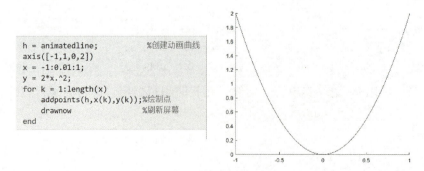

图 5-3　实时编辑器动画曲线窗口

使用 animatedline 创建动画线图，在 for 循环中每次都使用 addpoints 函数在曲线上绘制点，并使用 drawnow 刷新屏幕。

2. while 循环

while 循环的结构包括 while 和 end 命令，常用于预先知道循环条件或循环结束条件的情况，while 循环结构的格式如下：

```
while 条件表达式
    循环体
end
```

说明：

1）当条件表达式为 True，就执行循环体；如果为 False，就结束循环。

2）条件表达式可以是向量也可以是矩阵，如果表达式为矩阵则所有的元素都为 True 才执行循环体，否则不执行；如果条件表达式为 NAN，也不执行循环体。

【例 5-6】 使用 while 循环对单位矩阵进行转换，转换为对角线上分别是 1、2、3、4、5 的矩阵，在实时编辑器窗口编写并运行程序，如图 5-4 所示。

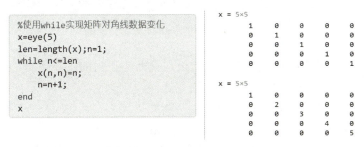

图 5-4 实时编辑器 while 循环窗口

3. break 和 continue 语句

在循环结构中 break 和 continue 语句可以用来控制循环的流程。

（1）break 语句 break 语句使包含 break 的最内层 for 或 while 循环强制终止，并立即跳出该循环结构，执行 end 后面的命令。break 一般与 if 语句结合使用。

（2）continue 语句 continue 语句与 break 不同的是 continue 只结束本次 for 或 while 循环，而继续进行下次循环。continue 一般也与 if 语句结合使用。

【例 5-7】 使用 for 循环将字符串中的数值取出，遇到非数值则跳过。

```
>> str='The result is 100.';
>> len=length(str);
>> s=[];
>> for n=1:len
    if str(n)>'9'|str(n)<'0'%非数值时
        continue
    end
    s=[s str(n)];
end
```

145

结果：

```
s =
   100
```

程序分析：

if 语句判断是否为字符 0~9，continue 表示结束本次循环继续下次循环；如果是 break 则立即终止循环。

5.1.3 错误控制语句

MATLAB 还提供了错误控制结构，当程序可能会出现运行错误时，可以使用错误控制结构来捕获和处理错误，避免程序出错而不能继续运行。错误控制结构使用 try 和 catch 命令，错误控制结构的格式如下：

```
try
    语句段 1
catch ME
    语句段 2
end
```

说明：

1）先试探地执行语句段 1，如果出现错误则立即终止当前正在运行的程序，将错误信息赋给变量 ME，并转而执行语句段 2 中的语句。

2）如果语句段 1 正确，则跳过语句段 2。

3）当语句段 1 和语句段 2 都错误，则程序出错。

ME 变量是一个 MException 对象。出现异常时，MATLAB 创建 MException 对象，并在处理该错误的 catch 语句中返回该对象，如果不需要也可以仅使用 catch 语句。try 或 catch 块中定义嵌套函数。

【例 5-8】 使用错误控制结构查看 a * b 的运算。

```
>>a=[1 3 5];
>>b=[1 2 3];
>>try
    c=a*b
catch ME
    c=a*b'
end
```

结果：

```
c =
   22
```

程序分析：

当试探 "c=a*b" 出错，就进入 "catch" 程序段。可以在工作空间查看变量 "ME" 的内容，看到属性 "ME. identifier" 为' MATLAB：innerdim '，"ME. message" 为' Incorrect dimensions for matrix multiplication. Check that the number of columns in the first matrix matches the number of rows ... ' <Preview truncated at 128 characters>，表示错误信息为矩阵的尺寸不匹配。

5.1.4　流程控制命令

在 MATLAB 的程序执行中，还提供了一些用于控制程序流程的命令，主要有 return、keyboard、input、disp 和 pause 等命令。

1. return 命令

return 命令用于提前结束程序的执行，并立即返回到上一级调用函数或等待键盘输入命令，一般用于遇到特殊情况需要立即退出程序或终止键盘方式。

应注意当程序进入死循环时，则按 Ctrl+break 键来终止程序的运行。

2. keyboard 命令

keyboard 命令用来使程序暂停运行，等待键盘命令，命令窗口出现 "K>>" 提示符，当键盘输入 "return" 后，程序才继续运行。keyboard 命令可以用来在程序调试或程序执行时修改变量。

【例 5-8 续 1】　在例 5-8 中使用 keyboard 命令输入变量 b。

```
>> a=[1 3 5];
>> keyboard
K>> b=[1 2 3];                           %等待键盘输入
K>> return                               %终止键盘输入
try
    c=a.*b'
catch
    c=a.*b
end
```

3. input 命令

input 命令用于在程序运行过程中接收用户的输入，可以接收用户从键盘输入的数值、字符串或表达式，并将键盘输入的内容保存到变量中，命令格式如下：

r=input('str', 's')　　%从键盘中输入数据保存到变量 r

说明：r 是变量，可省略，省略时输入内容保存到变量 ans 中；'str'是显示在工作空间的提示信息；'s'表示用户输入的内容是字符串不需要执行，可省略，如果省略则用户输入的表达式要执行。

4. disp 命令

disp 命令是较常用的显示命令，常用来显示字符串型的信息提示。

【例 5-8 续 2】　在例 5-8 中使用 input 命令输入变量 b，并使用 disp 显示出错提示。

```
>> a=[1 3 5];
>> b=input('Input b=')                   %输入变量 b
Input b=[1 2 3]
b=
    1    2    3
>> try
    c=a.*b'
```

147

```
catch
    disp 'a and b is not the same size.'          %显示提示信息
    c=a.*b
end
```

5. pause 命令

pause 命令用来使程序暂停运行，当用户按任意键才继续执行。常用于程序调试或查看中间结果，也可以用来控制执行的速度。pause 的命令格式如下：

pause(n)   **%暂停 ns**

说明：n 表示暂停的秒数，秒数到则自动继续运行程序，n 可省略，省略时等待键盘按任意键才继续执行程序。

例如，在显示两个图形窗口之间暂停 3s：

```
>> plot(0:10,0:1:10)
>> pause(3)
>> plot(0:10,10:-1:0)
```

6. warning 和 error 命令

在程序中可以给出错误或警告信息以提醒用户，使用 warning 和 error 命令，命令格式如下：

warning(' message ')   **%显示警告信息 message 并继续运行**

error(' message ')   **%显示错误信息 message 并终止程序**

【例 5-8 续 3】   在例 5-8 中使用 input 命令输入变量 b，将上例中的 catch 语句中的 disp 修改成 warning 命令：

```
>> a=[1 3 5];
>> b=input('Input b=')                          %输入变量 b
Input b=[1 2 3]
b=
   1   2   3
>> try
    c=a.*b'
catch
    warning('a and b is not the same size.')     %显示提示信息
    c=a.*b
end
```

5.2   M 文件结构

MATLAB R2021a 的程序如果要保存，则使用扩展名是 ".m" 的 M 文件。M 文件是一个 ASCII 码文件，可以使用任何字处理软件来编写，MATLAB R2021a 提供了专门的 M 文件编辑/调试器窗口（Editor/Debugger）来编辑 M 文件。M 文件编辑/调试器窗口集合了代码编辑和程序调试运行的功能，并可以分析程序的运行效率。

5.2.1　M 文件的一般结构

M 文件包括 M 脚本文件（Script file）和 M 函数文件（Function File），这两种文件的结构有所不同，M 脚本文件就像命令窗口的命令按顺序运行，M 函数文件一般结构包括函数声明行、H1 行、帮助文本和程序代码 4 个部分，如图 5-5 所示是 M 文件编辑/调试器窗口中打开的 M 函数文件"ex5_9.m"。

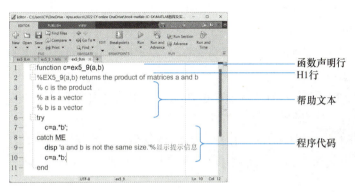

图 5-5　M 文件编辑/调试器窗口

1. 函数声明行

函数声明行是在 M 函数文件的第一行，只有 M 函数文件必须有，以"function"引导并指定函数名、输入和输出参数，M 脚本文件没有函数声明行。

2. H1 行

H1 行是帮助文字的第一行，一般为函数的功能信息，可以提供给 help 和 lookfor 命令查询使用，给出 M 文件最关键的帮助信息，通常要包含大写的函数文件名。在 MATLAB 的"Current Directory"窗口中的 Description 栏，就显示了每个 M 文件的 H1 行。

使用 lookfor 命令查找包含某个关键词的函数时，只在每个函数的 H1 行中搜索是否包含此关键词。例如，在命令窗口中使用 lookfor 和 help 命令查找"ex5_9"的信息，则 lookfor 只显示 H1 行的信息，而 help 命令显示 H1 行和其他注释文本：

```
>> lookfor ex5_9
EX5_9 a multiply b is c
>> help ex5_9
EX5_9 a multiply b is c
c is the product
a is the multiplier
b is the multiplicand
```

3. 帮助文本

帮助文本提供了对 M 文件更加详细的说明信息，通常包含函数的功能、输入输出参数的含义、格式说明和作者、日期和版本记录等版权信息，便于 M 文件的管理和查找。

4. 程序代码

程序代码由 MATLAB 语句和注释语句构成，可以是简单的几个语句，也可以是通过流程控制结构组织成的复杂程序，注释语句提供对程序功能的说明，可以出现在程序代码中的任意位置。

5.2.2　M 脚本文件和 M 函数文件

1. M 脚本文件

MATLAB 的脚本文件比较简单，命令格式和前后位置与命令窗口中的命令行都相同，M 脚本文件中除了没有函数声明行之外，也经常省略 H1 行和帮助文本。

M 脚本文件的说明如下：

1）MATLAB 在运行脚本文件时，只是简单地按顺序从文件中逐条读取命令，并送到 MATLAB 命令窗口中执行。

2）M 脚本文件运行产生的变量都驻留在 MATLAB 的工作空间中，可以很方便地查看变量，在命令窗口中运行的命令都可以使用这些变量。

3）脚本文件的命令可以访问工作空间的所有数据，因此要注意避免工作空间和脚本文件中的同名变量相互覆盖，一般在 M 脚本文件的开头使用"clear"命令清除工作空间的变量。

2. M 函数文件

M 函数文件稍微复杂一些，可以有一个或多个函数，每个函数以函数声明行开头。M 函数文件的说明如下：

1）M 函数文件中的函数声明行是必不可少的。

2）M 函数文件在运行过程中产生的变量都存放在函数本身的工作空间中，函数的工作空间是独立的、临时的，随具体的 M 函数文件调用而产生并随调用结束而删除，在 MATLAB 运行过程中如果运行多个函数则产生多个临时的函数空间。

3）当文件执行完最后一条命令或遇到"return"命令时就结束函数文件的运行，同时函数工作空间的变量被清除。

4）一个 M 函数文件至少要定义一个函数。

函数声明行的格式如下：

function [输出参数列表] = 函数名(输入参数列表)

说明：

1）函数名是函数的名称，保存时最好使函数名与文件名一致，当不一致时，MATLAB 以文件名为准。

2）输入参数列表是函数接收的输入参数，多个参数间用 "," 分隔。

3）输出参数列表是函数运算的结果，多个参数间用 "," 分隔。

【例 5-9】 将例 5-8 的计算行向量乘积的运算使用 M 函数文件保存。

```
function c=ex5_9(a,b)
%EX5_9(a,b) returns the product of a and b matrices
% c is the product
% a is a vector
% b is a vector
try
```

```
    c=a*b
catch ME
    c=a*b'
end
```

程序分析：

函数名为 ex5_9，输入参数为 a 和 b，输出参数是计算的乘积 c。

将文件保存为"ex5_9.m"，将文件添加到 MATLAB 的搜索路径中，然后在命令窗口中输入以下命令来调用该函数：

```
>> z=ex5_9([1 2 3],[4 5 6])
z =
    4    10    18
```

也可以使用以下命令调用：

```
>> clear
>> x=[1 2 3];
>> y=[4 5 6];
>> z=ex5_9(x,y)
z =
    4    10    18
```

程序运行结束后，在工作空间中查看变量，可以看到变量 a、b 和 c 都不存在，说明变量 a、b 和 c 与 MATLAB 的工作空间是独立的，因此避免了工作空间与函数中的同名变量的相互覆盖。

5.2.3　M 文件编辑器/M 实时编辑器窗口

M 文件的编辑调试可以在 M 文件编辑器（Editor）窗口中进行，M 实时编辑器（Live Editor）窗口则提供了实时交互的环境，可以编写代码并查看生成的输出和图形，方便添加文本、图像和超链接等，创建与他人共享的记叙脚本，调试的方法见附录 A。

创建新的 M 文件，通过单击 MATLAB 工具栏的 （New）图标，然后选择"Script""Function"和"Live Script""Live Function"分别创建脚本文件、函数文件和实时脚本、实时函数文件，创建的函数文件如图 5-6a 所示。

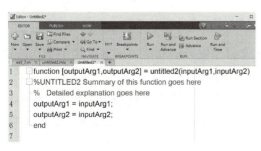

a) M 函数文件

b) M 脚本文件查看建议

图 5-6　M 文件编辑器窗口

1. M 文件编辑器窗口的使用

M 文件编辑器窗口提供了编辑和调试的功能，可以通过设书签、定位、清除工作空间和命令窗口、添加注释和缩进等方法进行编辑程序。

（1）窗口的使用　在 M 文件窗口打开例 5-8 的程序，在右侧显示的橙色横线上单击可以看到对该行程序的解释和建议，如图 5-6b 所示。

在函数或结构前面的灰色的 ⊟ 图符，表示函数或结构可以打开或折叠起来。

（2）EDITOR 面板　EDITOR 面板主要是编辑和调试按钮，对脚本文件单击按钮"Run" ▶ 可以直接运行该文件；单击按钮"Go To"可以运行到指定的行和书签位置；单击按钮"Breakpoints"可以设置断点。

对函数文件不能直接单击按钮"Run"运行，需要命令调用函数。

（3）PUBLISH 面板　PUBLISH 面板主要是设置程序区"Section"、编辑和发布程序。单击"Section" ▤ 按钮设置程序区，单击"Publish" ▨ 按钮可以发布程序。

（4）VIEW 面板　VIEW 面板主要设置程序显示样式的按钮，单击"Left/Right" ▥ 按钮可以使窗口拆分，单击"Collapse All" ▦ 按钮可以折叠"try…catch"结构。

M 脚本文件和 M 函数文件在文件结构中的不同就是 M 脚本文件没有函数声明行。

2. 实时编辑器窗口的使用

实时编辑器窗口创建的文件名为".mlx"，创建的实时函数文件如图 5-7a，可以看到最前面是函数的文字说明，可以把一些帮助文本添加在上面，在使用"Help"命令时可以显示帮助文本。

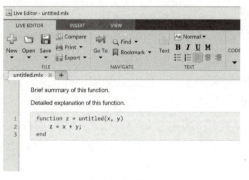
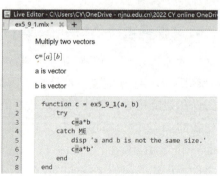

a) 新建实时函数文件　　　　　　　　b) 实时函数文件

图 5-7　实时编辑器窗口

（1）LIVE EDITOR 面板　用来编辑程序与 M 文件编辑器的功能差不多，其中重构按钮 ▦（Refactor）可以将程序中选定的代码行创建为一个函数。

（2）INSERT 面板　用来插入文本、表格、图像、公式、代码实例和超链接等，作为程序的说明和帮助文档，如图 5-7b 所示，函数前面加上四行函数说明、公式和输入参数说明，并将例 5-9 保存为实时函数"ex5_9_1.mlx"。

（3）在实时编辑器中调试程序　对于脚本文件可以在某行程序前面单击 M，则运行到此行暂停，可以单步运行；如果是函数文件，则单击某行程序前面的行号，可以设断点调试。

5.3　函数的使用

使用 M 函数文件可以将大的任务分成多个小的子任务，每个函数实现一个独立的子任务，通过函数间的相互调用完成复杂的功能，具有程序代码模块化、易于维护和修改的优点。MATLAB 中的函数分为主函数、子函数、嵌套函数、私有函数、重载函数和匿名函数。

5.3.1　主函数和子函数

1. 主函数

一个 M 函数文件中可以包含一个或多个函数，主函数是出现在文件最上方的函数，即第一行声明的函数，一个 M 文件只能有一个主函数，通常主函数名与 M 函数文件名相同。

2. 子函数

在一个 M 函数文件中如果有多个函数，则除了第一个主函数之外，其余的都是子函数。子函数的说明如下：

1）子函数的次序无任何限制。

2）子函数只能被同一文件中的函数（主函数或子函数）调用，不能被其他文件的函数调用。

3）同一文件的主函数和子函数运行时的工作空间是相互独立的。

【例 5-10】　根据二阶系统的阻尼系数绘制时域响应曲线，阻尼系数 ζ 与输出 y 关系如下：

$$\begin{cases} y = 1 - \dfrac{1}{\sqrt{1-\zeta^2}} e^{-\zeta x} \sin\left(\sqrt{1-\zeta^2}\, x + a\cos\zeta\right) & 0 < \zeta < 1 \\[2mm] y = 1 - e^{-x}\ (1+x) & \zeta = 1 \\[2mm] y = 1 - \dfrac{1}{2\sqrt{\zeta^2-1}}\left(\dfrac{e^{-(\zeta-\sqrt{\zeta^2-1})x}}{\zeta - \sqrt{1-\zeta^2}} - \dfrac{e^{-(\zeta+\sqrt{\zeta^2-1})x}}{\zeta + \sqrt{1-\zeta^2}}\right) & \zeta > 1 \end{cases}$$

使用主函数 ex5_10 来调用三个子函数 p1、p2 和 p3，每个子函数绘制一条曲线，"ex5_10"文件如下：

```
function y=ex5_10(zeta)
% EX5_10 二阶系统的阶跃响应
% zeta 阻尼系数
% y 阶跃响应
t=0:0.1:20;
if (zeta>=0)&(zeta<1)
    y=p1(zeta,t);
elseif zeta==1
    y=p2(zeta,t);
else
y=p3(zeta,t);
end
plot(t,y)
title(['zeta=' num2str(zeta)])
```

```
function y=p1(z,x)
% 阻尼系数在[0,1]的二阶系统阶跃响应
y=1-1/sqrt(1-z^2) * exp(-z * x).*sin(sqrt(1-z^2) * x+acos(z));


function y=p2(z,x)
% 阻尼系数=1 的二阶系统阶跃响应
y=1-exp(-x).* (1+x);


function y=p3(z,x)
% 阻尼系数>1 的二阶系统阶跃响应
sz=sqrt(z^2-1);
y=1-1/(2 * sz) * (exp(- ((z-sz) * x))./(z-sz) -exp(-((z+sz) * x))./(z+sz));
```

在命令窗口中调用 ex5_10：

```
>> y=ex5_10(3)
```

为了节省篇幅，输出 y 在此省略，绘制的二阶
系统的阶跃响应曲线如图 5-8 所示。三个子函数 p1、
p2 和 p3 的顺序可以随意交换，主函数 ex5_10 和子
函数 p1、p2 和 p3 中的变量 x、y、z 占用的空间都是
独立的，因此变量名相同也不会互相修改。

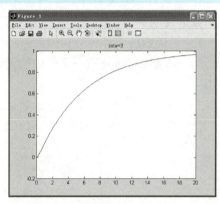

用 help 命令使用 "help 文件名>子函数名" 可
以查找子函数的帮助信息，例如，查找 "ex5_10"
文件中的子函数 "p2" 的帮助信息：

```
>> help ex5_10>p2
   阻尼系数=1 的二阶系统阶跃响应
```

图 5-8　二阶系统的阶跃响应曲线

5.3.2　函数的输入/输出参数

函数通过输入参数接收数据，经过运算后由输出参数输出结果，函数与外界交流的途径
就是输入输出参数，因此 MATLAB 的函数调用过程实际上就是参数传递的过程。

1. 参数的传递

函数的参数传递是将主调函数中的变量值传给被调函数的输入参
数，例如，在例 5-10 中的主函数调用子函数 p1 的参数传递如图 5-9
所示。

图 5-9　参数传递

函数的参数传递有几点说明：

1) 函数参数传递的是数值，例如，例 5-10 中将变量 zeta 的值传递给子函数 p1 的输入
参数 z，将变量 t 的值传递给输入参数 x。

2) 被调函数的输入参数是存放在函数的工作空间中，与 MATLAB 的工作空间是独立
的，当调用结束时函数的工作空间被清除，输入参数也被清除。

2. 输入/输出参数的个数

一般软件函数的输入/输出参数个数是由被调函数的函数声明语句确定的，但 MATLAB
不同的是输入/输出参数的个数都可以改变，MATLAB 提供了 nargin 和 nargout 函数确定实际

调用时输入/输出参数的个数，还提供了 varargin 和 varargout 函数获得输入/输出参数的内容。

（1）nargin 和 nargout 函数　nargin 和 nargout 函数可以分别获得输入/输出参数的个数，命令格式如下：

nargin（'fun'）　　　　　　　　**%获取函数 fun 的输入参数个数**

nargout（'fun'）　　　　　　　**%获取函数 fun 的输出参数个数**

说明：fun 是函数名，可以省略，当 nargin 和 nargout 函数在函数体内时 fun 可省略，在函数外时 fun 不省略。

【例 5-11】　当输入参数个数变化时使用 nargin 函数绘制不同线型的曲线。

```
function n=ex5_11(s1,s2)
    x=0:10;
    y=nargin*ones(11,1);
    hold on
    if nargin==0
        plot(x,y)                    %实线曲线
    elseif nargin==1
        plot(x,y,s1)
    else
        plot(x,y,[s1 s2])
    end
```

在命令窗口中输入不同参数的调用命令：

```
>> ex5_11
>> ex5_11('r')
>> ex5_11('k','o')
>> nargin('ex5_11')
ans =
    2
>> ex5_11('g',':','p')
??? Error using ==> ex5_11
Too many input arguments.
```

程序分析：

使用 if 分支结构，当输入参数个数为 0 时，绘制实线；如果输入的参数多于输入参数个数，则会出错，输入以上命令后显示的曲线如图 5-10 所示。

【例 5-11 续】　在例 5-11 中，当输出参数个数变化时，使用 nargout 函数查看输出变量的值，在"end"命令前添加如下程序：

```
    if nargout==0
        n=0;
    else
        n=nargout;
    end
```

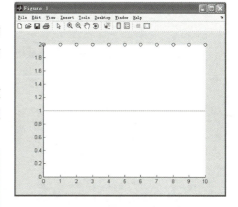

图 5-10　显示的三条曲线

在命令窗口中使用不同个数的输出变量调用函数 ex5_11:

```
>> ex5_11('y','o')
ans =
     0
>> y=ex5_11('y','o')
y =
     1
>> [y,n]=ex5_11('y','o')
??? Error using ==> ex5_11
Too many output arguments.
```

程序分析:

当输出参数 nargout 为 0 时,结果输出 ans 变量;当输出参数多于程序中指定的输出参数个数 1 时,程序也出错。

(2) varargin 和 varargout 函数　nargin 和 nargout 函数需要与分支结构结合使用,对不同参数进行不同的处理,当分支较多时程序较繁琐。MATLAB 还提供了 varargin 和 varargout 函数可以处理复杂输入/输出参数,varargin 和 varargout 函数将函数调用时实际传递的参数构成元胞数组,通过访问元胞数组中各元素内容来获得输入/输出变量。

varargin 和 varargout 函数的命令格式如下:

function y=fun(varargin)　　　　　%输入参数为 varargin 的函数 fun
function varargout=fun(x)　　　　　%输出参数为 varargout 的函数 fun

【例 5-12】　根据输入参数的个数将例 5-11 中参数个数使用 varargin 和 varargout 函数,绘制不同线型的曲线,绘制的曲线与图 5-10 相同。

```
function varargout=ex5_12(varargin)
    x=0:10;
    lin=length(varargin);              %取输入参数个数
    y=lin*ones(11,1);
    hold on
    if lin==0
        plot(x,y)
    elseif lin==1
        plot(x,y,varargin{1})
    else
        plot(x,y,[varargin{1} varargin{2}])
    end
    varargout{1}=lin
```

在命令窗口中输入调用命令:

```
>> y=ex5_12('y','o')
varargout =
    [2]
y =
    2
>> ex5_12('y','o')
varargout =
```

```
    [2]
ans =
    2
```

程序分析：

varargin 和 varargout 函数获得的都是元胞数组，length（varargin）表示数组元素个数，varargin{1} 表示元胞数组的元素，varargout{1} = lin 表示给输出参数赋值。

5.3.3　局部变量、全局变量和持久变量

变量按照作用范围的不同分成局部变量和全局变量。

1. 局部变量

局部变量（Local Variables）的作用范围只能在函数内部，如果一个变量没有特别的声明，则是局部变量。每个函数在运行时，都有自己的函数工作空间，与 MATLAB 的工作空间是相互独立的，局部变量仅在函数执行期间存在于函数的工作空间内，当函数执行完变量就消失。

2. 全局变量

全局变量（Global Variables）具有全局的作用范围，可以在不同的函数和 MATALB 工作空间中共享。使用全局变量可以减少参数的传递，有效地使用全局变量可以提高程序执行的效率，由于全局变量在任何定义过的函数中都可以修改，因此使用时应十分小心。

全局变量在使用前必须用"global"声明，而且每个要共享全局变量的函数和工作空间，都必须逐个用"global"对该变量加以声明，建议把全局变量的定义放在函数体的开始，用大写字符命名，可以防止重复定义。声明和清除全局变量的命令格式如下：

global 变量名　　　　　**%声明全局变量**
clear global 变量名　　　**%清除某个全局变量**

【例 5-13】　在主函数和子函数之间使用全局变量。

```
function y=ex5_13()
    global T              %全局变量 T
    T=0:0.1:20;
    y=f1(0.2)

function y=f1(w)
    global T              %全局变量
    y=sin(w*T)
```

程序分析：

使用全局变量 T 在主函数 ex5_13 和子函数 f1 中传递数据，在主函数和子函数中都使用"global"声明变量 T，运行结束时 MATLAB 的工作空间中没有变量 T。

如果不使用全局变量也可以将 T 作为参数传递给子函数 f1。

3. 持久变量

持久变量也是局部变量，但是在函数运行完时持久变量不被清除，每次调用值仍然保留在内存中。MATLAB 使用 persistent 声明持久变量，使用 mlock 函数锁定持久变量，使其不会被"clear"命令清除，使用 munlock 函数解锁变量。命令格式如下：

persistent 变量名	%声明持久变量
mlock	%锁定当前运行函数的工作空间
munlock(fun)	%解锁函数的工作空间

说明：fun 是函数文件名，可省略，省略时指解除当前运行函数的工作空间。

5.4　函数类型和函数句柄

MATLAB 提供了多种不同的函数类型，而且函数句柄的数据类型方便调用函数。

5.4.1　函数类型

MATLAB 函数有多种类型，包括局部函数、嵌套函数、私有函数和匿名函数。

1. 局部函数

局部函数就是子函数，如前面的例 5-13 中的 f1 函数；局部函数仅对同一文件中的其他函数可见，可以任意顺序出现在主函数的后面，不能被其他文件调用。

需要注意的是，在脚本文件中也可以在脚本程序的最后一行后面创建局部函数。

【例 5-14】　在例 5-9 的程序前面加调用语句，生成脚本文件。

```
c=ex5_9([1,2],[3,4])          %调用函数 ex5_9
function c=ex5_9(a,b)
    try
    c=a.*b';
    catch ME
    c=a.*b;
    end
end
```

程序分析：

最后两个 end 语句，前一个是 try 结构的结束，后一个是函数的结束。

2. 嵌套函数

定义在其他函数内部的函数称为嵌套函数，嵌套函数是完全包含在父函数内的，程序文件中的任何函数都可以包含嵌套函数。嵌套函数内部还可以嵌套其他函数，即多层嵌套，每个函数都必须使用"end"结束。嵌套函数的结构如下：

```
function A(x)
……
    function B(x,y)
        ……
    end
end
```

说明：函数 A 嵌套了函数 B，则函数 B 为嵌套函数。B 函数可以访问和修改在 A 函数中定义的变量。

3. 私有函数

私有函数是限制访问权限的函数，私有函数存放在"private"子目录中，只能被其直接父目录的文件所调用，而不能被其他目录的函数调用。

4. 匿名函数

匿名函数是不保存为文件的函数，是面向命令行代码的函数形式，通常只有一句可执行的语句，匿名函数的命令格式如下：

fhandle = @ (arg1 , arg2 , ...) (expr)　　　　　　　**%创建匿名函数**

说明：fhandle 是函数句柄；arg1，arg2，... 是参数列表，也可以省略；expr 是函数表达式，( )可以省略。

【例 5-15】　使用匿名函数创建 $f_1 = 1 + e^{-x}$ 和 $f_2 = \sin(1 + e^{-x}) + \cos(1 + e^{-y})$。

```
>> fhnd1 = @ (x)(1+exp(-x));              %创建匿名函数
>> rf1 = fhnd1(2)                         %调用匿名函数
rf1 =
    1.1353
>> fhnd2 = @ (x,y)sin(fhnd1(x))+cos(fhnd1(y));   %创建嵌套匿名函数
>> rf2 = fhnd2(1,2)
rf2 =
    1.4013
```

5.4.2　函数句柄

函数句柄（Function_Handle）是一种数据类型，包含了函数的路径、函数名、类型等，即函数是否为内部函数、M 或 P 文件、子函数、私有函数等，通常用来进行函数调用，MATLAB 的所有 M 函数和内部函数都可以创建函数句柄。

1. 创建函数句柄

创建函数句柄的命令格式如下：

fhandle = @ fun　　　　　　　**%创建函数句柄**

说明：fhandle 是函数句柄；fun 是函数名。匿名函数也是使用函数句柄创建的。

【例 5-16】　使用两种方法创建函数句柄，计算 $f = e^{-x} \sin(x)$ 的值。

方法一：

```
>> fnd1 = @ sin                          %创建函数句柄
fnd1 =
    @ sin
>> x = 0:20;
>> fnd2 = @ exp;
>> y = fnd1(x) .* fnd2(-x)                %调用函数
y =
  Columns 1 through 7
         0    0.3096    0.1231    0.0070   -0.0139   -0.0065   -0.0007
  Columns 8 through 11
    0.0006    0.0003    0.0001   -0.0000
```

方法二：

创建函数 ex5_16_1 并保存为 "ex5_16_1.m" 文件：

```
function y=ex5_16_1(x)
    y=exp(-x).*sin(x)
```

在命令窗口调用函数：

```
>> fnd=@ ex5_16_1;              %创建函数句柄
>> x=0:10;
>>y=fnd(x);
```

程序分析：

在命令窗口查看 fnd 变量，是 32 字节的 function_handled 数据类型，value 值是@ ex5_16_1。

2. 处理函数句柄的函数

MATLAB 提供了丰富的处理函数句柄的函数，有查看函数信息的 functions，有将函数句柄与字符串相互转换的函数 func2str 和 str2func，还有调用函数句柄的 feval 等函数。

1）functions 函数。functions（fhandle）用来获得函数句柄的信息，返回值是一个结构体，存储了函数的名称、类型（简单函数或重载函数）和函数 M 文件的位置。例如，获得 sin 函数句柄的信息：

```
>> functions(@ sin)
ans =
    function:'sin'
        type:'simple'
        file:"
```

2）可以使用 feval 命令调用函数句柄，命令格式如下：

$[y1,y2,\cdots]=feval(fun,arg1,arg2,\cdots)$　　　　　　**%fun 可以是函数名称或函数句柄**

【例 5-16 续】　使用 feval 调用函数 ex5_16_1，采用调用函数句柄的方式。

```
>> x=0:10;
>>y=feval(fnd,x)
```

5.4.3　函数的工作过程和 P 码文件

函数只有被调用时才运行，MATLAB 中函数的调用需要经过在不同路径搜索查找的过程。

1. 函数的搜索过程

当在 MATLAB 中输入一个函数名时，首先确认不是变量名后，函数搜索的顺序如下：

1）检查是否是本 M 函数文件内部的子函数。

2）检查是否是 "private" 目录下的私有函数。

3）检查是否在当前路径中。

4）检查是否在搜索路径中。

2. P 码文件

P 码就是伪代码（Pseudocode），一个 M 文件第一次被调用时，MATLAB 就将其进行编译并生成 P 码文件存放在内存中，以后再调用该 M 文件时，就直接调用 P 码文件，因此再次调用 M 文件的运行速度就高于第一次运行时的速度。当同时存在同名的 M 文件和 P 码文件，则被调用时执行的是 P 码文件。

P 码文件可以使用 pcode 命令生成，P 码文件的保密性好，如果不希望别人看到源代码，则可以使用 P 码文件。

将例 5-13 保存的 "ex5_13. m" 生成 P 码文件并查看：

```
>> pcodeex5_13.m
>> y=ex5_13
```

在当前目录生成了 P 码文件 "ex5_13. p"，第二行运行的是 "ex5_13. p" 文件。

5.5　函数绘图

在第 4 章中介绍过使用 fplot 函数可以根据符号函数绘制曲线，MATLAB 提供了更智能的函数绘图命令，可以根据函数的自变量自动取值，包括绘制二维函数曲线的 fplot、fimplicit、fcontour 和绘制三维曲面的 fmesh、fplot3、fsurf 等函数命令。

5.5.1　二维函数曲线

1. fplot 命令

fplot 命令可以绘制函数的曲线，通过内部自适应算法动态地决定函数自变量的取值间隔。fplot 的命令格式如下：

fplot(fun , xinterval , Linespec)　　　　　　　%绘制函数 fun 的曲线

fplot(funx , funy , tinterval , Linespec)　　　　　%绘制函数 funx 和 funy 的曲线

说明：fun 是函数句柄或函数名；xinterval 是自变量的取值范围 [xmin，xmax]，tinterval 是自变量的取值范围 [tmin,tmax]，当省略时默认区间为 [−5,5]；Linespec 是线型。

【例 5-17】　使用 fplot 和 plot 函数分别绘制 $f = e^{-x}\sin(x)$ 曲线，绘制的曲线如图 5-11 所示。

```
>> x=0:0.5:20;
>> y1=exp(-x).*sin(x);
>> subplot 211            %绘制数值曲线
>> plot(x,y1,'r-.*')
>> fhnd=@ (x)(exp(-x).*sin(x));
>> subplot 212            %绘制函数曲线
>> fplot(fhnd,[0,20],'b-.*')
```

程序分析：

可以看出上图中使用 plot 绘制的曲线自变量取值间隔相同，会丢失一些重要数据；而下图中使用 fplot 绘制的曲线变化大的区域自变量取值比较密，取值间隔自动变化。

2. fimplicit 命令

fimplicit 用来绘制隐函数，也就是对 z = f (x , y) 形式的函数进行绘制，命令格式如下：

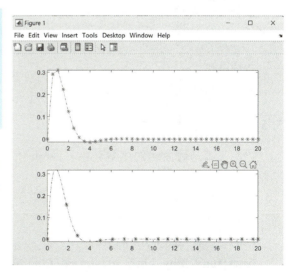

图 5-11　plot 和 fplot 绘制的曲线图

fimplicit(fun , interval , Linespec)　　　　　　　%绘制隐函数

说明：fun 是函数句柄或匿名函数；interval 是 x 和 y 的绘图区间 [xmin，xmax]，当省略时默认区间为 [−5,5]；Linespec 是线型。

【例 5-18】 使用 fimplicit 函数绘制函数 $x^2+y^2-3=0$，其中 x 范围为 $[-3,0]$，y 的范围为 $[-2,2]$；用 fplot 函数绘制横坐标 $f_1=e^{-x}$，纵坐标 $f_2=\sin(x)$，x 的范围为 $[-3,3]$，绘制的曲线如图 5-12 所示。

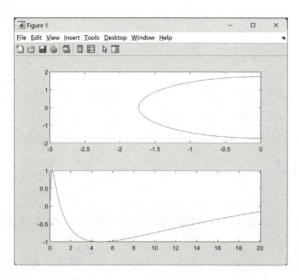

图 5-12 fplot 和 fimplicit 绘制函数曲线图

```
>>f = @ (x,y) x.^2 + y.^2 - 3;
>>subplot 211
>>fimplicit(f,[-3 0 -2 2])                %绘制隐函数曲线
>>x = @ (x)exp(-x);y = @ (x)sin(x);
>>subplot 212
>>fplot(x,y,[-3,3])                       %绘制二维曲线
```

程序分析：

匿名函数 f 表示 $x^2+y^2-3=0$，有两个自变量 x 和 y。

5.5.2 三维函数曲线

绘制三维函数曲线的函数包括：fmesh 绘制三维网格图，fsurf 绘制三维曲面图，fplot3 绘制三维曲线图。

fmesh、fplot3 和 fsurf 函数的命令格式相似，以 fsurf 函数为例，绘制函数的三维曲面图的命令格式如下：

fsurf(f,xyinterval,Linespec)　　　　　　　　　　%绘制 z=f(x,y) 的三维曲面图
fsurf(funx,funy,funz, uvinterval,Linespec)　　　%绘制(x,y,z) 的三维曲面图

【例 5-19】 使用 fsurf 命令绘制 $f(x,y,z)$ 当自变量 u 在 $[0,3]$ 范围的三维曲面图，如图 5-13 所示，已知 f 函数表达式如下：

$$\begin{cases} x=e^u\sin 5v \\ y=e^u\cos 5v \\ z=u \end{cases}$$

创建 ex5_19.mlx 实时脚本文件，运行界面如图 5-13 所示。

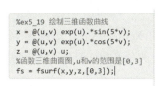
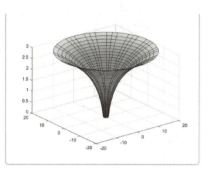

图 5-13　fsurf 绘制函数三维曲面图

5.6　数值分析

数值分析是指对于积分、微分或解析上难以确定的一些特殊值，利用计算机在数值上近似得出结果。工程上常用的数值分析有求函数最小值、求过零点、数值积分和解微分方程等。

5.6.1　求最小值和过零点

数学上求最大值和最小值点的方法是通过计算函数导数为零来确定的，然而，有很多函数很难找到导数为零的点，因此，必须通过数值分析来找函数的极值点。MATLAB 提供了 fminbnd 和 fminsearch 函数来寻找最小值。

$f(x)$ 的最大值则不需要另外计算，可以由 "$-f(x)$ 的最小值" 得出。

1. 一元函数的最小值

fminbnd 函数可以获得一元函数在给定区间内的最小值，命令格式如下：

x = fminbnd (fun , x1 , x2)　%寻找最小值的纵横坐标

说明：fun 是函数句柄或匿名函数；x1 和 x2 是指寻找最小值的范围 [x1, x2]。

【例 5-20】　使用 fminbnd 函数获得 sin (x) 和匿名函数 $f_1(x) = x^2 - 5x$ 的在 [0, 10] 范围内的最小值，$f_1(x)$ 曲线如图 5-14 所示。

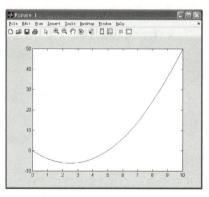

图 5-14　$f_1(x)$ 的曲线图

```
>> x = fminbnd(@ sin,0,10)          %计算正弦函数最小值的横坐标
x =
    4.7124
>> fhnd1 = @ (x)(x.^2-5 * x);       %计算匿名函数的最小值
>> [x,y1] = fminbnd(fhnd1,0,10)
x =
    2.5000
```

```
        y1 =
            -6.2500
        >> fplot(fhnd1,[0,10])
```

2. 多元函数的最小值

fminsearch 函数可以获得多元函数的最小值，采用 Nelder-Mead 单纯形算法求解，使用该函数时必须指定开始的猜测值，获得的是在初始猜测值附近的局部最小值，其命令格式如下：

[x , fval] = fminsearch (fun , x0)　　　　　　　　**%寻找最小值**

说明：fun 是函数句柄或匿名函数；x0 是初始猜测值；x 是最小值的取值；fval 是返回的最小值，可省略。

【例 5-21】　使用 fminsearch 函数获得 f_1 函数在初始猜测值（0.5，1）附近的最小值，已知 $f_1 = (x_2 - x_1^2)^2 + (1 - x_1)^2$。

```
>> fhnd=@ (x)((x(2)-x(1)^2)^2+(1-x(1))^2);
>> f=fminsearch(fhnd,[0.5,1])        %计算匿名函数的最小值
x =
    1.0000 1.0000
f =
    1.9151e-010
```

程序分析：

计算得出二元函数在（0.5，1）附近的最小值是在（1，1）处的点，最小值为 1.9151e-010。

3. 一元函数的过零点

一元函数 $f(x)$ 的过零点求解可以使用 fzero 函数来实现，指定一个开始点，在开始点的附近查找函数值变号时的过零点，或直接根据指定的区间来求过零点，其命令格式如下：

x = fzero (fun , x0)　　　　　　　　**%获得 fun 在 x0 附近的过零点**

说明：x 是过零点位置，如果找不到则返回 Nan；fun 是函数句柄或匿名函数；x0 是开始点或区间。

fzero 函数只能返回一个局部零点，不能找出所有的零点，因此先设定零点的范围。fzero 函数也可以得出 f(x) 等于某个常数点的值。

【例 5-22】　使用 fzero 函数获得 $(1-x)^2 = 2$ 在 1 附近的值，以及 $\sin(x)$ 在［2，5］附近的过零点。

```
>> fhnd1=@ (x)((1-x).^2-2);
>> x1=fzero(fhnd1,1)             %获得在 1 附近的过零点
x1 =
-0.4142
>> x2=fzero(@ sin,[2,5])         %获得在[2,5]范围的过零点
x2 =
    3.1416
```

5.6.2　数值积分

MATLAB R2021a 提供了多种求数值积分的函数，见表 5-1。

表 5-1　数值积分的函数

函数名	命令格式	功　　能
quad	q = quad(fun,a,b,tol,trace)	一元函数的数值积分，采用自适应的 Simpson 方法
quadl	q = quadl(fun,a,b,tol,trace)	一元函数的数值积分，采用自适应的 Lobatto 方法，代替了 MATLAB 7.0 以前的 quad8
quadv	q = quadv(fun,a,b,tol,trace)	一元函数的矢量数值积分
dblquad	q = dblquad(fun,xmin,xmax,ymin,ymax,tol)	二重积分
triplequad	q = triplequad(fun,xmin,xmax,ymin,ymax,zmin,zmax,tol)	三重积分

说明：在各函数命令格式中，fun 是函数句柄或函数名；a 和 b 是数值积分的范围 $[a,b]$；tol 是绝对误差容限值，默认是 10^{-6}；trace 如果是非零值，则跟踪展示积分迭代的整个过程。

【例 5-23】　使用 quad 和 quadl 函数分别获得 $f(x) = \mathrm{e}^{-x^2}$ 的数值积分，$f(x)$ 的曲线如图 5-15 所示。

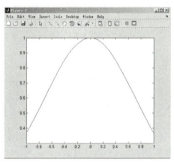

```
>> fhnd=@ (x)(exp(-x.^2));
>> q1=quad(fhnd,-1,1,2e-3,1)
%数值积分并跟踪展示迭代过程,迭代过程最后一列的和为q1的值
    9  -1.0000000000   5.43160000e-001   0.3198710950
   11  -0.4568400000   9.13680000e-001  0.8538774475
   13  0.4568400000   5.43160000e-001   0.3198710950
q1 =
    1.4936
>> q2=quadl(fhnd,-1,1,2e-6)
q2 =
    1.4936
>> fplot(fhnd,[-1,1])
```

图 5-15　$f(x)$ 函数的曲线图

5.6.3　微分方程组数值求解

在第 4 章中介绍了符号工具箱中的 solve 函数求解常微分方程组，如果求取解析解困难时，MATLAB R2021a 为解常微分方程提供了七种数值求解的方法，包括 ode45、ode23、ode113、ode15s、ode23s、ode23t 和 ode23tb 函数，各函数的命令格式如下：

[t,y] = ode45(fun,ts,y0,options)　　　　　　　**%解常微分方程**

说明：fun 是函数句柄或函数名；ts 是自变量范围，可以是范围 $[t0, tf]$，也可以是向量 $[t0, \cdots, tf]$；y0 是初始值，y0 应该是和 y 具有同样长度的列向量；options 是设定微分方程解法器的参数，可省略，可以由 odeset 函数来获得。

MATLAB R2021a 提供的七种数值求解函数的命令格式都与 ode45 的相似，功能有所不同，见表 5-2。

表 5-2　常微分方程组七种数值求解的函数

函数名	算　　法	适用系统	精度	特　　点
ode45	4/5 阶龙格-库塔法	非刚性方程	中	最常用的解法，单步算法，不需要附加初始值
ode23	2/3 阶龙格-库塔法	非刚性方程	低	单步算法，在误差允许范围较宽或存在轻微刚度时性能比 ode45 好
ode113	可变阶 AdamsPece 算法	非刚性方程	低–高	多步算法，误差允许范围较严时比 ode45 好
ode15s	可变阶的数值微分算法	刚性方程	低–中	多步算法，ode45 解法很慢可能系统是刚性的时，可以尝试该算法
ode23s	基于改进的 Rosenbrock 公式	刚性方程	低	单步算法，可以解决用 ode15s 效果不好的刚性方程
ode23t	自由内插实现的梯形规则	轻微刚性方程	低	给出的解无数值衰减
ode23tb	TR－BDF2 算法，即龙格-库塔法第一级采用梯形规则，第二级采用 Gear 法	刚性方程	低	对误差允许范围较宽时比 ode15s 好

说明：刚性方程是指常微分方程组的 Jocabian 矩阵的特征值相差悬殊的方程；单步算法是指根据前一步的解计算出当前解；多步算法是指需要前几步的解来计算出当前解。

【例 5-24】　使用 ode45 函数解微分方程，方程解的波形如图 5-16 所示。

$$\frac{\mathrm{d}^2 y(t)}{\mathrm{d}t^2} + 1.414\frac{\mathrm{d}y(t)}{\mathrm{d}t} + y(t) = 1$$

先将二阶微分方程式变换成一阶微分方程组：

$$\begin{cases} \dfrac{\mathrm{d}y_1}{\mathrm{d}t} = y_2 \\ \dfrac{\mathrm{d}^2 y}{\mathrm{d}t^2} = -1.414\dfrac{\mathrm{d}y_1}{\mathrm{d}t} - y_1(t) + 1 \end{cases}$$

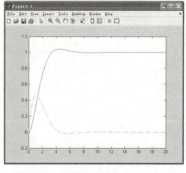

图 5-16　微分方程解的波形图

创建 M 函数文件 ex5_24.m，虽然 t 参数不用，但微分方程的函数必须有时间 t 变量：

```
function ex5_24()
ts=[0,20];                %自变量范围
y0=[0;0];                 %初始条件
[t,y]=ode45(@ ex5_24_1,ts,y0);
plot(t,y(:,1),'r',t,y(:,2),'g--')


function yp=ex5_24_1(t,y)
%EX5_24 使用 ode45 函数解微分方程
yp=[y(2);-1.414*y(2)-y(1)+1];
```

程序分析：

与第 4 章的 dsolve 函数的解相比，符号工具箱得出的是精确解，而 ode45 得出的是数值解。

习　　题

1. 选择题

（1）if 结构的开始是"if"命令，结束是_____命令。

A. End if　　　　　　　B. end　　　　　　　C. End　　　　　　　D. else

（2）下面的 switch 结构，正确的是_____。

A. >>switch a　　　　　B. >> switch a　　　　C. >> switch a　　　　D. >> switch a

　　case a>1　　　　　　　case a = 1　　　　　　case 1　　　　　　　case = 1

（3）运行以下命令：

```
>> a=eye(5);
>> for n=a(2:end,:)
    ......
```

则 for 循环的循环次数是_____。

A. 5　　　　　　　　　　B. 4　　　　　　　　　C. 3　　　　　　　　　D. 1

（4）运行以下命令，则 for 循环的循环次数是_____。

```
>> x=0:10;
>> for n=x
    if n==5
        continue
    end
end
```

A. 10　　　　　　　　　　B. 5　　　　　　　　　C. 11　　　　　　　　D. 10

（5）运行以下命令则_____。

```
>> a=[1 2 3]
>> keyboard
K>> a=[1 2 4];
K>> return
```

A. a= [1 2 3]　　　　　　　　　　　　　　　　B. a= [1 2 4]

C. 命令窗口的提示符为"K>>"　　　　　　　　D. 出错

（6）创建以下函数文件，在命令窗口中运行"y=f"命令则显示_____。

```
function y=f()
    global W
    W=2;
    y=f1(5)
function y=f1(w)
    global W
    y=w+W
```

A. y = 5　　　　　　　　B. y = 2　　　　　　　C. y = 7　　　　　　　D. 出错

（7）关于主函数，以下说法正确的是_____。

A. 主函数名必须与文件名相同

B. 主函数的工作空间与子函数的工作空间是嵌套的

C. 主函数中不能定义其他函数

D. 每个函数文件中都必须有主函数

（8）当在命令窗口中输入"sin（a）"时，则对"a"的搜索顺序是_____。

A. 是否内部函数→是否变量→是否私有函数

B. 是否内部函数→是否搜索路径中函数→是否私有函数

C. 是否内部函数→是否搜索路径中函数→是否当前路径中函数

D. 是否变量→是否私有函数→是否当前路径中函数

（9）运行命令"fhnd=@（x）（exp（x））;"，则 fhnd 是_____。

A. 字符串　　　　　　B. function_ handle　　C. function　　　　　　D. inline

（10）运行命令"f=@（1+sin（x））;"则_____。

A. 运行出错　　　　　　B. f 是函数句柄　　C. 创建了匿名函数　　D. 创建了函数

2. 简述 M 脚本文件和 M 函数文件的主要区别。

3. 编制 M 脚本文件，使用 if 结构显示学生成绩为 55 分时是否合格，大于等于 60 分为合格。

4. 编写 M 脚本文件，实现分段绘制曲线 $z(x,y)=\begin{cases} 0.5e^{-0.5y^2-3x^2-x} & x+y>1 \\ 0.7e^{-y^2-6x^2} & -1<x+y\leq 1 \\ 0.5e^{-0.5y^2-3x^2+x} & x+y\leq -1 \end{cases}$。

5. 编写 M 函数文件，输入参数为 t 和 ω，计算函数 $y=\sin(\omega t)$ 的值并将变量 t 和 y 放在同一矩阵 z 的两行中，输出参数为 z。

6. 编写 M 脚本文件，从键盘输入数据，使用 switch 结构判断输入的数据是奇数还是偶数，并显示提示信息。

7. 编写 M 脚本文件，分别使用 for 和 while 循环语句计算 $sum=\sum_{i=1}^{10} i^i$，当 sum>1000 时终止程序。

8. 编写 M 函数文件输入参数和输出参数都是两个，当输入参数只有一个时输出一个参数，当输入两个参数则输出该两个参数，如果没有输入参数则输出一个 0。

9. 编写 M 函数文件，输入参数个数随意，输出参数为 1 个，当输入参数超过 0 个时，输出所有参数的和，如果没有输入参数则输出 0。

10. 编写 M 函数文件，通过主函数调用子函数实现题 4 的功能，主函数调用三个子函数并绘制曲线，将该 M 函数文件转换为 P 码文件。

11. 创建匿名函数实现 $y=\log(x)+\sin(2x)$，当 $x=2$ 时计算 y，并保存匿名函数。

12. 使用函数句柄创建函数 humps，查看函数句柄的信息并将函数句柄转换为字符串。

13. 创建函数 $y=x^3+2x^2+3x+6$，并绘制函数当 x 在 [0,10] 范围的曲线。

14. 求 $y(x)=e^{-x}|\sin(\sin(x))|$ 在 $x=0$ 附近的最小值。

15. 求数值积分 $\int_a^b \sin(x)dx$，其中 a=0.1，b=1。

16. 解微分方程 $\dfrac{dy}{dt}+y\tan y=\cos y$，$y_0=1$，并绘制曲线。

第6章
MATLAB高级图形设计

MATLAB 具有丰富的图形界面设计工具和图形图像处理工具，界面设计方面采用 App Designer 工具，能够实现更好的人机交互，在图像、声音视频处理方面具有丰富的专用工具箱，功能非常强大。本章主要介绍采用图形对象来实现绘图，并详细介绍应用 App Designer 设计界面的方法，以及对图像、声音、视频的处理和动画的创建。

6.1　图形对象

图形对象是 MATLAB 用来创建可视化数据的对象，可以通过设置属性来定义。第 3 章介绍的如 plot 等函数是高层图形命令，而图形对象能通过设置属性直接编辑不同层次的图形对象具体的属性。

6.1.1　图形对象体系

MATLAB 中的每个具体图形都是由不同的图形对象构成的，图形对象体系如图 6-1 所示，反映出对象之间的包含关系。

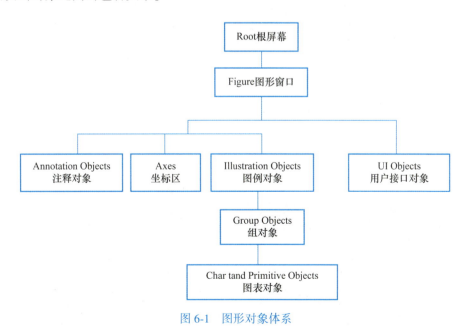

图 6-1　图形对象体系

图 6-1 中的图形对象体系按父对象（Parent）和子对象（Children）的关系组成层次结构，最上面的 Root（根屏幕），它的子对象是 Figure（图形窗口）。

6.1.2　图形对象的属性

图形对象的属性用来控制其行为和外观，图形对象的属性包括位置、颜色、类型、父对象和子对象等，图形对象的所有属性可以通过打开图形窗口的"View"→"Property Inspector"菜单来查看。在程序中通过创建对象的函数来创建图形对象变量，并设置图形对象变量的属性。

1. 图形对象的创建

创建图形对象的命令格式如下：

h_obj = funname（' PropertyName '，PropertyValue，……）

说明：

1）h_obj 是图形对象变量。

2）funname 是函数名，每个创建的图形对象函数名与对象名相同，常用的创建图形对象函数见表 6-1。当创建子对象时，如果父对象不存在，则 MATLAB 会自动创建父对象，并将子对象置于父对象中，例如，当创建"axes"时，会自动创建图形窗口"Figure"。

3）' PropertyName '是属性名，属性名是字符串，为了方便属性名的使用不区分大小写，只要不产生歧义甚至可以不必写全，例如，坐标轴对象的位置属性用"Position""position"和"pos"属性名都可以。

4）PropertyValue 是属性值。

表 6-1　常用的创建图形对象函数

对象类	图形对象函数	图形对象	对象类	图形对象函数	图形对象
顶层对象	figure	图形窗口	图表对象	area	面积图
	axes	坐标区		bar	条形图
	polarplot	极坐标区		boxchart	控制箱
	geoaxes	地理坐标区		contour	等高线图
	tiledlayout	分块图布局		errorbar	误差条图
原始对象	animatedline	线条动画		plot，plot3	二维、三维曲线
	polygon	多边形		quiver，quiver3	箭头图
	image	二维图片		scatter，scatter3	二维、三维点图
	light	光照		stairs	阶梯图
	line	线条		stem，stem3	二维、三维火柴杆
	patch	多边形面片		surf，mesh	曲面图
	rectangle	矩形或椭圆形	插图对象	colorbar	颜色栏
	surface	曲面		legend	图例
	text	文本字符串		bubblelegend	气泡图例
函数曲线对象	fplot	函数线图	注释对象	annotation	注释
	fimplicit	隐式线图	组对象	hggroup	创建组对象
	fsurf	曲目图		hgtransform	转换组对象

图形对象的属性也可以创建完以后，使用"对象变量.属性名='属性值'"的命令来设置，要注意属性名区分大小写，开头字母要大写。

【例 6-1】　绘制三个部门四个季度的销售业绩，使用条形图显示三部门数据，每个部门使用饼图显示所占份额的百分比，图 6-2 所示为三部门的销售业绩图。

为了在同一个图形中既显示条形图又显示饼图，必须使用句柄对象来绘制：

```
%销售业绩数据
>>a1=[25.3 30.5 42.8 51.2];
>>a2=[15.3 20.7 38.8 59.2];
>>a3=[35.1 40.7 58.8 75.2];
%创建图形窗口
>>h_f=figure();
>>h_f.Position=[200 300 500 400];
>>h_a1=axes('position',[0.1,0.05,.85,.85])          %创建条形图的坐标轴
>> h_bar=bar(h_a1,[a1;a2;a3])
>> h_a2=axes('position',[0.15,0.65,.2,.2])          %创建饼图的坐标轴
>> h_pie1=pie(h_a2,a1)
>> h_a3=axes('position',[0.4,0.65,.2,.2])
>> h_pie2=pie(h_a3,a2)
>> h_a4=axes('position',[0.65,0.65,.2,.2])
>> h_pie3=pie(h_a4,a3,[0 1 0 0])
```

程序分析：

'Position'属性是位置和尺寸，按照 [左上角横坐标 左上角纵坐标 宽度 高度] 的格式，figure 的位置是按绝对坐标来确定的，而 axes 则是按在 figure 中所占百分比确定的；在图 6-2 中有 figure、axes、bar 和 pie 多个图形对象，bar 和 pie 是在当前的 axes 父对象中创建的，设计的图形更紧凑、更个性化。

171

2. 属性的获取和设置

在运行过程中属性值还可以进行修改和查询，set 函数用来设置和修改属性值，get 函数用来查询和获取属性值。命令格式如下：

a＝set(h_obj,'PropertyName',PropertyValue,…)　　　　%设置图形对象的属性值

a＝get(h_obj,'PropertyName')　　　　%获取图形对象的属性值

【例 6-2】　使用图形对象绘制正弦曲线，绘制的图形如图 6-3 所示。

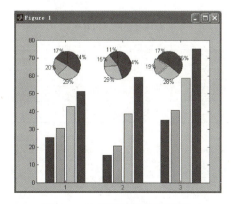

图 6-2　三部门的销售业绩图

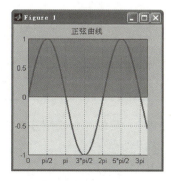

图 6-3　正弦曲线图

```
>>x=0:0.1:10;
>> y=sin(x);
%创建无标题窗口
>>h_f=figure('Position',[200 300 300 300],'menubar','none');
>>h_a1=axes('position',[0.1,0.1,.8,.8]);
>>h_t=title(h_a1,'正弦曲线');              %创建标题
>>h_l=line(x,y);
%设置坐标轴刻度
>>set(gca,'xtick',[0 pi/2 pi 3*pi/2 2*pi 5*pi/2 3*pi])
%设置坐标轴刻度标注
>>set(gca,'xticklabel',{'0','pi/2','pi','3*pi/2','2pi','5*pi/2','3pi'})
>>set(gca,'xgrid','on','ygrid','on');      %设置坐标轴属性
>>set(h_l,'linewidth',2)
%设置线属性
>>set(get(h_t,'parent'),'color','y')       %设置标题的父对象属性
%创建矩形框
>>h_ann0=annotation(gcf,'rectangle',[0.1 0.5 .8 0.4],...
'FaceAlpha',.7,'FaceColor','red');
```

程序分析：

图 6-3 中有图形窗口、坐标轴、文本、线和注释图形对象，set(gca,'xtick',…)是设置坐标刻度数据，而 set(gca,'xticklabel',…)是设置坐标轴刻度的文字显示；set(get(h_t,'parent'),'color','y')命令是先由 get 函数获取标题父对象的句柄，然后由 set 函数设置属性值。

6.1.3　图形对象的操作

当创建了图形对象后，可以获取当前的对象，并可以查找到图形对象变量，进行复制、删除等操作。

1. 图形对象的标识

使用函数可以获得当前活动的图形对象变量，并根据父子层次关系获取相应的图形对象变量，常用的图形对象标识函数见表 6-2。

表 6-2　常用的图形对象标识函数

函数名	函数功能	函数名	函数功能
gca	获取当前坐标区或图	gcf	获取当前图窗的句柄
gcbf	获取包含正在执行回调的对象的图窗句柄	gcbo	获取包含正在执行回调的对象句柄
gco	获取当前的对象句柄	groot	获取图形根对象
ancestor	获取图形对象的前代	allchild	获取指定对象的所有子对象
findall	查找所有图形对象	findobj	查找具有特定属性的图形对象

【例 6-2 续】　获取并查找图 6-3 中的图形对象。

```
>>hf=gcf                              %获取图形窗口对象
hf =
  Figure (1) with properties:
```

```
      Number: 1
        Name: "
       Color: [0.9400 0.9400 0.9400]
    Position: [200 300 300 300]
       Units: 'pixels'
>>f_finda=findobj('title',[0.65,0.65,.2,.2])          %查找坐标区对象
f_finda =
Axes (正弦曲线) with properties:
           XLim: [0 10]
           YLim: [-1 1]
         XScale: 'linear'
         YScale: 'linear'
  GridLineStyle: '-'
       Position: [1×4 double]
          Units: 'normalized'
```

2. 图形对象的复制和删除

（1）图形对象的复制　图形对象还可以通过复制来创建，copyobj 函数实现将一个子对象从一个父对象复制到另一个父对象中，复制后对象唯一的不同就是 parent 属性和句柄不同，命令格式如下：

new_handle = copyobj(h_obj, p)　　　　%复制图形对象 h_obj

说明：h_obj 为需要复制的子对象句柄；p 为原来的父对象句柄；new_handle 为新子对象的句柄，在创建完新父对象后可以运行该命令。

（2）删除图形对象　delete 命令用来删除一个图形对象，该命令将删除对象和该对象所有子对象，而且不提示确认，命令格式如下：

delete(h_obj)　　　　%删除图形对象

（3）删除所有的图形对象　clf 和 cla 函数分别用来删除窗口中和坐标轴中所有的图形对象，命令格式如下：

clf(h_figure)　　　　%删除 h_figure 窗口中的所有图形对象
cla(h_axes)　　　　%删除 h_axes 坐标轴中的所有图形对象

说明：h_figure 和 h_axes 都是句柄，可省略，省略时指当前的窗口和坐标轴。

6.2　交互式开发 App 设计工具

App 设计工具是在 MATLAB R2021a 中正式推出的，App Designer 是包含丰富功能的交互式开发环境，通过简单的鼠标拖拽各种控件，快速设计出用户界面。App 界面也可以使用函数编程的方式开发，并且可以将 App 共享给没有安装 MATLAB 的用户。

MATLAB 的 App Designer 提供了包含按钮、坐标轴、滚动条等一系列交互控件，可以设置各控件的属性，并可以边设计边查看界面，能够自动生成代码。图 6-4 所示为空白的 App 设计窗口，分成三个部分，左边为控件库 Component Library，中间为界面设计区，也称为画布 CANVAS，右边为控件浏览器 Component Browser 和 Inspector/Callbacks 面板。

在中间的画布上通过左上角的按钮"Design View"选择查看界面，这时 App Designer 的

173

工具栏面板就为"DESIGNER"，选择"Code View"则可以查看代码，这时 App Designer 的工具栏面板就为"EDITOR"，可以进行交互式的界面设计。

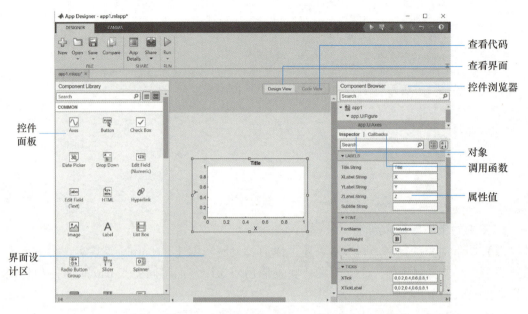

图 6-4　空白的 App Designer 界面窗口

App Designer 与 MATLAB 以前版本的 GUIDE 界面设计方式相比，设计了全新的接口，更易于交互式设计，画布控件的布局功能也更方便，更顺应 Web 的潮流。另外，增加了与工业应用相关的控件，如仪表盘（Gauge）、旋钮（Knob）、开关（Switch）、指示灯（Lamp）等，而且可以用这些工业控件去控制物理硬件，可以通过 MATLAB 的 Hardware Support Package 控制 Arduino。

6.2.1　设计一个简单的 App 界面

App Designer 开发环境为一个集成设计和开发环境，在 MATLAB 主界面的工具栏中选择"New"→"App"，可以打开"App Designer Start Page"页面，如图 6-5 所示。有空白的单面板、两个面板和三个面板的界面模板，在下面的"Examples"中还可以选择不同的实例查看。另外，也可以选择"Open…"按钮打开已经设计好的 App。或者在命令窗口输入">> appdesigner"也可以打开"App Designer Start Page"页面。

在图 6-5 中如果选择"Blank App"，则此时会出现空白的可视化界面窗口。

1. 设计一个 App 界面的步骤

（1）界面布局设计　界面布局设计包括以下几个步骤：

1）通过拖拽控件面板中的控件到界面设计区中。

2）然后使用对象对齐工具（Align）进行控件的布局调整。

3）添加完控件后在右侧的 Component Browser 面板中，可以看到所有的对象。

4）如果界面需要菜单和工具栏等，则使用 Figure Tools 中的控件进行设计。

（2）属性设置　属性的设置是对图形对象的外观和特性进行设置，每个图形对象都有自己默认的属性设置，如图 6-4 所示，如果需要修改则在右侧的控件浏览器 Component Browser 面板中选择控件，在 Inspector 面板对相关的属性进行修改。

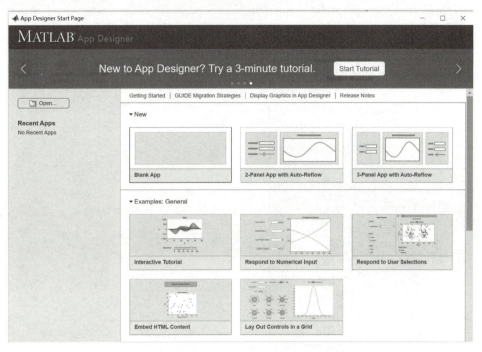

图 6-5　App Designer 开始界面

（3）编写回调函数　编写回调函数就是使图形用户界面可以实现用户的响应，回调函数在 M 文件编辑器（M-File Editor）窗口中编写，在右侧的 Component Browser 面板中选择控件，然后在 Callbacks 面板中增加相应的回调函数。

（4）保存并运行　运行 App，保存的文件为 .mlapp 的 App 文件。在 App Designer 中可以打开运行。

2. 一个简单的图形用户界面设计实例

按照图形用户界面的设计步骤，创建一个简单的实例。

【例 6-3】　创建一个用户界面，实现单击按钮在坐标轴中绘制正弦曲线的功能，运行界面如图 6-6 所示。

（1）创建一个空白的界面　空白界面如图 6-4 所示，界面的大小可以通过用鼠标拖动设计区边框来调整。

（2）创建控件　选择图 6-4 设计界面左侧控件面板中的按钮（Button）控件，通过拖放在界面中放置两个按钮，然后选择坐标轴（Axes）控件在界面中放置一个坐标轴。

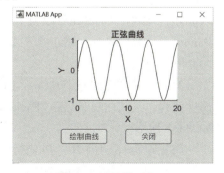

图 6-6　运行界面窗口

（3）调整控件布局　使用鼠标同时选中两个按钮，在工具栏的"ALIGN"区中选择"Align top"顶端对齐 按钮，则设计界面中的两个按钮就顶端对齐了；然后调整坐标轴的大小和位置。

在图6-4右侧的"Component Browser"面板中，可以查看各图形对象，可以看到每个控件名称前面都加了"app"，在"app. UIFigure"父窗口下面，有三个对象，分别是"app. Button""app. Button2"和一个"app. UIAxes"对象。

（4）设置各对象的属性 当在设计界面中或者在图6-4的"Component Browser"中选择对象，则在图6-7a的"Inspector"面板就显示了各种属性，可以设置属性值。

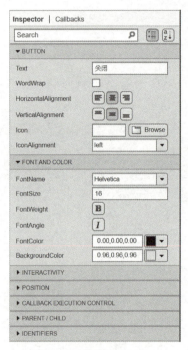

a) 属性设置

b）对象浏览器

图6-7 "Component Browser"面板

用鼠标选择按钮"app. Button"，单击鼠标右键选择"Rename"，将按钮名称改为"DrawButton"，并在"BUTTON"栏中将"Text"属性值改为"绘制曲线"，在"FONT AND COLOR"中将"FontSize"改为16；用同样的方法将按钮"app. Button2"名称改为"Close-Button"，并将"Text"属性值改为"关闭"，将"FontSize"改为16，修改后的控件名称如图6-7b所示。

然后，在界面中选择"app. UIAxes"，修改"Title. String"属性值为"正弦曲线"，将"FontSize"改为16，则设计的界面如图6-8所示。

（5）编写回调函数 用鼠标单击选择"app. DrawButton"按钮，在右侧的"Component Browser"面板中选择"Callbacks"，则出现"ButtonPushedFcn"，选择"< add ButtonPushedFcn callback>"，如图6-9a所示。

则出现打开的M文件编辑器EDITOR窗口，编写回调函数，

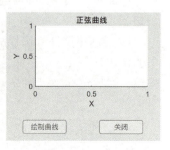

图6-8 设计界面

如图 6-9b 所示，编写代码实现两个按钮的单击功能，使用窗口右上侧的两个按钮 "Design View" 和 "Code View"，可以在设计界面和程序编辑界面间切换。

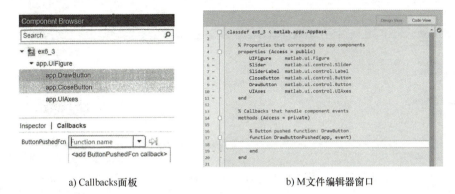

a) Callbacks面板　　　　　　　　　　b) M文件编辑器窗口

图 6-9　编写回调函数

当对两个按钮选择了 "<add ButtonPusedFcn callback>" 后，在 M 文件编辑器窗口中已经自动生成了一个 M 函数文件的框架，可以看到两个回调的函数 "function DrawButtonPushed（app，event）" 和 "function CloseButtonPushed（app，event）"，函数的函数名、输入参数和注释语句都已经写好，只需要添加函数体的程序代码，编写程序如下：

```
% Button pushed function:DrawButton
functionDrawButtonPushed(app,event)
        %绘制曲线
        x=0:0.1:20;
        y=sin(x);
        plot(app.UIAxes,x,y)              %在坐标轴绘制曲线
end
% Button pushed function:CloseButton
functionCloseButtonPushed(app, event)
        %关闭窗口
    delete(app.UIFigure)
end
```

（6）运行界面并保存文件　编写完 M 函数文件后就可以运行并保存文件，在 "DE-SIGNER" 窗口选择工具栏中的 "Run" 按钮，文件保存为 "ex6_ 3. mlapp"，运行该程序界面，单击 "绘制曲线" 按钮，在坐标轴中绘制正弦曲线（见图 6-6）；单击 "关闭" 按钮关闭该图形窗口。

3. App 文件的分享

App 文件可以通过分享功能实现不同用途的分享，可以生成 MATLAB APP 在 APPS 工具栏中使用，也可以生成可执行文件 . exe，或者生成在网络可安装应用的 . ctf 文件，能依据 MATLAB 编译器运行。

在 "DESIGNER" 窗口选择 "Share" 按钮，在下拉箭头选择不同的选项，生成不同的分享文件：

选择 "MATLAB APP" 选项，会出现如图 6-10 所示的 "Package App" 对话框，可以设置名称、作者、App 描述说明等，并设置 "Output folder" 保存所在的文件夹，在图 6-10

"ex6_3. mlapp"打包对话框中，将名称修改为"Plot_sin"，然后单击"Package"按钮进行打包。

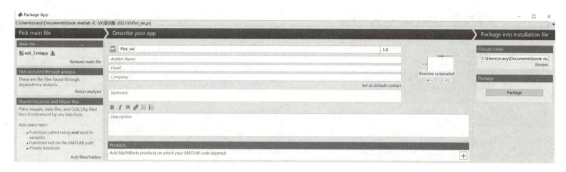

图 6-10　MATLAB APP 打包对话框

文件打包生成 MATLAB APP 后，在文件管理器中看到可以安装的文件"Plot_sin. mlappinstall"，单击打开则出现如图 6-11a 所示的安装提示框，当单击"Install"按钮时，就将创建的 APP 安装到 MATLAB；在 MATLAB 的集成开发界面的工具栏打开"APPS"面板，在"MY APPS"栏可以看到安装的 APP "Plot_sin"，如图 6-11b 所示，当单击后就可以运行该 App 绘制正弦曲线。也可以通过在 MATLAB 命令提示符下输入其名称（不带 . mlapp 扩展名）来运行。从命令提示符下运行 App 时，该文件必须位于当前文件夹或在搜索路径中。

a) Install对话框　　　　　　　　b) APPS面板中的"Plot_sin"

图 6-11　创建 MATLAB APP

如果单击工具栏中"Share"按钮选择"Web App"，可以将其打包为一个 web 应用存档文件 . ctf，通过将 . ctf 文件复制到 MATLAB web 应用服务器中的 apps 文件夹中，就可以在浏览器中使用 web 应用程序；如果选择"Standalone Desktop App"，可以将其打包生成可以单机运行的 App，生成可执行的.exe 文件直接运行。

4. 将 App 保存为 . m 文件

App Designer 窗口创建的文件扩展名为". mlapp"，也可以保存为 M 文件，直接在工具栏中单击"Save"按钮选择下拉菜单"Export to . m file…"，可以自己保存为 . m 文件。

6.2.2　App 程序文件

在 App Designer 界面窗口中打开程序编辑器窗口的方法：

1）在 App Designer 的画布中选择某个控件后单击鼠标右键选择"Callbacks"，打开程序编辑窗口进行添加程序和编辑。

2）选择 "Code View" 按钮打开 "EDITOR" 窗口，可以在工具栏中，选择工具栏的 Callback 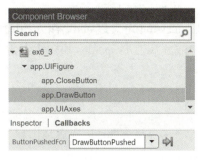、Properties 和 Function 按钮来添加程序和编辑。

3）在 App Designer 窗口的右侧控件浏览器 Component Browser，选择某个控件后选择 "Callbacks" 面板，如图 6-12 所示，选择按钮 "app. DrawButton"，并在 "Callbacks" 面板选择 "DrawButtonPushed" 打开程序编辑窗口。

图 6-12　按钮的 Callback

1. App 程序结构

App 图形用户界面的程序设计是面向对象的设计方法，每个对象有属性（Properties）、方法（Methods）和事件（Events）。

在 "EDITOR" 窗口中，灰色背景部分的程序是根据创建的界面自动生成的代码程序，用户不能修改；白色背景部分是可以编辑的，用户可以编写的程序有函数 Function、属性 Properties 和方法 Callback。可以看到例 6-3 的界面设计完后就写好了一些程序，程序结构如下：

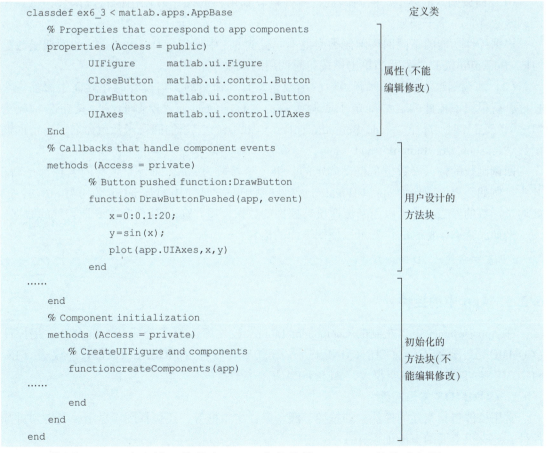

```
classdef ex6_3 < matlab.apps.AppBase                       定义类
    % Properties that correspond to app components
    properties (Access = public)
        UIFigure        matlab.ui.Figure                   属性(不能
        CloseButton     matlab.ui.control.Button           编辑修改)
        DrawButton      matlab.ui.control.Button
        UIAxes          matlab.ui.control.UIAxes
    End
    % Callbacks that handle component events
    methods (Access = private)
        % Button pushed function:DrawButton
        function DrawButtonPushed(app, event)              用户设计的
            x=0:0.1:20;                                     方法块
            y=sin(x);
            plot(app.UIAxes,x,y)
        end
    ......
    end
    % Component initialization
    methods (Access = private)
        % CreateUIFigure and components                    初始化的
        functioncreateComponents(app)                       方法块(不
    ......                                                   能编辑修改)
        end
    end
end
```

1）使用 classdef 定义类，将整个 ex6_3 定义为类，classdef 的格式如下：

classdef ClassName < SuperclassName>　　　　　　　　**%开始类定义并指定一个超类**

说明：

classdef 定义以 end 结束，包括了 Properties 和 Methods 块。

2）属性 Properties 块包含了界面中的所有对象，Properties 块的语法格式如下：

```
Properties
    propName propTyp                        %属性名和数据类型
end
```

3）方法 Methods 块包括用户设计的方法和创建 APP 界面时自动生成的初始化代码，以 end 结束。

在例 6-3 中，用户设计的方法有两个函数，分别是"绘制曲线"按钮的函数"DrawButtonPushed"和"关闭"按钮的函数"CloseButtonPushed"。初始化代码中包括"createComponents""delete"等函数，其中"createComponents"用来初始化各控件，包括大小、部分初值和位置。

2. 回调函数

App Designer 为各个控件设计了全新的 MATLAB 接口，编写的回调函数 Callbacks 的功能就是实现控件响应用户的行为，包含在 Methods 块中。

（1）回调函数的类型　回调函数是控件接收到用户的操作时调用的特定函数，每一个回调函数都是一个子函数。

根据控件功能的不同回调函数类型也不同，例 6-3 中按钮"DrawButton"的回调函数是"DrawButtonPushed"，表示当单击该按钮时调用的函数。

（2）回调函数的编写　回调函数的函数名是自动命名的，当设计时在界面中添加一个控件，就根据该控件的名称确定了回调函数的名称。例如，"绘制曲线"按钮名称改为"DrawButton"时，选择"<add ButtonPusedFcn　callback>"添加回调函数就命名了一个回调函数"function DrawButtonPushed（app，event）"。

回调函数的输入参数也是自动确定的，第一个参数为 app，每一个控件的名称都是 app 开头，例如，界面图像为 app. UIFigure，在例 6-3 中 app 是使用 classdef 定义的类 ex6_3，因此通过函数的参数 app 可以用来传递所有控件的数据，用"app. 控件"来获取控件的数据。

例如，获取坐标轴的位置可以使用下面的语句：

```
p=app.UIAxes.Position
```

6.2.3　App 中的控件

在 App Designer 窗口左侧的 Component Library 控件库面板中分成几个部分：常用控件（COMMON）、容器控件（CONTAINERS）、图窗工具控件（FIGURE TOOLS）、仪表（INSTRUMENTATION）和航空仪表（AEROSPACE）控件。

1. COMMON 常用控件

常用控件包括交互的控件，如按钮、滚动条、文本框等，还包括图像显示、表格和树等控件，还有很重要的坐标轴控件。

（1）按钮　按钮可以通过单击进行交互，如图 6-13 所示。其中，按钮 Button 可以用来单击输入；状态按钮 State Button 用不同外观表示按下和松开的两种状态；按钮组 Toggle Button Group 每次只能按一个按钮；单选按钮组 Radio Button Group 也是每次只能选择一个按钮；复选框 Check Box 多个组合时可以同时选择多个复选框。

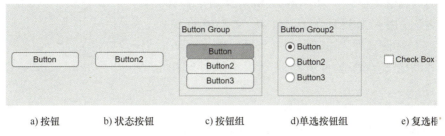

a) 按钮　　　b) 状态按钮　　　c) 按钮组　　　d) 单选按钮组　　　e) 复选框

图 6-13　按钮控件

（2）文本框　文本框是用来输入文本内容的，如图 6-14 所示。其中，标签 Label 用来显示文本；可编辑文本 Edit Field（Numeric）用来输入和编辑数字；可编辑文本 Edit Field（Text）用来输入和编辑字符文字；文本区 Text Area 用来输入带换行的文字段落。

a) 标签　　　b) 文本框（数字）　　　c) 文本框（文本）　　　d) 文本区

图 6-14　文本框控件

（3）下拉和滚动输入框　如图 6-15 所示为直接通过选择来进行输入的控件，其中，下拉列表 Drop Down 控件用来在下拉选项中选择和键入文本；列表框 List Box 用来在下拉选项中选择；微调器 Spinner 用于在有限集合中微调数值；滚动条 Slider 用来通过移动滑块在连续范围选择数值。

a) 下拉列表　　　b) 列表框　　　c) 微调器　　　d) 滚动条

图 6-15　下拉和滚动控件

（4）图片、表格和树控件　如图 6-16 所示为输入不同对象的控件，其中，图片 Image

a) 图片　　　b) 表格　　　c) 树　　　d) 树（复选框）

图 6-16　图片、表格和树控件

用来显示图片；表格 Table 用来显示数据的行和列表格内容；树 Tree 用来表示树状层次结构的单选列表；树（复选框）Tree（Check Box）表示树状层次结构的复选列表。

（5）网页和链接控件　如图 6-17 所示为两个控件，其中，HTML 控件用来通过原始的 HTML 文本或将 HTML、JavaScript 或 CSS 嵌入到 App 以及对接到第三方 JavaScript 库运行；网络链接 Hyperlink 可以通过链接地址打开相应的网页。

a) HTML　　　b) 网络链接

图 6-17　网络控件

（6）坐标区控件　坐标区 Axes 是 MATLAB 特有而且非常重要的控件，用于创建绘图以进行数据可视化。除了能够通过鼠标拖放坐标区 UIAxes 控件，还可以使用函数 gca、geoaxes 来生成坐标和地理坐标区，也可以使用 polarplot 创建极坐标区。

2. CONTAINERS 容器控件

容器控件是用来作为其他控件的容器，将控件拖到容器中时，就表示该控件是容器的子级，建立了父子关系，当容器移动时内部的控件也随着移动。

在 Component Library 中还有三个容器控件，如图 6-18 所示。网格布局管理器 Grid Layout 用来将整个窗口分成网格，可以在不同网格放置不同的控件；面板 Panel 用来将控件分组；选项卡组 Tab Group 用来通过不同的选项卡将控件分组。

3. FIGURE TOOLS 图窗工具控件

在用户界面设计时，经常需要菜单和工具栏，在 Component Library 中图窗工具控件如图 6-19 所示，其中，上下文快捷菜单 Context Menu 是在控件上单击右键时显示的；菜单条 Menu Bar 用来在窗口左上实现菜单功能；工具栏 Toolbar 用来作为窗口的工具栏。

a) 网格布局管理器　　b) 面板　　　c) 选项卡组

图 6-18　Component Library 中的容器控件

a) 上下文快捷菜单　b) 菜单条　　c) 工具栏

图 6-19　Component Library 中的图窗工具控件

4. INSTRUMENTATION 仪表和 AEROSPACE 航空仪表控件

在 Component Library 中还有方便用户操作和显示的 INSTRUMENTATION 仪表控件，主要包括仪表盘 Gauge、90 度仪表盘 90 Degree Gauge、线性仪表盘 Linear Gauge 和半圆形仪表盘 SemicircularGauge；还包括旋钮 Knob、分档旋钮 Discrete Knob，开关 Switch、跷板开关 Rocker Switch 和拨动开关 Toggle Switch，以及指示灯 Lamp 控件。

在 Component Library 最下面的控件是 AEROSPACE 航空仪表控件，用于控制和显示航空仪表。

5. 控件的通用操作

1）某些控件（如文本框 Edit Field）拖到画布上时，会和一个标签组合在一起。默认情况下，标签控件不会出现在控件浏览器 Component Browser 中，可以在组件浏览器中任意位置单击右键并选中"Include component labels in Component Browser"菜单，将标签控件添加到列表中，如图 6-20 所示。

如果创建这些控件时不希望带有标签，可以在将组件拖到画布上时按住 Ctrl 键。

2）某些控件（如滚动条 Slider、微调器 Spinner）输入时都有数据范围要求，使用 Limits 属性来编辑数值范围的最小值和最大值。

3）多个控件可以组合在一起，先选中这些控件，然后在工具栏选择 Grouping 组合。

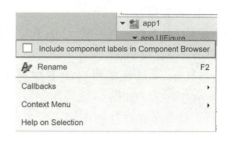

图 6-20　Component Browser 窗口右键菜单

6.2.4　标签、按钮、列表框、面板和坐标区控件

在 MATLAB 窗口选择"新建"创建一个空白 App，打开 App Designer 设计界面，创建下面的实例。

【例 6-4】　创建用户界面，在两个坐标区中分别绘制阶跃响应曲线和脉冲响应曲线，使用列表框输入二阶系统的阻尼系数，运行界面如图 6-21 所示。阻尼系数 $0<z<1$ 时的阶跃响应和脉冲响应的表达式为

$$\begin{cases} y = 1 - \dfrac{1}{\sqrt{1-z^2}}e^{-zx}\sin\left(\sqrt{1-z^2}\,x+a\cos z\right) & \text{阶跃响应} \\[3mm] y1 = \dfrac{1}{\sqrt{1-z^2}}e^{-zx}\sin\left(\sqrt{1-z^2}\,x\right) & \text{脉冲响应} \end{cases}$$

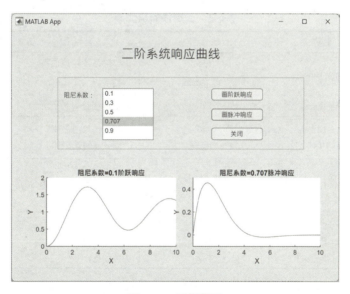

图 6-21　运行界面

1. 布局界面

在界面中放置一个标签 Label、三个按钮 Button、一个列表框 List Box、一个面板 Panel 和两个坐标区 Axes 控件。面板控件先拖放到画布中，然后再将按钮和列表框放在面板中，然后使用"ALIGN"工具栏进行布局调整。

2. 设置属性

（1）列表框 列表框（List Box）是在下拉列表框中选择进行输入的，列表框的常用属性都有 Items 和 Value。

1）Items 属性是所有的下拉列表项，在 Inspector 中输入，如图 6-22 所示，每个选项用回车换行，如果在程序代码中输入多个列表项时使用元胞数组 "｛｝"，用逗号分隔。

2）Value 属性是当前所选项的值，为字符型，在图 6-22 中如果选择第一项则 Value =' 0. 1 '。

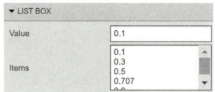

图 6-22 List Box 的 Items 属性

将列表框拖放到画布时，前面自动带了标签控件，选中该标签，设置 "Text" 属性为 "阻尼系数:"，这时在控件浏览器 Component Browser 中只有 app. ListBox 并没有标签控件。

（2）坐标区 坐标区（Axes）是输出图形的区域，Axes 属性较多，分几个大类，LABEL 用来设置坐标区和各坐标轴的标题，FONT 用来设置字体，TICKS 用来设置坐标刻度，RULERS 用来设置坐标轴范围、颜色和刻度数据关系，GRIDS 用来设置坐标区的网格，MULTIPLE PLOTS 用来设置不同曲线的线型，COLOR AND TRANSPARENCY MAPS 用来设置颜色色图，VIEWING ANGLE 用来设置坐标轴的视角，还有一些其他设置。

将两个坐标区 app. UIAxes 和 app. UIAxes2 的 INTERACTIVITY 中的 Visible 属性的勾选去掉，这样打开窗口时两个坐标区都不显示。

各控件的属性表见表 6-3。

表 6-3 各控件的属性表

控件类型	名称	属性名	属性值
标签 Label	app. Label	Text	二阶系统响应曲线
		FontSize	24
面板 Panel	app. Panel	Title	空白字符串
坐标区 Axes	app. UIAxes	Visible	false（勾选去掉）
	app. UIAxes2	Visible	false（勾选去掉）
列表框 List Box	app. ListBox	Text（标签） Items	阻尼系数: 0. 1, 0. 3, 0. 5, 0. 707, 0. 9（"," 在属性编辑器中为回车）
按钮 Button	app. Button	Text	画阶跃响应
	app. Button2	Text	画脉冲响应
	app. Button3	Text	关闭

3. 编写程序

在单击三个按钮时，运行画阶跃响应曲线、画脉冲响应曲线和关闭窗口的功能。可以在 "Design View" 界面选择按钮，单击鼠标右键在菜单中选择 "Callbacks"，通过添加 "ButtonPushed callback" 创建程序；也可以在 App Designer 窗口右侧选择 "Callbacks"，在 "Component Browser" 选择不同的按钮，在 "ButtonPushedFcn" 旁边单击 创建程序，这时都创建并进入了相应的单击按钮时要运行的方法程序。三个按钮的程序如下:

```
    % Button pushed function: Button
    function ButtonPushed(app, event)
        %画阶跃响应曲线
        z1=get(app.ListBox,'value');                    %获取列表框选择的选项值
        z=str2num(z1);                                  %将字符型转换为数值
        x=0:0.1:10;
        y1=1-1/sqrt(1-z^2)*exp(-z*x).*sin(sqrt(1-z^2)*x+acos(z));
        plot(app.UIAxes,x,y1);                          %绘制图形
        title(app.UIAxes,['阻尼系数=',z1,'阶跃响应']);    %修改坐标标题
        app.UIAxes.Visible=true;                        %将坐标区显示出来
    end

    % Button pushed function: Button_2
    function Button_2Pushed(app, event)
        %画脉冲响应曲线
        z1=get(app.ListBox,'value');                    %获取列表框选择的选项值
        z=str2num(z1);                                  %将字符型转换为数值
        x=0:0.1:10;
        y2=1/sqrt(1-z^2)*exp(-z*x).*sin(sqrt(1-z^2)*x);
        plot(app.UIAxes2,x,y2);                         %绘制图形
        title(app.UIAxes2,['阻尼系数=',z1,'脉冲响应']);   %修改坐标标题
        app.UIAxes2.Visible=true;                       %将坐标区显示出来
    end

    % Button pushed function: Button_3
    function Button_3Pushed(app, event)
        close(app.UIFigure)                             %关闭窗口
    end
end
```

程序分析：

使用 get 函数获取 app.ListBox 的' Value '属性用户选择的选项；app.ListBox 的' Value '属性是字符型，需要使用 str2num 转换为数值型；title(app.UIAxes,['阻尼系数 =',z1,'阶跃响应'])命令是为坐标轴添加标题。

4. 保存和分享文件

将文件保存为 "ex6_4. mlapp"，也可以通过工具栏的 "Share" 按钮分享发布。

6.2.5　实现数据共享

在 App 界面设计时，有些变量需要在多个函数中使用，除了采用函数的参数传递方法之外，还可以通过创建属性和使用全局变量的方式来实现数据共享。

1. 通过属性实现数据共享

在界面设计中使用属性是在 App 内共享数据的一种方法，如在例 6-4 中，变量 x 在两个按钮程序 function Button_Pushed 和 function Button_2Pushed 中都使用，可以将 x 作为共享数据。

在 "EDITOR" 窗口单击工具栏中的 properties 按钮，并在新增的属性中编写如下

程序：

```
properties (Access = private)
    x1=0:0.1:10;                  % 横坐标范围
end
```

然后，将 function Button_Pushed 和 function Button_2Pushed 中的 " x = 0:0.1:10;" 修改为 "x = app.x1;"，表示获取属性 x1 的值。

可以看出，使用属性 properties 可以初始化一些数据，并实现 App 内的数据共享。

2. 使用全局变量实现数据共享

使用 startupFcn 函数在开启窗口时设置 x 变量的值，在其他函数中通过全局变量 x 实现数据的共享。

当界面窗口打开时需要进行一些初始化的设置，startupFcn 函数用来在开启窗口时运行。在控件浏览器 Component Browser 中，选择最上面的 App，在这里是 "ex6_4"，单击鼠标右键在菜单中选择 "Callbacks" → "Add startupFcn Callback"，则创建 startupFcn 函数如下：

```
function startupFcn(app)
        x=0:0.1:10;
    end
```

然后，将 function Button_Pushed 和 function Button_2Pushed 函数中的 " x = 0:0.1:10;" 修改为 "global x"，表示获取全局变量 x 的值。

6.2.6 表格、滚动条、微调器和坐标区控件

使用表格 Table 控件可以显示表格文件如 excel 文件等，也可以显示各种类型的数组变量。

（1）Table 控件的常用属性

1）Data 属性：表格的数据，可以是支持 table 表格类型的任意数据类型，如 datetime、duration 和 categorical，以及各种类型的数组，包括数值型、逻辑型、字符串、字符数组和元胞数组。

2）ColumnName 属性：表格的列标题，'numbered'则是从 1 开始的有序数字；分隔开的字符串或分类数组可以为每列的名称，只能是单行文本。

3）RowName 属性：表格的行名称，设置方法与 ColumnName 属性相同。

4）ColumnWidth 属性：表格的列宽度，'auto'表示自动宽度，'fit'表示根据内容调整宽度，'1x'表示均匀宽度，也可以用'2x'、'3x'表示宽度比例，另外也可以用数值表示具体宽度。

5）ColumnEditable 属性：是否可以编辑，用逻辑行向量表示每列是否可以编辑，直接用 true 或 false 表示整个表是否可以编辑，[ ] 表示没有可编辑的列。

6）ColumnSortable 属性：是否可以排序，运行时可以单击表格列标题的箭头进行顺序或倒序排序，设置方法与 ColumnEditable 属性相同。

（2）Table 控件的常用 Callback 回调函数

1）CellSelection 回调函数：当用户选择表格中某一个单元格时会执行。

2）CellEdit 回调函数：当用户编辑更改单元格中的值时会执行。

【例 6-5】　创建员工身体健康数据输入和显示界面，三个 Panel 面板区中分别用于输入体检数据、显示员工身体健康状况表和显示血压曲线。运行界面如图 6-23 所示。

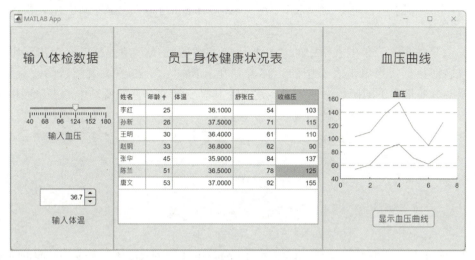

图 6-23　员工身体健康数据输入和显示界面

1. 布局界面

创建新的 App，在如图 6-5 中选择三个面板的模板"3-Panel App with Auto-Reflow"，则出现具有三个面板的界面，在界面上放置表格 Table、标签 Label、按钮 Button、滚动条 Slider 、微调器 Spinner 和坐标区 Axes 控件，并将三个面板分区大小进行调整。

2. 设置属性

各控件的属性见表 6-4。

表 6-4　控件的属性

控件类型	名称	属性名	属性值
标签 Label	app. Label app. Label_2 app. Label_3	Text	输入体检数据 员工身体健康状况表 血压曲线
		FontSize	16
面板 Panel	app. LeftPanel app. CenterPanel app. RightPanel	Title	空白字符串
坐标区 Axes	app. UIAxes	Title. String	血压
表 Table	app. UITable	ColumnEditable ColumnSortable	false，false，true，true，true false，true，true，true，true
滚动条 Slider	app. Slider	Text Limits	输入血压 40，80
微调器 Spinner	app. Spinner	Value Limits Step	36 35，41 0. 1
按钮 Button	app. Button	Text	显示血压曲线

187

将 App 文件保存为"ex6_5. mlapp"文件。

3. 编写程序

先使用 excel 创建并编辑一个表格文件"ex6_5Health. xlsx",在界面中用表格控件显示该表文件。

（1）共享数据 当单击表格中的"舒张压"和"收缩压"单元格时,单击编辑滚动条数据修改表格数据;当单击表格中的"体温"单元格时,单击编辑微调器修改表格数据。因此需要共享变量在不同函数中使用,创建三个共享变量分别存放所选中的表单元格的行号 TableX、列号 TableY、表格数据 cTable。

在"EDITOR"窗口单击工具栏中的 properties 🅿按钮,创建共享变量程序如下:

```
properties (Access = private)
    TableX                    %表格行
    TableY                    %表格列
    cTable                    %表格转换成的元胞变量
  end
```

（2）startupFcn 回调函数 在控件浏览器 Component Browser 中,选择最上面的 App,在这里是"ex6_5",单击鼠标右键在菜单中选择"Callbacks"→"Add startupFcn Callback",则创建 startupFcn 函数如下:

```
function startupFcn(app)
     %打开窗口时运行
     t =readtable('ex6_5Health.xlsx');                        % 读取表格
     app.cTable=table2cell(t);                                %将表格转换成元胞型
     app.UITable.ColumnName={'姓名','年龄','体温','舒张压','收缩压'}
     app.UITable.Data=t;                                      %数据写入表格控件
     app.UITable.ColumnWidth={50,50,'auto',80,80}             %设置表格列宽度
   end
```

程序分析:

在窗口打开时将"ex6_5Health.xlsx"内容读取到变量 t 中;app.UITable.Data=t;将变量内容写入到表格中。

（3）表格回调函数 CellSelection 表格回调函数 CellSelection 是当选中某个单元格时调用的,在函数中实现获取单元格的行列数,程序如下:

```
function UITableCellSelection(app, event)
     %表格被选中时运行
     indices =event.Indices;                    %获取光标所在的表格行列数
     app.TableX=indices(1);
     app.TableY=indices(2);
   end
```

程序分析:

event.Indices 获取表格单元的行列构成一行两列的矩阵,indices（1）和 indices（2）分别获取行和列。

（4）滚动条的 ValueChanged 回调函数 ValueChanged 回调函数是当滚动条的数值发生改变时运行的,Value 属性是滚动条的数值;在函数中实现当滚动条数据改变时修改表格控

件中对应单元的数据，函数如下：

```
function SliderValueChanged(app, event)
    %滚动条改变时运行
    value =app.Slider.Value;                          %获取滚动条数据
    if app.TableY==4 |app.TableY==5                    %如果是第 4,5 列血压
        app.cTable{app.TableX,app.TableY}=round(app.Slider.Value)
                                                       %将滚动条数据修改写入表格
        t=cell2table(app.cTable)
        app.UITable.Data=t;                            %数据写入表格控件
    end
end
```

程序分析：

app.TableX 和 app.TableY 是当表格回调函数 CellSelection 中表格选中时获取的，round 是进行取整运算，cell2table（app.cTable）用来将元胞数组转换成表数组，重新写到表格控件中。

（5）微调器的 ValueChanged 回调函数　ValueChanged 回调函数是当微调器的数值发生改变时运行的，Value 属性是微调器的数值；在函数中实现当微调器改变数据时修改表格控件中对应单元的数据，函数如下：

```
function SpinnerValueChanged(app, event)
    value =app.Spinner.Value;
    if app.TableY==3                                   %如果是第 3 列体温
        app.cTable{app.TableX,app.TableY}=app.Spinner.Value   %将微调器数据修改写入表格
        t=cell2table(app.cTable)
        app.UITable.Data=t;                            %数据写入表格控件

    end
end
```

（6）按钮的 Pushed 回调函数　单击按钮实现显示血压曲线，需要获取表格中的"舒张压"和"收缩压"数据，并在坐标区中绘制曲线，函数如下：

```
function ButtonPushed(app, event)
    %显示血压曲线
    tHigh1=app.cTable(1:end,4:5);                      %获取血压数据
    tHigh=cell2mat(tHigh1)                             %转为数值
    plot(app.UIAxes,tHigh)
    line(app.UIAxes,[0,8],[60,60],'color','g','LineStyle','--')   %绘制高血压和低血压线
    line(app.UIAxes,[0,8],[90,90],'color','r','LineStyle','--')
    line(app.UIAxes,[0,8],[140,140],'color','g','LineStyle','--')
end
```

4. 调试并运行程序

运行程序，在图 6-23 界面中，表格前两列不能修改，选择可以修改的"体温"单元，然后单击微调器修改表格数据；选择"舒张压"和"收缩压"单元，然后单击滚动条修改表格数据；单击表格后面四列的表头分别进行按年龄、体温、舒张压、收缩压排序。

6.2.7　菜单的设计

菜单在一个标准的用户界面中是必不可少的，可以方便交互，菜单包括普通菜单（Menu）

189

和弹出式菜单（Context Menu）。

1. 创建菜单

在 App Designer 窗口右侧的 Component Library 控件库中选择"Menu Bar"控件 ⬚，拖放到窗口，则在窗口左上角就出现了菜单栏，图 6-24a 为例 6-5 的界面设计时菜单，同时在右侧的 Component Browser 中出现 app. Menu 控件，如图 6-25b 所示。

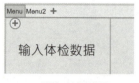

a) 设计时新建菜单   b) 运行时菜单

图 6-24　创建界面菜单

1）单击菜单项，在右侧的 Inspector 中设置属性"Text"，修改菜单显示名称；属性"Accelerator"指定字符为键盘快捷方式，Windows 系统可以 Ctrl+accelerator 来快捷访问；非顶级菜单可以设置"Separator"属性为 'off' 或 'on' 确定是否加分隔线；非顶级菜单也可以设置"Checked"属性为 'off' 或 'on' 确定是否加复选标记。

2）单击菜单项下面的"+"按钮⊕创建下拉菜单项。

3）单击菜单项右边的"+"按钮✚创建同一级菜单项。

图 6-24b 为运行时的菜单，分别设置三个菜单项的属性"Text"为"File""Edit"和"Plot"，并为"File"菜单添加了下拉菜单。

2. 创建上下文菜单

上下文菜单 Context Menu 是在鼠标右键单击控件时显示的快捷菜单，在界面中的所有控件都可以创建上下文菜单，在各控件上单击鼠标右键选择上下文菜单"Context Menu"添加，这时上下文菜单会出现在图窗下方的画布上，图 6-25a 为例 6-5 选中表控件时创建的上下文菜单"Open"和"Edit"，在控件浏览器 Component Browser 中也会出现 app. ContextMenu 对象，图 6-25b 为 Component Browser 中的菜单和上下文菜单对象。

a) 设计时新建的上下文菜单   b) 菜单对象

图 6-25　创建上下文菜单

3. 菜单的回调函数

每个菜单项都有 callback 回调函数，例如，在图 6-24b 中选择 File→Close 菜单项，单击鼠标选择 Callbacks→Add MenuSelectedFcn callback，则创建回调函数并编写单击"Close"菜单时关闭窗口，程序如下：

```
% Menu selected function:CloseMenu
function CloseMenuSelected2(app, event)
```

```
        %关闭窗口菜单
        delete(app.UIFigure)
    end
```

6.2.8　编程实现 App 界面设计

由 App Designer 设计的界面可以保存为 .m 文件, 因此界面设计也可以不使用 App Designer 来设计, 而是只用编程方式开发界面。

1. 使用 App 的 UI 图窗函数实现

使用专为 App 构建而设计的 UI 图窗以编程方式开发 App 界面, 最上层的对象是窗口 UIFigure, 例如, 创建窗口程序如下:

```
>> F=uifigure('Name','Employee Health')          %创建窗口名
```

其他控件也是采用 UI 开头的函数创建, 常用控件创建的函数见表 6-5。

表 6-5　常用控件创建的函数名

控件名	函数名	函数实例
面板	uipanel	P=uipanel(F,'title','性别')%创建窗口中的面板
网格布局管理器	uigridlayout	G=uigridlayout(F)%创建窗口中的网格布局管理器
选项卡组	uitabgroup	T=uitabgroup(F,'Position',[.5 .05 .3 .4])%创建窗口中的选项卡组
坐标区	uiaxes	Ax=uiaxes(fig,'Position',[10 10 550 400])%创建窗口中的坐标区
按钮	uibutton	Bt=uibutton(P)%创建面板中的按钮
按钮组	uibuttongroup	Bg=uibuttongroup(F,'Position',[20 20 196 135])%创建窗口中的按钮组
复选框	uicheckbox	Cb=uicheckbox(P,'Text','血压')%创建面板中的复选框
日期选择器	uidatepicker	Dp=uidatepicker(F,'Position',[18 18 150 22])%创建窗口中的日期选择器
下拉组件	uidropdown	Dd=uidropdown(F,'Items',{'Red','Yellow','Green'})%创建窗口中的下拉组件
文本框	uieditfield	Ef=uieditfield(F,'numeric')%创建数据文本框
图像框	uiimage	Im=uiimage(F)%创建图像框
标签	uilabel	La=uilabel(F)%创建窗口中的标签
列表框	uilistbox	Lb=uilistbox(F,'Items',{'1','2','3'})%创建窗口中的列表框
单选按钮	uiradiobutton	Rb=uiradiobutton(P,'Position',[10 60 91 15])%创建面板中的单选按钮
滚动条	uislider	Sl=uislider(F,'Value',50)%创建滚动条值为 50
微调器	uispinner	Sp=uispinner(F)%创建窗口中的微调器
表格	uitable	Ta=uitable(F,'Data',t)%创建数据为变量 t 的表格
文本区域	uitextarea	Tt=uitextarea(F,'Value',{'12345';...})%创建文本区域
切换按钮	uitogglebutton	Tb=uitogglebutton(P)%创建面板中的切换按钮
树	uitree	Tr=uitree('Position',[20 20 150 150])%创建窗口中的树控件

菜单和工具栏的创建也可以采用函数方式，见表 6-6。

表 6-6　创建菜单和工具栏的函数名

控件名	函数名	函数实例
菜单	uimenu	M＝uimenu（F，'Text'，'File'）%创建窗口菜单
上下文菜单	uicontextmenu	Cm＝uicontextmenu（F）%创建窗口的上下文菜单
工具栏	uitoolbar	T＝uitoolbar（F）%创建窗口的工具栏
工具栏按钮	uipushtool	Pt＝uipushtool（T）%创建工具栏中的按钮

【例 6-6】　创建一个 App 窗口用来录入员工信息，采用编程的方式进行界面设计。在界面通过标签、按钮组、文本框、单选按钮、列表框和按钮等控件来进行信息输入并显示，运行界面如图 6-26 所示。

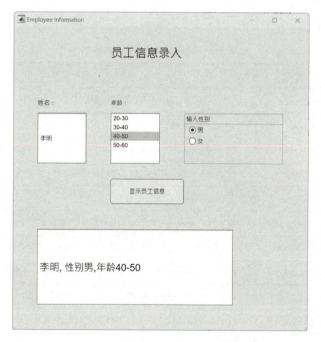

图 6-26　员工信息录入界面

在界面中通过文本框、列表框和单选按钮录入信息后，单击按钮，在最下面的文本框中显示文本信息，程序采用主函数 ex6_6 和单击按钮函数 plotButtonPushed 实现，程序如下：

```
function ex6_6
                                                              %创建界面
    F=uifigure('Name','Employee Information','position',[100,100,600,600]);   %创建窗口
    La1=uilabel(F,'position',[200,500,200,100]);              %创建标题标签
    La1.Text='员工信息录入';
    La1.FontSize=24;
    La2=uilabel(F,'position',[50,400,100,100],'Text','姓名:');
    Ef=uieditfield(F,'position',[50,330,100,100]);            %创建文本框
    La3=uilabel(F,'position',[200,400,100,100],'Text','年龄:');
```

```
    Lb=uilistbox(F,'position',[200,330,100,100]);                       %创建列表框
    Lb.Items={'20-30','30-40','40-50','50-60'};
    Bg=uibuttongroup(F,'title','输入性别','position',[350,330,200,100]);   %创建按钮组
    Rb1=uiradiobutton(Bg,'Position',[10 60 91 15],'Text','男');
    Rb2=uiradiobutton(Bg,'Position',[10 38 91 15],'Text','女');
    Ef1=uieditfield(F,'position',[50,50,400,150]);                      %创建文本框
    Bt=uibutton(F,'position',[200,250,150,50]);                         %创建按钮
    Bt.Text='显示员工信息';
    Bt.ButtonPushedFcn= @ (btn,event) plotButtonPushed(Ef.Value, Lb.Value,Rb1.Value,Ef1);
end


    function plotButtonPushed(name,age,sex,list)
                                                                        %单击按钮显示员工信息
    list.FontSize=20;
    if sex                                                              %根据单选按钮选择
      list.Value=[name,', ','性别','男',', ','年龄',age];
    else
      list.Value=[name,', ','性别','女',', ','年龄',age];
    end
end
```

程序分析：

单击按钮的程序传递的参数分别是文本框 Ef、列表框 Lb 的值，以及单选按钮的值，由于单选按钮组合每次总有一个选中，因此只需要看 Rb1 的选中情况就可以。

2. 使用基于 figure 的图窗体系实现

采用基于 figure 的图窗函数是指 6.1 节的 figure 的图窗体系进行界面设计，使用 figure 函数创建图形窗口，使用 uicontrol 创建各控件。

例如，创建按钮控件实现关闭窗口功能的程序为

```
>> F=figure;                                   %创建窗口
>>Bt=uicontrol(F,'style','pushbutton');        %创建按钮
>>Bt.String = 'Close';
>>Bt.Callback=@ plotButtonPushed;
```

6.2.9　GUIDE 的界面设计和程序迁移

在 MATLAB 前面的版本，界面的设计是采用 GUI 开发的，创建的 GUI 界面如图 6-27 所示，采用在命令窗口中输入如下命令：

通过在 GUI 界面设计的界面保存文件包括两个：界面保存在 .fig 文件和程序保存在 .m 文件。从 MATLAB R2019b 后就不再使用 GUI 开发环境设计界面，使用 GUIDE 创建的文件仍然可以继续在 MATLAB 中运行，并可以迁移导出到 App Designer 中使用，采用的方法有：

1）在 GUI 界面中打开设计好的界面 .fig 文件，选择菜单 "File" → "Migrate to App Designer..."，这时将打开 GUIDE to App Designer Migration Tool，如果未安装则提示下载并安装该工具，然后单击 "迁移"，就可以在 App Designer 中打开。

2）在 App Designer 设计窗口中，选择菜单 "Open" → "Open GUIDE to App Designer

Migration Tool" 打开 GUI 设计界面文件并保存 。

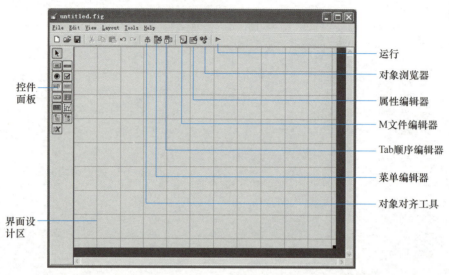

控件
面板

界面设
计区

运行
对象浏览器
属性编辑器
M文件编辑器
Tab顺序编辑器
菜单编辑器
对象对齐工具

图 6-27　空白的 GUI 界面窗口

6. 3　对话框

在 Windows 应用程序中对话框可以实现简单地人机交互。MATLAB R2021a 提供了简单的函数命令来创建对话框，使用输入框接收用户输入，输出框显示输出信息，文件管理框管理文件，每种对话框都有相应的提示信息和按钮。

6. 3. 1　输入框

输入框为用户的输入信息提供了界面，使用 inputdlg 函数创建，并提供了"OK"和"Cancel"两个按钮。inputdlg 函数的命令格式如下：

answer=inputdlg(prompt, title, lineno, defans, addopts)　　%创建输入框

说明：

1）answer 是用户的输入，为元胞数组。

2）prompt 为提示信息字符串，用引号括起来，为元胞数组。

3）title 为标题字符串，用引号括起来，可以省略。

4）lineno 用于指定输入值的行数，可以省略。

5）defans 为输入的默认值，用引号括起来，是元胞数组，可以省略。

6）addopts 指定对话框是否可以改变大小，取 on 或 off，省略时为 off 表示不能改变大小，如果为 on 则自动变为无模式对话框可以改变大小。

【例 6-7】　使用 inputdlg 函数输入正弦函数的频率，输入框如图 6-28 所示。

图 6-28　输入框

```
>> prompt={'请输入正弦函数的频率'};
>> defans={'10'};
>> w=inputdlg(prompt,'输入',1,defans)
1×1 cell array
    {'10'}
```

程序分析：

prompt、defans 和 w 都是元胞数组；defans 是输入的默认值为 10，所以出现在输入框中；如果单击"Cancel"按钮，则 w={}。

6.3.2　输出框

输出框用来显示输出信息，MATLAB R2021a 提供了几种输出对话框，包括输出消息框、帮助对话框、出错提示框、列表框、警告框和提问框，用于显示不同的输出信息。

1. 输出消息框

输出消息框用来显示各种输出信息，使用 msgbox 函数来创建，只有一个"OK"按钮，并利用图标表示不同的信息类型。msgbox 函数的命令格式如下：

h＝msgbox(message，title，icon，icondata，iconcmap，createmode)　　%创建输出消息框

说明：

1）message 为显示的信息，可以是字符串或数组。

2）title 为标题，是字符串，可省略。

3）icon 为显示的图标，可取值为'none'（无图标）、'error'（出错图标）、'help'（帮助图标）、'warn'（警告图标）或'custom'（自定义图标），也可省略，各图标见表6-7。

4）当 icon 参数使用"custom"时，用 icondata 定义图标的数据，用 iconcmap 定义图标的颜色映像。

5）createmode 为对话框的产生模式，可省略。

6）h 是输出消息框的句柄。

【例 6-8】　使用 msgbox 函数输出出错信息，输出消息框如图 6-29 所示。

图 6-29　输出消息框

```
>> message='输入参数超出范围';
>> icon='error';
>> h=msgbox(message,'出错',icon)
h =
Figure (Msgbox_出错) with properties:
      Number: []
        Name: '出错'
       Color: [0.9400 0.9400 0.9400]
    Position: [724.3571 575.8095 197 62]
       Units: 'points'
```

2. 专用输出框

MATLAB R2021a 还提供了几种专用的输出框函数，见表 6-7。

表 6-7 专用输出框函数

函数名	图标	功能	显示的按钮
warndlg	⚠	警告对话框	一个"OK"按钮
errordlg	✕	出错提示对话框	一个"OK"按钮
helpdlg	💬	帮助对话框	一个"OK"按钮
questdlg	?	提问对话框	一个或多个按钮，默认为"Yes""No"和"Cancel"三个按钮
listdlg	无	列表框	"OK"和"Cancel"两个按钮

【例 6-9】 使用 questdlg 函数输出提问信息，提问对话框如图 6-30 所示。

```
>> question='是否删除？';
>> title='question';
>> button=questdlg(question,title,'Yes','No','Yes')
button =
'Yes'
```

图 6-30 提问对话框

3. 在 App 界面中创建对话框和通知

在 App Designer 设计窗口中如果需要创建对话框和通知控件，可以采用"ui"开头的函数来创建，常用的对话框和通知控件函数见表 6-8。例如，先创建窗口：

```
>> F=uifigure('Name','Figure1')          %创建窗口名
```

表 6-8 对话框和通知控件的函数

控件名	函数名	实 例
警报对话框	uialert	uialert(F,'File not found','Warning');
确认对话框	uiconfirm	button=uiconfirm(F,'是否删除？','question','options',{'Yes','No'})
进度对话框	uiprogressdlg	d =uiprogressdlg(F,'Title','Please Wait','Message','Loading');
颜色选择器	uisetcolor	c=uisetcolor

6.3.3 文件管理框

MATLAB R2021a 还提供了标准的文件管理对话框，可以实现打开文件、保存文件和浏览文件夹的功能。

1. 打开和保存文件

使用 uigetfile 函数显示打开文件对话框，uiputfile 函数显示保存文件对话框，可以在对话框中选择文件类型和路径，命令格式如下：

[FileName，PathName]=uigetfile(FiltrEspec，Title，x，y)   %打开文件

[FileName，PathName]=uiputfile(FiltrEspec，Title，x，y)   %保存文件

说明：

1）FileName 和 PathName 分别为所选择的文件名和路径，可省略，如果按对话框中的

"取消"按钮或发生错误，都返回 0。

2）FiltrEspec 是对话框中显示的文件名，可以用通配符"＊"表示，当省略时，自动列出当前路径下所有"＊.m"文件和目录。

3）Title 为对话框标题，可省略。

4）x、y 分别指定对话框在屏幕上的位置，单位是像素，可省略。

【例 6-10】 使用 uigetfile 函数打开文件对话框，uiputfile 函数打开保存文件对话框，如图 6-31 所示。

```
>> [f,p]=uigetfile('*.*','打开文件')
>> [f1,p1]=uiputfile('ex6_10.m','保存文件')
```

a）打开文件对话框

b）保存文件对话框

图 6-31 打开和保存文件对话框

程序分析：

如果单击对话框中的"取消"按钮，则返回 0；这两个函数只能返回所选的文件和文件夹名，并不能真正打开和保存文件，对文件的操作还需要专门的文件操作命令。

2. 浏览文件夹

MATLAB R2021a 提供的 uigetdir 函数可以浏览文件夹，通过选择文件夹保存该文件夹名称。uigetdir 函数的命令格式如下：

dirname＝uigetdir(startpath , title)

例如，在命令窗口中输入如下命令，则出现的浏览文件夹对话框如图 6-32 所示。

图 6-32 浏览文件夹对话框

```
>> dirname=uigetdir('C:\Program Files\MATLAB');
```

6.4 图像、声音和视频

MATLAB 具有强大的处理图像、声音和视频的工具箱，能够方便地实现对图像、声音和视频文件的处理和识别等操作。

6.4.1 图像

MATLAB 具有专业的图像处理工具箱可以读入、显示和处理多种标准的图像格式文件，主要支持 double、uint16 和 uint8 三种不同数值类型的图像，支持的图像文件格式包括.bmp、.gif、.jpg、.tif、.png、.hdf、.pcx 和.xwd 等。

1. 图像类型

MATLAB 有三种基本的图像类型，包括索引图像、灰度（强度）图像和 RGB（真彩）图像，这三种图像类型的不同在于数据矩阵元素的含义不同。

（1）索引图像　索引图像包括两个矩阵，一个是数据矩阵 X，一个是颜色表矩阵 map；采用像素值 X 对颜色表矩阵 map 进行索引，X 是 m×n 矩阵，存储（m，n）像素点中各像素的颜色索引；map 是 m×3 矩阵，每个元素值在 0~1 之间，每一行是红、绿、蓝三种颜色值。

在读取索引图像时，将 X 和 map 矩阵同时加载来显示图像，因此颜色表不必使用默认的颜色表矩阵，也可以使用其他颜色表。

（2）灰度（强度）图像　灰度图像包括一个 m×n 矩阵，矩阵中的元素是某个范围的强度，表示每个像素的灰度，显示灰度图像时默认使用系统预定义的灰度颜色表。

（3）RGB（真彩）图像　RGB 图像是包括一个 m×n×3 的矩阵，矩阵中的元素是每个像素的红、绿、蓝的颜色分量，如某像素（10,5）对应的红、绿和蓝色分量分别存在（10,5,1）、（10,5,2）和（10,5,3）中。RGB 图像存储 24 位图像，红、绿、蓝各占 8 位，因此可以有 2^{24} 共 1600 万种颜色。

如果 RGB 三元值是 double 型，则［0 0 0］和［1 1 1］分别对应于黑色和白色；如果是 uint8，则［0 0 0］和［255 255 255］分别对应于黑色和白色；如果是 int8 则，［-128 -128 -128］和［127 127 127］分别对应于黑色和白色。

MATLAB 提供了不同类型的图像转换函数，cmap2gray、rgb2gray 和 im2gray 是将 RGB 图像转换成灰度图像，rgb2ind 和 ind2rgb 是将 RGB 图像与索引图像相互转换，im2double 将图像转换为数值，im2frame 和 frame2in 是将图像与影片帧相互转换。

2. 图像处理函数

MATLAB 提供了专门的函数实现对图像文件的读写和显示。

（1）图像的读写　图像文件的读取使用 imread 函数来实现，可以从 MATLAB 支持的图像文件中以特定位宽读取图像。图像文件的写入即保存，imwrite 函数可以实现将数据写入图像文件，也可以用 save 命令保存到 MAT 数据文件中。函数的命令格式如下：

［x,map］= imread（filename,fmt）　　　　　　　%读取图像文件

imwrite（x,map,filename,fmt）　　　　　　　　　%写入图像文件

说明：x 是图像文件的数据矩阵；map 是颜色表矩阵，可省略，当 imread 读取的不是索引图像时则为［ ］，当 imwrite 写入的不是索引图像，map 省略；filename 是图像文件名；fmt 是文件格式，如' bmp '、' cur '、' gif '、' jpg '或 ico '等，可省略。

【例 6-11】　使用 imread 函数读取 JPEG 图像文件，并使用 imwrite 写入文件。

```
>> [x1,map1]=imread('002','jpg')          %读取 RGB 图像 002.jpg 文件
>> size(x1)
ans =
```

```
     320    240     3
>> size(map1)
ans =
     0     0
>>imwrite(x1,'003.bmp')                          %写入保存为.bmp 文件
>>s1=imfinfo('002.jpg')                          %获取图像文件信息
s1 =
  struct with fields:
            Filename:'002.jpg'
         FileModDate:'18-Jul-2022 16:46:50'
            FileSize: 5914
              Format:'jpg'
       FormatVersion: ''
               Width: 240
              Height: 320
            BitDepth: 24
           ColorType:'truecolor'
     FormatSignature: ''
     NumberOfSamples: 3
        CodingMethod:'Huffman'
       CodingProcess:'Sequential'
             Comment: {}
```

程序分析：

可以看到 x1 存放的是 RGB 三色，使用 imfinfo 函数查询图像文件信息，包括文件名、图像尺寸、图像类型和每个像素的位数等信息。s1 是结构体变量。

（2）图像的显示　imshow、image 和 imagesc 函数可以用来显示图像文件。imshow 函数可以直接从图像数据显示图像，按颜色表显示灰度图像、二值图像和 RGB 图像，也可以显示图像文件；image 函数图像从数组显示图像，可以显示到坐标轴，也可以指定图像位置；imagesc 函数与 image 函数相似，但可以按缩放颜色显示。函数的命令格式如下：

h＝imshow(x,map)　　　　　　　　　　%显示图像和图像文件

h＝image(x)　　　　　　　　　　　　%从数组显示图像

h＝imagesc(x,y,C)　　　　　　　　　%使用缩放颜色显示图像

【例 6-12】　使用 imshow、image 和 imagesc 函数显示 JPEG 图像文件，如图 6-33 所示。

```
>>figure(1);
>> h1=imshow('002.jpg');                         %显示图像文件
>>C1=imread('002','jpg');                        %读取 RGB 图像
>>figure(2)
>>x = [0 80];y = [0 110];
>>C2=255-C1;                                     %反色计算
>> image(x,y,C2)
>> figure(3)
>> C3=0.1*[1,2,3;4,5,6;7,8,9];                   %将数据显示为图像
>> h3=imagesc(C3)
```

程序分析：

 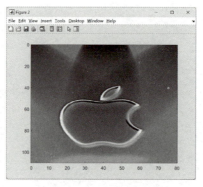 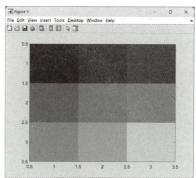

a) 使用imshow显示图像   b) 使用image显示图像   c) 使用imagesc显示图像

图 6-33　分别使用 imshow、image 和 imagesc 显示图像

255-图像数据是进行反色计算；image(x,y,C2)根据 x 和 y 进行拉伸；C3(1,1)、C3(1,2)、C3(2,1)对应的数据是 0.1、0.2、0.4 分别对应不同的颜色，确定了像素的中心。

（3）图像的常用属性　使用 image 和 imagesc 命令创建了图像窗口显示图像后，可以通过图像的属性设置图像的外观和行为，常用的属性有 CData、XData、YData 以及 CDataMapping 颜色数据的映射方法、AlphData 透明度数据、Interpolation 插值方法等。

1）CData 属性是图像窗口对象的图像数据，如果 CData 是三维数组则是 RGB 图像，而如果是二维的则是索引图像或灰度图像。

2）XData 和 YData 分别是图像的尺寸，对于 m×n 的图像，默认的 XData 是 [1,n] 而 YData 是 [1,m]，可以通过设置属性来修改图像。

【例 6-12 续】　获取图像并查看其常用属性。

```
>>cdata3=get(h3,'cdata')
cdata3 =
    0.1000    0.2000    0.3000
    0.4000    0.5000    0.6000
    0.7000    0.8000    0.9000
>>xd3=h3.Xdata
xd1 =
    1    3
```

6.4.2　声音

MATLAB 有专用的音频工具箱对音频文件进行操作，可以对 .au、.wav、和 .mp3 等各种 Windows 兼容的声音设备、录音和播音对象，以及音频信号进行读、写、获取信息和录制等。

1. 读取和写入声音文件数据

音频工具箱提供了 audioread 函数读取 .au、.wav、.flac、.ogg、.mp3 和 .mp4 等文件的数据，audiowrite 函数用来写入声音数据文件，audioinfo 函数用来获取 .au 和 .wav 文件的信息。

【例 6-13】　读取 WAV 和 MP3 声音文件的数据并获取声音文件的信息。

200

```
>>[y1,Fs]=audioread('merry christmas .mp3');        %读取 MP3 文件
>>len_y1=size(y1)
len_y1 =
    6454128          2
>>Fs                                                %采样频率
Fs =
    44100
>> y2=audioread('ding.wav');                        %读取 WAV 文件
>> yinf2=audioinfo('ding.wav')
yinf2 =
  struct with fields:
              Filename:'ding.wav'
     CompressionMethod:'Uncompressed'
           NumChannels: 2
            SampleRate: 22050
          TotalSamples: 20191
              Duration: 0.9157
                 Title: []
               Comment: []
                Artist: []
         BitsPerSample: 16
```

程序分析：

Fs 是 MP3 文件的采样率，y1 的数据是 2 列的矩阵。

2. 播放和录制

audioplayer 创建一个音频播放器对象，可以用来播放音频信号；audiorecorder 用来录制音频，sound 函数则实现将数据转换为声音，并转换到 speaker 进行的播放，其他还有相应的播放和录制的函数见表 6-9。

表 6-9　常用的播放和录制音频函数表

函数名	函数功能	函数名	函数功能
pause	暂停播放	record	将音频录制到 audiorecorder 对象
play	从 audioplay 对象播放音频	getplayer	创建关联的 audioplayer 对象
resume	从暂停状态继续播放或录制	isrecording	是否正在录制
stop	停止播放或录制	soundsc	缩放数据和作为声音播放
isplaying	是否正在播放	beep	产生操作系统蜂鸣声

【例 6-13 续】　播放声音文件。

```
>>player1=audioplayer(y1,Fs)
>>play(player1)                  %播放 MP3 音乐
>>pause(10)                      %10 秒后暂停
>>stop(player1)                  %停止
>>sound(y2)                      %播放 WAV 文件
```

6.4.3　视频

MATLAB 支持对视频文件进行读取和播放，并可以对视频中的帧进行读取和播放。

1. 读取视频文件

VideoReader 函数可以创建对象从视频文件读取数据，创建的 VideoReader 包含视频文件的信息，支持的文件格式包括 .avi、.mpg、.wmv、.asf、.asx 和 .mp4、.m4v、.mov 等，函数格式如下：

v = VideoReader (filename, Name, Value)   %创建 VideoReader 对象

说明：filename 是视频文件名，Name 和 Value 是名称—值对，用于设置 CurrentTime、Tag 和 UserData。

VideoReader 对象提供了 hasFrame、read、readFrame 函数，函数格式如下：

t = hasFrame (v)   %获取视频是否有可读帧

f = read (v, index)   %获取一个或多个视频帧

f = readFrame (v)   %获取图形对象的视频帧

【例 6-14】 读取 MPG 文件的视频帧，并生成新的视频。

```
>>mov=VideoReader('test.mpg');
>>fmpg=mmfileinfo('test.mpg')          %获取视频文件信息
fmpg =
  struct with fields:
    Filename:'test.mpg'
        Path:'C:\Users\6\exa'
    Duration: 6.8750
       Audio: [1×1 struct]
       Video: [1×1 struct]
>>n=1;
>>while hasFrame(mov)                   %是否有可读视频帧
    V(:,:,:,n) = readFrame(mov);        %生成视频数组
    n=n+1;
end
```

程序分析：

mmfileinfo 函数用来获取多媒体文件的信息；mov 是 VideoReader 对象，使用 while 循环读取每一帧，并生成新的数组变量 V，V 是数组，类型是整型。

2. 生成和播放视频

immovie 函数是将多个图片生成视频，可以是索引型图片或者 RGB 真彩型图片；movie 命令可以用来播放 MATLAB Movie，命令格式如下：

m = immovie (X, map)   %将索引型图片生成视频

m = immovie (RGB)   %将真彩型图片生成视频

movie (M, n)   %将视频帧 M 播放 n 遍

说明：

m 是视频结构体类型，X 是索引图片数据，map 是 colormap 图，RGB 是真彩型图片。

【例 6-14 续】 生成视频帧数据，并显示播放视频，显示的图片如图 6-34a 所示，播放的视频如图 6-34b 所示。

```
>>Frame1 = readFrame(mov);
>>figure(1);
```

```
>>image(Frame1);                    %显示第一帧
>>M=immovie(V)                      %生成视频数据
>>size(M)
ans =
    1   190
>>figure(2)
>>axis off
>>movie(M,2)                        %播放两遍
```

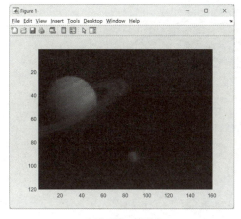
a) 显示第一帧图像

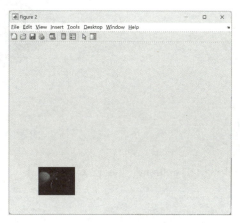
b) 播放视频

图 6-34　分别使用 image 和 movie 显示图像和视频

程序分析：

readFrame 读取视频第一帧，M 是结构体数组共 190 帧，每个元素都是一个结构体。

203

6.5　动画设计

可以使用三种基本方法在 MATLAB 中创建动画，一种是以电影方式，一种是以更新图像的属性方式，一种则是以变换应用于对象组。

6.5.1　以电影方式创建动画

以电影方式创建动画是将多个画面保存到数组中，然后一个个画面逐帧播放，类似于放电影的原理。创建动画的步骤如下：

1）绘制图形前准备数据，然后使用循环绘制各画面并使用 getframe 命令来抓取屏幕，将每个视频帧保存到一个数组中。

2）使用 movie 命令来播放视频帧数组。

【例 6-15】　以电影方式产生视频帧并播放动画，根据横纵坐标 x 和 y，与 z 轴的关系 $z = \dfrac{\sin\sqrt{x^2+y^2}}{\sqrt{x^2+y^2}}$，绘制三维曲面图的动画，实现的动画如图 6-35 所示。

按照以下步骤创建动画：

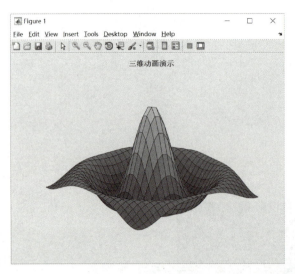

图 6-35　动画界面

（1）使用 getframe 生成视频帧数组 F

```
x=-8:0.6:8;
[X,Y]=meshgrid(x);                    %三维图形需要纵横坐标准备网格矩阵
Z=10*sin(sqrt(X.^2+Y.^2))./(sqrt(X.^2+Y.^2));
surf(X,Y,Z)                           %绘制三维曲面图
%给图形增加标题和坐标轴设置
title('三维动画演示')
axis tight manual                     %使坐标轴范围与数据一致
axis off                              %坐标轴不显示
ax =gca;                              %获取坐标轴句柄
ax.NextPlot ='replaceChildren';       %清除所有子对象
m=1;
for n=0.1:0.1:10%循环绘图并抓帧
  Z=n*sin(sqrt(X.^2+Y.^2))./(sqrt(X.^2+Y.^2));
  surf(X,Y,Z)
  drawnow                             %刷新屏幕
  pause(0.1)                          %每次绘图中暂停 0.1 秒
  F(m) =getframe;                     %抓帧并存放在数组 F 中
  m=m+1;
end
```

（2）播放视频

```
>> figure(2)
>> movie(F)
```

程序分析：

for 循环每次改变 Z 坐标轴数据范围；结构体数组 F 的字段有 cdata 和 clolrmap，下面的程序显示第 1 帧 F（1）的图片数据 cdata：

```
>> F(1).cdata                         %显示第 1 帧的图片数据
```

6.5.2　以更新图像的属性方式创建动画

以更新图像的属性方式创建动画是保持图形窗口中大部分对象不变，通过重新绘制和擦除运动部分对象来产生动画，擦除的方式不同动画的效果不同。

以对象方式创建动画不存储视频帧因此不需要占用大量的内存，可以快速产生实时的动画，但无法产生复杂的动画，效果不精美。创建动画的步骤如下：

1）绘制背景图。

2）设置对象擦除属性。设置动作对象的擦除属性，擦除属性 EraseMode 有四种，normal 是重画整个图形；background 是擦除背景，会擦除对象和它下面的其他图像；xor 是只画与背景色不一致的新对象点，擦除不一致的原对象点，通常这种方式用来创建动画；none 是不做任何擦除。

3）确定对象的新位置。计算得出动作对象每次的新位置，不断更新对象的 xdata 和 ydata 属性。

4）刷新屏幕。绘制了新对象后应该刷新屏幕，使新对象显示出来，刷新屏幕用 drawnow 命令实现。

【例 6-16】　以对象方式创建动画，显示一个红色圆点沿三维曲线移动的动画，如图 6-36 所示。

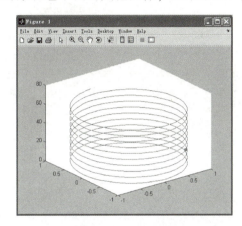

图 6-36　显示动画

```
>>x=0:0.1:20*pi;
>>p=plot3(sin(x),cos(x),x);              %在起点定义一个红色的圆点并设置擦除方式
>>h=line(0,1,0,'color','red','marker','.','markersize',20,'erasemode','xor');
>> for k=0:0.1:20*pi
%设定红点的新位置
    set(h,'xdata',sin(k),'ydata',cos(k),'zdata',k)
    drawnow
end
```

程序分析：

line 对象的 marker 属性用来设置标记的类型；擦除方式如果使用 normal 效果也一样，如果使用 background 则会将红色小圆点经过的地方都擦除。

6.5.3　以变换对象组的方式创建动画

如果想同时对一组对象的位置和方向进行变换，从而实现一组对象的动画，可以采用变换对象组的属性实现。

创建动画的步骤如下：

1）使用 hgtransform 创建变换对象，将一些对象归组为某一变换对象的子级。

2）设置变换对象的 Matrix 属性，调整其所有子级的位置。

【例 6-17】　绘制 peaks 三维曲面，进行水平旋转一周，实现的动画界面如图 6-37 所示。

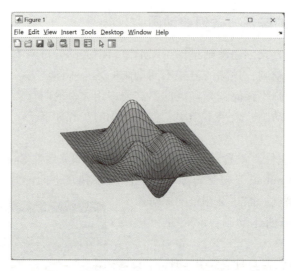

图 6-37　动画界面

```
t =hgtransform;                        %创建一个变换对象
surf(peaks(40),'Parent',t)             %设置曲面为变换对象的子级
view(-20,30)
axis off
for r = 0:.1:pi*2
    Rz =makehgtform('zrotate',r);      %创建变换矩阵
    set(t,'Matrix',Rz);                %设置 Matrix 属性
    drawnow                            %刷新屏幕
    pause(0.05)
end
```

程序分析：

hgtransform 是创建变换对象 t，makehgtform 创建用于转换、缩放和旋转图形对象的变换矩阵，通过将变换指定给父变换对象的 Matrix 属性来将变换应用于图形对象。

6.6　综合应用举例

【例 6-18】　创建一个用户界面分析 RLC 电路，在坐标轴中显示 RLC 电路图，用户在文本框中输入 R、L、C 参数后，单击"计算传递函数"按钮计算并显示传递函数，单击"画图"按钮在坐标轴中绘制阶跃响应曲线，运行界面如图 6-38b 所示。

界面设计如图 6-38a 所示，在用户界面中添加一个标签 Label 显示标题，在窗口的左侧添加一个图片控件 Image 和一个坐标区 Axes，在右侧添加三个面板，第一个面板中添加标签 Label 和文本框 Edit Field (Numeric)，第二个面板中添加按钮 Button 和文本框 Edit Field (Text)，第三个面板中添加两个按钮，分别设置各控件的字体属性和 Text 属性，调整控件的位置，在此不做详细介绍，文件保存为 "ex6_18. mlapp"。

在编辑器 Editor 窗口中设计程序，创建三个按钮的回调 callback 函数，以及打开窗口运行的 startupFcn 函数和子函数 "func1"。

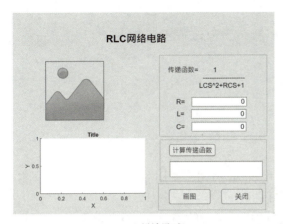
a) 设计界面

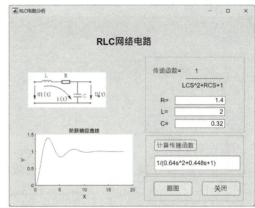
b) 运行界面

图 6-38　设计和运行界面

1）打开窗口函数"startupFcn"。

```
function startupFcn(app)
    clear global                          %清空全局变量
    set(app.UIFigure,'name','RLC 电路分析')  %修改窗口名称
    app.Image.ImageSource='006.jpg';       %显示 RLC 电路图
end
```

程序分析：

在图片控件 app.Image 中显示 jpg 文件，通过设置 ImageSource 属性实现。

2）三个按钮 app.Button、app.Button_2 和 app.Button_3 的回调函数分别实现计算传递函数、画图和关闭窗口。

```
function ButtonPushed(app, event)
    %计算传递函数
    R=get(app.REditField,'Value');        %获取文本框数据
    C=get(app.CEditField,'Value');
    L=get(app.LEditField,'Value');
    RC=R*C;
    LC=L*C;
    set(app.EditField,'Value',['1/','(',num2str(LC),'s^2+',num2str(RC),'s+','1',')']);
End

function Button_2Pushed(app, event)
    %画图
    global RC;
    global LC;
    R=get(app.REditField,'Value');        %获取文本框数据
    C=get(app.CEditField,'Value');
    L=get(app.LEditField,'Value');
    RC=R*C;
    LC=L*C;
    [y1,t1]=func1(app);                   %调用子程序
```

207

```
        plot(app.UIAxes,t1,y1);                    %绘制坐标区波形
        title(app.UIAxes,'阶跃响应曲线');            %修改坐标区标题
    end

    function Button_3Pushed(app, event)
        %关闭窗口
        close(app.UIFigure)
    end
```

程序分析：

全局变量 RC 和 LC 在需要使用的函数中用 global 声明，使用 get 函数获取三个文本框 app.REditField、app.CEditField 和 app.LEditField 的数据。

3）子函数"func1"计算 RLC 电路的阶跃响应，子函数通过在 EDITOR 窗口的工具栏单击添加函数的按钮创建。

```
function [y,t]=func1(app)
    global RC;                    %声明全局变量
    global LC;
    tf1=tf(1,[LC,RC,1]);          %计算传递函数
    [y,t]=step(tf1);              %计算阶跃响应数据
  End
```

<h1 style="text-align:center">习　　题</h1>

1. 选择题

（1）在图形对象体系中，最顶级的对象应该是_____。

A. 面板　　　　　　　　　B. 坐标轴　　　　　　　　　C. 窗口　　　　　　　　　D. 屏幕

（2）运行以下命令，正确的说法是_____。

```
>>h_a=axes ('position', [0. 1, 0. 1, 0. 5, 0. 5])
```

A. 在窗口中位置为 (0.1, 0.1) 处创建坐标轴

B. 在窗口中位置为 (0.1, 0.5) 处创建坐标轴

C. 在窗口中位置为窗口横坐标的十分之一处创建坐标轴

D. 在窗口中创建宽度为 0.5 的坐标轴

（3）在窗口中运行以下命令，正确的说法是_____。

```
>> x=0:0.1:10;
>>plot(x,sin(x))
>> plot(x,cos(x))
```

A. 分别在两个坐标轴中绘制正弦和余弦曲线

B. 在一个坐标轴中绘制正弦和余弦曲线

C. 在一个坐标轴中绘制余弦曲线

D. 创建两个窗口分别绘制正弦和余弦曲线

（4）运行以下命令，则实现的功能是_____。

```
>>h_l=line(x,y);
>>set(get(h_l,'parent'),'color','y')
```

A. 获取图形窗口的颜色属性　　　　　　　　B. 设置图形窗口的颜色属性

C. 获取坐标轴的颜色属性　　　　　　　　　D. 设置坐标轴的颜色属性

（5）在 App Designer 窗口中设计界面，打开窗口时运行的初始化程序可以放在_____函数中。

A. ButtonPushed　　　　B. startupFcn　　　　C. figure　　　　D. properties

（6）在 App 界面中需要输入带换行的大段文字时，使用_____控件。

A. Edit Field　　　　B. List Box　　　　C. Text Area　　　　D. Table

（7）滚动条的 Limits＝[0,20]，MajorTicks＝[0,4,8,12,16,20]，则_____。

A. 滚动条范围没有限制　　　　　　　　　　B. 单击一次右端箭头则 value 增加 4

C. 滚动条刻度显示间隔为 4　　　　　　　　D. 单击一次滚动条则 value 改变 1

（8）灰度图像文件保存时_____。

A. 使用一个三维矩阵和一个二维矩阵　　　　B. 使用两个二维矩阵

C. 使用一个三维矩阵　　　　　　　　　　　D. 使用一个二维矩阵

（9）保存 AVI 文件的 MATLAB Movie 是_____。

A. 字符串　　　　B. 矩阵　　　　C. 结构体　　　　D. 句柄

（10）对象的擦除属性 EraseMode 中，能实现将对象运动轨迹显示出来是_____方式。

A. xor　　　　B. background　　　　C. none　　　　D. normal

2. 使用图形对象的方法创建坐标轴并绘制 $y=e^{-x}\sin(x)$ 曲线，如图 6-39 所示。

3. 创建用户界面，使用两个滚动条输入电流和电阻，并使用两个文本框显示滚动条的值，单击按钮在文本框中显示计算出的电压。

4. 创建一个菜单，要求菜单名为 options，两个下拉菜单 grid 和 box；grid 的两个下拉菜单分别有 grid on 和 grid off，box 的两个下拉菜单分别有 box on 和 box off 子菜单项。

5. 创建用户界面，使用列表框输入颜色，使用两个单选按钮选择正弦或余弦，单击按钮在坐标轴中绘制曲线，运行界面如图 6-40 所示。

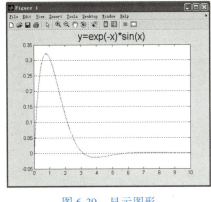

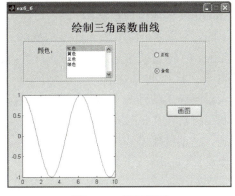

图 6-39　显示图形　　　　　　　　　　图 6-40　运行界面

6. 使用输入对话框输入一个正弦信号的幅值和相角，默认值为 1 和 0，并使用消息框重新显示输入的幅值和相角值。

7. 使用打开文件对话框显示 *.m 文件，并获取文件名和路径。

8. 读取一个 .jpg 图像，查看其图像信息并写入一个 .bmp 图像文件中，查看其图像信息的不同。

9. 读取一个 .jpg 图像，将图形数据乘 2，并显示两个图像的不同。

10. 读取一个 .wav 声音文件，将数组扩大三倍，查看数据尺寸并播放声音。

11. 以电影方式设计一个动画图形，动态地绘制正弦曲线。

12. 以对象方式创建一个动画图形，要求呈现出在红色的正弦曲线上一个蓝色球沿曲线运动。

第7章

Simulink仿真应用

系统仿真的通俗说法就是模拟实验，Simulink 是 MATLAB 的仿真工具箱，是快速、准确的仿真工具。Simulink 支持线性、非线性以及混合系统，也支持连续、离散和混合系统，还支持多种采样频率的系统。

本章主要介绍使用 Simulink 建立系统模型，并实现系统的仿真和分析。

7.1 Simulink 的概述

1. Simulink 的特点

1）设计简单，系统结构使用框图绘制，以绘制模型化的图形代替程序输入，以鼠标操作代替编程。

2）分析直观，用户不需要考虑系统模块内部，只要考虑系统中各模块的输入、输出。

3）仿真快速、准确，智能化地建立各环节的方程，自动地在给定精度要求下以最快速度仿真，还可以交互式地进行仿真。

2. Simulink 的典型模型结构

Simulink 的模型是由模块和连接构成的。

Simulink 的典型模型通常由三部分组成，分别是输入、状态和输出模块，如图 7-1 所示。输入模块提供信号源，包括信号源、信号发生器和用户自定义信号等；状态模块是被模拟的系统，是系统建模的核心；输出模块是信号显示模块，包括图形、数据和文件等。

图 7-1 模型结构

每个系统的模型不一定要包括三个部分，也可以只包括两个或一个部分。

3. Simulink 的文件

Simulink 保存的文件为模型文件，模型文件可以保存为 .slx 和 .mdl 文件，.mdl 文件格式是 MATLAB R2010b 以前版本的 Simulink 模型文件，.slx 文件要小很多，这两种格式的文件可以相互转换。

4. Simulink 的帮助

在 MATLAB 帮助浏览器窗口的 Documents 和 Examples 选项卡中，都有专门针对 Simulink 的帮助信息。

例如，在 MATLAB 命令窗口输入 ">> demo simulink"，就能看到打开的 Examples 窗口，

选择一个模型打开，可以查看模型文件，并可以对模型文件进行编辑和运行。

7.2　Simulink 的工作环境

在 MATLAB 的命令窗口输入"simulink"，或单击"Home"面板工具栏中的![图标]图标，在出现的窗口如果选择"Blank Model"空白模型进行模型创建，就可以打开 Simulink 空白的模型设计窗口，如图 7-2 所示。

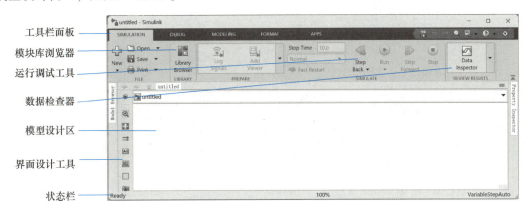

图 7-2　Simulink 模型设计窗口

1. 工具栏面板

Simulink 模型设计窗口的工具栏包括 SIMULATION、DEBUG、MODELING、FORMAT 和 APPS 五个面板。

1）SIMULATION（仿真）面板主要包括以下功能区：

① FILE（文件）包含文件的新建、打开和保存等，可以创建模型文件、子系统文件、状态表文件、模块库文件、工程文件等。

② Library Browser（模块库浏览器）用来打开模块库，在模型文件中添加模块。

③ PREPARE（准备）包括信号监控、信号编辑、模型参数设置、属性窗口等，可以打开各窗口进行设置。

④ SIMULATE（仿真）包含模型的调试和运行，包括仿真停止时间、仿真运行停止等。

⑤ REVIEW RESULTS（查看结果）包括数据检查、逻辑分析等。

2）DEBUG（调试）包含模型的调试操作，包括断点设置、步进仿真等。

3）MODELING（模型）包括模块参数设置、模型查找与对比和插入子系统等。

4）FORMAT（格式）包含当前模型文件工作区中所显示的编辑环境参数。

5）APPS（应用工具）包含常用在仿真中的多种应用工具。

2. 模块库浏览器

单击工具栏的模块库浏览器按钮![按钮]出现 Simulink 模块库浏览器窗口，分为左右两栏，左栏以树状结构列出模块库和工具箱，右栏列出的是左栏所选模块库中所有的子模块库；在右栏选择子模块库名或在左栏双击子模块库名都可以打开子模块库；如图 7-3 所示中为选择左栏中的"Sources"，右边显示的输入源库中的所有模块。

211

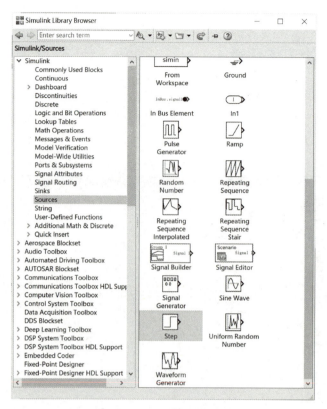

图 7-3　模块库浏览器窗口

在模块库浏览器的搜索栏中，可以通过输入名称来查找相应的模块。

7.2.1　一个简单的 Simulink 实例

下面介绍一个简单的实例，演示模型建立的步骤。

【例 7-1】　将一个阶跃信号送到积分环节，并将阶跃输入信号积分后的信号和阶跃信号都送到示波器进行比较。

建立一个 Simulink 模型的基本操作步骤如下：

1. 创建空白模型

在图 7-2 的模型设计区中就可以直接创建新模型，也可以单击 Simulink 窗口工具栏的"New"图标╈或在 MATLAB 界面单击工具栏按钮"New"→"Simulink Model"，就创建默认名为"untitled"的空白模型。

2. 添加模块

通过从图 7-3 模块库浏览器中直接拖放来进行添加模块。输入模块一般在输入信号源子模块库（Sources）中，在图 7-3 中单击该子模块库，将阶跃信号（Step）拖放到空白模型窗口中；然后，在连续系统子模型库（Continuous）中，选择积分模块（Integrator）拖放到模型窗口；因为需要将两个信号都送到示波器，因此需要添加一个复路器 Mux，复路器 Mux 在"Signal Routing"子模块库中；最后，在接收模块库（Sinks）中选择示波器模块（Scope）拖放到模型窗口中。

3. 设置模块的属性参数

添加的模块其参数都是默认值，因此根据系统设计的需要，修改各模块的参数，通过双击模块打开模块参数窗口。

双击阶跃信号"Step"模块打开属性窗口，如图 7- 4 所示，修改参数"Step time"为 0。

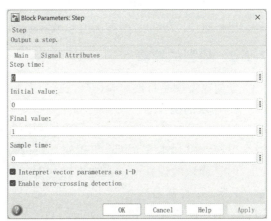

图 7-4　Step 属性设置窗口

4. 添加连接线

将各独立的模块用信号线连接起来，用鼠标单击 Step 模块的输出端，按住鼠标左键拖向 Integrator 模块的输入端，或者单击 Integrator 模块的输入端出现的蓝色箭头，就可以直接连接；阶跃信号需要送到两个模块，因此要产生分支信号，在需要分支的信号线上按住 Ctrl 键，同时按下鼠标左键拖动鼠标到 Mux 模块的输入端。

调整各模块的布局，如果希望布局清晰美观，可以选择"FORMAT"面板的"Auto Arrange" 按钮，连接后的模型如图 7-5a 所示。

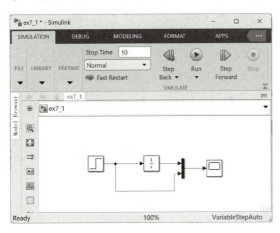

a) 连接后的模型

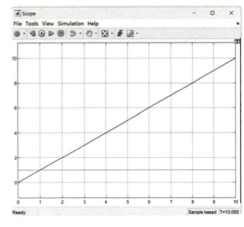

b) 示波器显示

图 7-5　阶跃信号积分模型

5. 设置模型的仿真参数

在仿真运行之前，还需要设置模型的仿真参数。主要参数是仿真停止时间和仿真算法。修改工具栏中的"Stop Time"为 5 秒，仿真算法默认为 ode45 四五阶龙格库塔法。

6. 仿真

开始仿真，单击图 7-5a 中模型窗口工具栏中的图标 ▶ ，在图 7-5a 最下面的状态栏显示仿真运行的过程进程，以及仿真算法为"auto（ode45）"。

然后，双击模型窗口中的"Scope"示波器模块，则出现示波器显示屏，黄色曲线是积分后的斜坡信号，蓝色曲线是阶跃信号的直接输出，示波器如图 7-5b 所示。

213

7. 保存模型

单击工具栏的 图标，将该模型保存为"ex7_1.slx"文件。如果选择"Save as"也可以保存为".mdl"文件。

可以看出 Simulink 创建模型是非常简便的，仿真运行快速准确，仿真结果直观。

7.2.2 模型的编辑

创建模型就是将模块和信号线连接起来，信号线是用来连接模块并传送信号的。

1. 模块的操作

将模块添加到模型窗口后，单击选中模块时四角处会出现小块编辑框，这时界面的工具栏会出现"BLOCK"面板，可以对模块进行注释和添加图标等操作。

（1）模块的设置 单击选中模块时模块上会显示"..."，鼠标放在"..."上，会出现一些常用选项，如果选择"Show Block Name"则模块名称可以显示出来，如图 7-6 所示，同样的操作可以隐藏模块名称。

（2）模块的翻转 默认状态下的模块总是输入端在左，输出端在右，有时需要模块翻转 90°或者

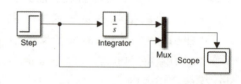

图 7-6 翻转示波器模块

180°。选定模块，单击鼠标右键，选择菜单"Rotate & Flip"→"Flip Block""Clockwise"或"Counterclockwise"命令，可以将模块旋转 180°、顺时针或逆时针旋转 90°，如图 7-6 中示波器顺时针旋转 90°。

（3）修改模块名 单击模块下面的模块名，可以直接对模块名进行修改。

（4）信号线与模块分离 将鼠标光标放在要分离的模块上，按住 Shift 键时将模块拖离信号线。

2. 信号线的操作

单击选中信号线时工具栏会出现"SIGNAL"面板，可以对信号线进行监测、加断点等操作。

（1）信号线的设置 单击选中信号线时上面会显示"..."，鼠标放在"..."上，会出现一些常用选项，如果选择"Enable Data Logging"则会在信号线上出现 记录信号数据；如果选择"Highlight Signal to Source"就会出现窗口，高亮显示从信号源输入的信号线，如图 7-7a 所示，如果要继续跟踪其他信号线，可以使用键盘上的"→"和"←"键。

（2）信号线的分支 一个信号要分送到不同模块，需要增加分支点。将光标移到信号线的分支点上，按住 Ctrl 键，同时按下鼠标左键拖动鼠标产生分支释放鼠标。

（3）信号线的文本注释 双击需要添加文本注释的信号线，则出现一个空的文字填写框用于输入信号线文本；单击需要修改的文本注释即可修改文本。例如，在输入信号线上添加"r(t)"文本。

（4）信号线的属性 用鼠标右键单击信号线，在出现的快捷菜单中选择"Properties"，则会打开信号线的属性窗口，如图 7-7b 所示为输入信号线 r（t）的属性窗口。

3. 模型的文本注释

在模型窗口需要添加文本注释的位置，双击鼠标就会出现编辑框，在编辑框中输入文字注释。

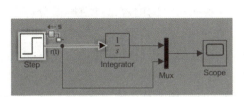

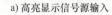

a) 高亮显示信号源输入　　　　　　　b) r(t)属性窗口

图 7-7　信号线的跟踪和属性

7.2.3　仿真参数的设置

在模型仿真运行过程中，不同的系统有不同的仿真要求，因此需要对仿真参数进行设置。在模型窗口"SIMATION"窗口的 PREPARE 功能区中选择"Model Settings" ⚙，或者在"MODELING"面板选择"Model Settings"按钮，则会打开参数设置对话框，包括仿真器参数（Solver）、工作空间数据输入/输出（Data Import/Export）等设置。如图 7-8 所示为 Solver 窗口。

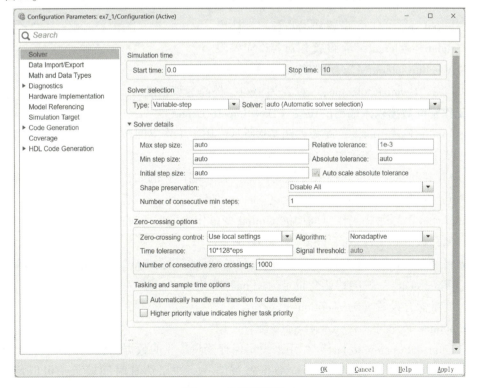

图 7-8　参数设置窗口

1. 仿真器参数设置（Solver）

（1）仿真时间（Simulation time）

仿真的起始时间（Start time）：默认为 0，单位为秒；仿真的结束时间（Stop time）：默认为 10，单位为秒。

（2）仿真模式选择（Solver selection）

仿真的过程一般是求解微分方程组，"Solver selection"的内容是针对解微分方程的算法进行选择。

"Type"是设置求解的类型，"Variable-step"表示仿真步长是变化的，"Fixed-step"表示固定步长。

"Solver"用于设置仿真解法的具体算法类型。变步长的算法有 discrete、ode45、ode23、ode113、ode15s、ode23s、ode23t、ode23tb、odeN 和 daessc，默认使用 auto；定步长的算法有 discrete、ode8、ode5、ode4、ode3、ode2、ode1、ode14x 和 ode1be。这些算法中 ode45 为四五阶龙格库塔法适用于大多数连续或离散系统；如果模型全部是离散的，则都采用 discrete 方式；ode23 达到同样精度时比 ode45 的步长小；ode23s 和 ode15s 可以解 Stiff 方程；ode113 是变阶的 Adams 法，为多步预报校正算法。

（3）仿真算法细节（Solver details）

采用变步长解法时，通过指定容许误差限和过零检测，当误差超过误差限时自动修正步长，容许误差限的大小决定了求解的精度。有以下设置：

1）"Max step size"：设置最大步长，默认为 auto，最大步长 =（Stop time-Start time）/50。

2）"Min step size"：设置最小步长，默认为 auto。

3）"Initial step size"：设置初始步长，默认为 auto。

4）"Relative tolerance"：设置相对容许误差限。

5）"Absolute tolerance"：设置绝对容许误差限。

例如，将"Relative tolerance"设置为 1e-1，提高运算精度。

2. 工作空间数据输入输出的设置（Data Import/Export）

Data Import/Export 的设置面板如图 7-9 所示，用于工作空间数据的输入输出设置。

（1）从工作空间装载数据（Load from workspace）

"Input"栏是从工作空间输入变量到模型的输入端口，例如，[t,y] 中的 y 送到输入端口，如果还有输入端口可以再增加列变量。

"Initial state"栏是将工作空间中的 xInitial 变量作为模型所有内状态变量的初始值。

（2）保存数据到工作空间（Save to workspace）

"Time"栏的默认变量为 tout，"States"栏的默认变量为 xout，"Output"栏的默认变量为 yout，"Final states"栏的默认变量是为 xFinal。

（3）变量保存设置（Save options）

Save options 必须与 Save to workspace 配合使用。

1）"Limit data points to last"栏用来设定保存变量接收的数据长度，默认值为 1000，如果输入数据长度超过设定值，则历史数据就被清除；如果仿真时间较长，可以修改数据长度。

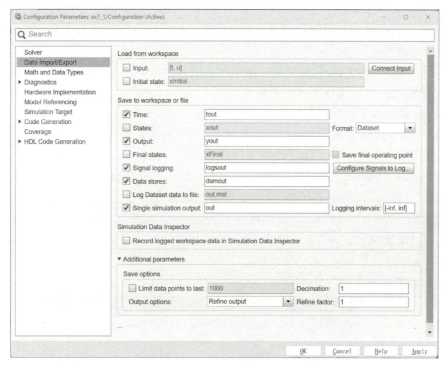

图 7-9　Data Import/Export 参数设置面板

2）"Format"栏用来设置保存数据的三种格式，包括数组、结构体、带时间量的结构体，默认为数据集。

7.2.4　Simulink 的工作过程

Simulink 的仿真过程虽然不需要用户了解模块内部的编程，但应了解 Simulink 仿真的工作原理，仿真包括以下几个步骤。

1. 模型编译

Simulink 引擎调用模型编译器，将模型编译成可执行的形式。

编译器主要完成的功能有：对模块参数进行评估以确定它们的实际值，确定信号属性，传递信号属性并检查每个模块是否能接收输入端的信号，优化模块，展平模型的继承关系，确定模块运行的优先级和确定模块的采样时间等。

2. 连接

分配和初始化存储空间，按执行次序排列的方法创建运行列表，以便定位和存储每个模块的状态和当前值输出。

3. 仿真执行

从仿真的开始时间到终止时间，每隔一个时间点就按顺序计算系统的状态和当前值输出。

仿真执行包括两个阶段：

1）初始化阶段，只执行一次，用于初始化系统的状态和输出。

2）迭代阶段，每隔一个时间步就重复执行一次，用于计算并更新模型新的输入、状态和输出。每个仿真步都做如下操作：按照模块的排列顺序，更新模型中所有模块的输出；更新模型中所有模块的状态；根据用户的设置决定是否检测模块连续状态中的不连续性；计算下一个时间步的时间。

【例 7-2】 创建一个单位负反馈的二阶系统，输入为阶跃信号，二阶系统采用零极点模式的传递函数模块，将输出送到示波器显示。

将 Sources 模块库中的阶跃信号 Step，Math Operations 库中的 Sum 求和，Continuous 库中的 Zero-Pole 零极点传递函数和 Sinks 库中的 Scope 示波器拖放到模型窗口中。

然后，设置模块属性参数，为了方便属性设置，将"SIMULATION"面板的"PERPARE"工作区的"Property Inspector"双击打开，会在设计界面右边出现属性窗口；设置 Step 模块的"Step time"为 0；设置 Zero-Pole 模块的参数，根据没有零点，极点分别为 0 和-2，将"Zeros"设置为"[ ]"，"Poles"设置为"[0 -2]"，"Gain"设置为"10"；Sum 模块的"List of signs"设置为"| +-"；如图 7-10 所示左边设计区为各模块，右边为选择 Sum 模块的属性窗口。

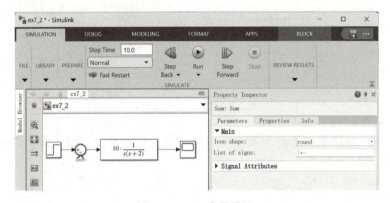

图 7-10　Sum 参数设置

在"MODELING"面板中选择 Model Explorer ![按钮] 按钮，可以打开"Model Explorer"模型浏览器窗口，显示所有模块，如图 7-11 所示，查看和编辑 Step 模块参数。

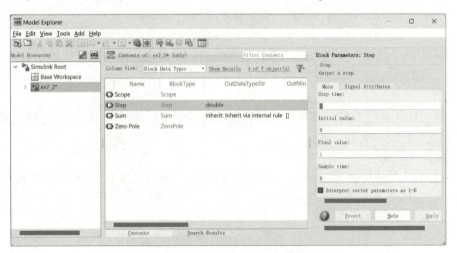

图 7-11　"Model Explorer"模型浏览器窗口

然后，连接信号线构成反馈回路；显示各模块的名称，并在各信号线上添加文字 r(t)、c(t)和 e(t)，模型框图如图 7-12a 所示，单击 Run 按钮运行仿真，示波器显示如图 7-12b 所示。

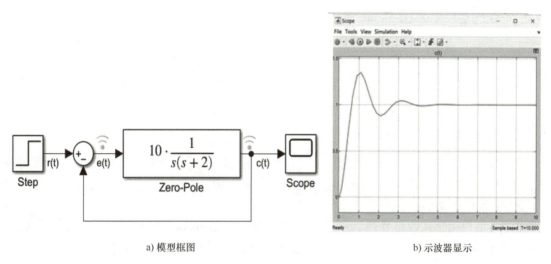

a) 模型框图　　　　　　　　　　　　　　　b) 示波器显示

图 7-12　模型框图和示波器显示

为了能更清楚地查看各信号，单击选中信号线 e(t) 和 c(t)时上面会显示 "..."，鼠标放在 "..." 上，选择 "Enable Data Logging" 则会在信号线上出现📶记录信号数据，单击📶后会打开 "Simulink Data Inspector" 窗口，显示两个信号的曲线，如图 7-13 所示为选中的两个信号线波形显示对比。

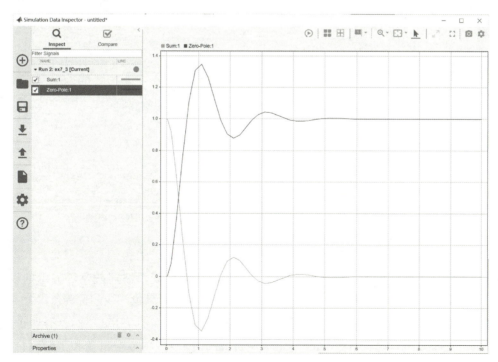

图 7-13　Data Inspector 波形检测

如果单击左侧的保存按钮▣，可以将 Data Inspector 的数据保存为 . mldatx 文件。如果选择"Export"则将变量数据输出保存为 . mat 数据文件。

7.3 常用模块及仿真命令

Simulink 模块库是按照功能分组的模块集合，单击 Simulink 工具栏的 Library Browser 按钮▦可以打开模块库浏览器窗口 Simulink Library Browser。在模块库中最前面的子库"Commonly Used Blocks"是最基础和常用的模块库，另外还有其他专业领域的模块库。

7.3.1 Simulink 的常用模块

在 Simulink Library Browser 窗口中，将光标停留在模块图标上时会出现模块的信息文本框，包含了模块名、模块库、模块功能和模块参数等信息。

1. 示波器（Scope）

Scope 模块用来接收信号并显示信号的波形曲线，在 Sinks 子模块库中，双击示波器模块会出现示波器窗口，示波器可以进行仿真运行和单步运行，在工具栏中的 ◁ ▷ ▷ 三个按钮与 Simulink 工具栏中的功能相同，可以进行步长设置、仿真运行和单步运行。

单击工具栏的▦能调整坐标范围到合适的范围，单击工具栏的 ◿ 光标测量，可以使用光标在波形曲线上移动查看数据，如图 7-14a 所示，可以在右侧看到例 7-2 输出曲线对应点的坐标值，调整查看峰值等测量点的具体时间和数值。

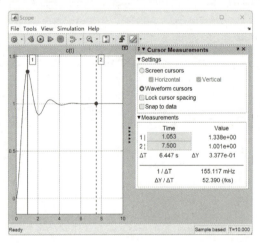

a) 示波器窗口

b) 示波器显示形式的设置

图 7-14 示波器显示波形和设置

在示波器显示窗口单击鼠标右键，选择"Style..."会出现示波器颜色等显示的设置窗口，如图 7-14b 所示，修改 Figure color 图形色、Axes colors 背景色和线颜色等。

单击工具栏中的 ◉ 按钮，可以看到示波器的参数设置，如图 7-15a 所示，有四个面板，在"Main"面板中可以设置示波器的"Number of input ports"输入端口数和"Sample time"采样时间。

220

"Logging" 面板如图 7-15b 所示。

1）Limit data points to last：可以设置示波器的存储数据个数，默认为 5000，如果数据长度超出，则最早的历史数据会被清除。

2）Log data to workspace：把示波器缓冲区中保存的数据以矩阵或结构数组的形式送到工作空间，在下面两栏设置变量名 "Variable name" 和数据类型 "Format"。

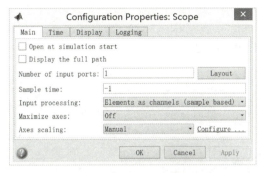
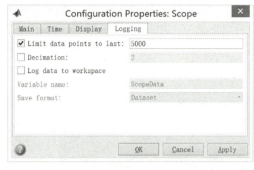

a) 示波器的Main对话框　　　　　　　　　　b) 示波器的Logging对话框

图 7-15　示波器参数设置对话框

"Display" 面板如图 7-16 所示，"Title" 用来设置坐标的标题文字标注，"Y-limits（Minimum）" 和 "Y-limits（Maximum）" 用来设置 Y 坐标的上下限。

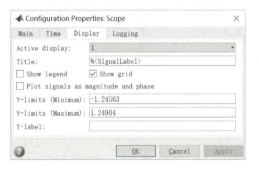

图 7-16　示波器参数设置

2. 从工作空间获取数据（From Workspace）和从文件获取数据（From File）

From Workspace 和 From File 分别是从工作空间和 MAT 文件输入数据，都在 "Sources" 子模块库中。主要参数分别有：

1）From Workspace 模块的 Data 参数：表示工作空间的变量名，默认为 simin。

2）From File 模块的参数 File name：为数据文件名，默认为 untitled. mat。

3. 输出到文件（To File）和输出到工作空间（To Workspace）

To File 和 To Workspace 是分别将信号输出到 MAT 文件和工作空间，都在 "Sinks" 子模块库中。

（1）To File 模块的常用参数有：

1）File name：输出的 MAT 文件名，默认为 "untitled. mat"。

2）Variable name：输出的变量名，默认为 "ans"。

3）Save format：输出变量的格式，默认为 Timeseries，可以修改为数组 array。

（2）To Workspace 模块的常用参数有：

1）Variable name：输出的变量名，默认为"simout"。

2）Save format：输出变量的格式，默认为 Timeseries，可以修改为数组 array、结构体 Structure。

4. 传递函数（Transfer Fcn）和零极点传递函数（Zero-Pole）

Transfer Fcn 和 Zero-Pole 模块都是用来构成连续系统结构的模块，在"Continuous"子模块库中，其模块参数对话框分别如图 7-17a 和图 7-17b 所示。

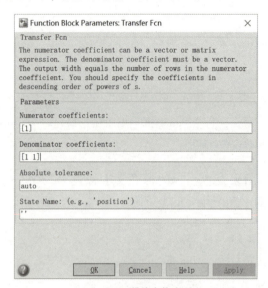

a) Transfer Fcn模块参数对话框

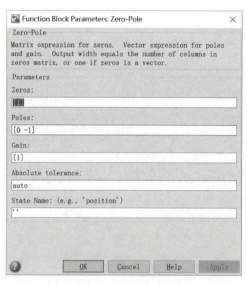

b) Zero-Pole模块参数对话框

图 7-17 Transfer Fcn 模块和 Zero-Pole 模块参数对话框

这两个模块都是设置传递函数的，Transfer Fcn 模块的主要参数分别有：

1）Numerator coefficients：分子多项式系数，可以是行向量或矩阵，按降幂排列。

2）Denominator coefficients：分母多项式系数，可以是行向量或矩阵，按降幂排列。

而 Zero-Pole 模块的参数分别是 Zeros、Poles 和 Gain，用来设置零点、极点和增益，为行向量，各零点、极点之间用空格分开，见例 7-2 中的设置。

【例 7-3】 创建一个单位负反馈的二阶系统结构与例 7-2 相同，采用传递函数模块作为系统模型，并将输出送到 MAT 文件中。

使用模块 Step、Sum、Integrator、Transfer Fcn、Gain、Scope 和 To File，使用信号线连接构成反馈回路。

设置模块的参数，将"Sources"子模块库中的 Step 模块的"Step time"设置为"0"；将"Math Operations"子模块库中的 Gain 模块的"Gain"参数设置为-1，并进行翻转；将 Transfer Fcn 模块的"Numerator coefficient"设置为 10，"Denominator coefficient"参数设置为 [1 2]；将 To File 模块的"Filename"设置为 ex7_3_1.mat，"Variable name"设置为 y，"Save format"设置为"Array"，则模型框图如图 7-18 所示。为了查看方便，仿真运行完后，仿真数据输出到 ex7_3_1.mat 文件。

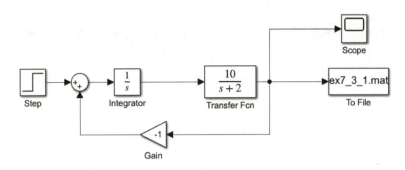

图 7-18　模型框图

在命令窗口输入命令，将 ex7_3.mat 文件装载到工作空间并绘制曲线，曲线与示波器的波形相同。

```
>> load ex7_3_1          %装载 MAT 文件
>> plot(y(1,:),y(2,:))   %绘制曲线
```

5. 数学函数模块（Math Function）

Math Function 模块在 Math Operations 模块库中，用来提供一些常用的数学函数，包含 exp、log、10^u、log10、square、pow、mod 和 conj 等。

Math Function 模块的常用参数有：Function 用来选择函数名称；Output Signal type 用来设置输出信号的类型，包括 real 和 complex 类型。

【例 7-4】　创建一个仿真模型，用数学函数模块实现二阶微分方程，二阶微分方程为 $x(t)' = y(t)'' + y(t)' + 1.414y(t)$，其中输入 $x(t) = e^{-t}U(t)$，$U(t)$ 表示阶跃信号。

将二阶微分方程等式两边都进行双重积分后等式为

$$y(t) = x^{(1)}(t) - y^{(1)}(t) - 1.414y^{(2)}(t)$$

使用模块 Sum、Integrator、Gain 和 Scope，输入信号使用 Clock、Math Function 与 Step 进行 Product 相乘；并在输入输出信号线上添加文字 x(t) 和 y(t)。为了方便查看各信号波形，单击工具栏中 PREPARE 工作区的 "Add Viewer" 按钮，然后选择 Scope，可以在需要观察的信号线上添加示波器，仿真模型框图如图 7-19 所示，在三个信号线上添加了观察示波器。

223

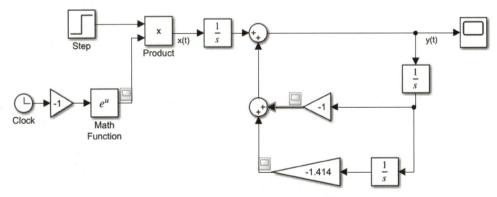

图 7-19　二阶微分方程仿真模型框图

设置仿真 Stop Time 为 15。

选择 y(t) 信号线，然后在"DEBUG"面板中单击"Add Breakpoint" 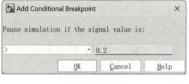按钮添加断点，出现如图 7-20a 所示的设置断点对话框，在 y>0.2 时设置断点。单击"Run"按钮运行，当 y>0.2 时中断，单击示波器窗口或者 Simulink 窗口的单步运行"Step Forward"按钮，继续单步运行，示波器波形如图 7-20b 所示。

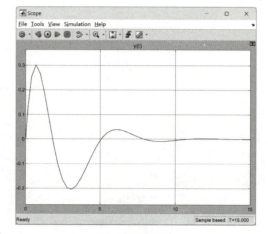

a) 设置断点对话框　　　　　　　　b) 示波器波形图

图 7-20　二阶微分方程的设置断点和示波器波形图

6. 零阶保持器（Zero-Order Hold）

Zero-Order Hold 模块实现以指定采样频率采样和保持的输入信号，在"Discrete"子模块库中的。

Zero-Order Hold 模块的"Sample time"为设置采样周期，默认为-1，可以根据采样周期进行修改。

7. 选择开关（Switch）

Switch 模块是选择开关，在"Commonly Used Blocks"模块库中。有三个输入端口，其中第二个端口的条件决定输出端口的输出，当条件关系为 True 时，输出端口的输出是第一个输入端口值，当条件关系为 False 时，输出端口的输出是第三个输入端口值。

如图 7-21 所示为 Switch 模块的三个条件，Threshold 为条件的阈值，默认为 0。

【例 7-5】　使用 Switch 模块对输入的正弦信号和三角锯齿波信号进行选择输出，t≥5s 时输出正弦信号，t<5s 时输出锯齿波信号，然后采样保持送到示波器显示。

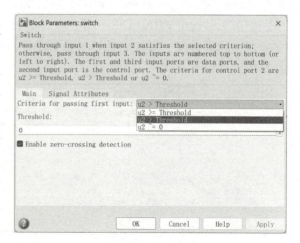

图 7-21　选择开关参数设置

模型框图如图 7-22a 所示，模块包括 Sources 库中的正弦信号 Sine Wave、Step 和 Signal Generator，以及 Switch、Zero-Order Hold 和 Scope 模块。

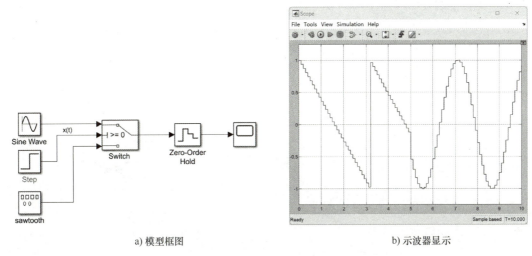

a) 模型框图   b) 示波器显示

图 7-22　Switch 模型框图和示波器显示

设置模块 Sine Wave 的 Frequency 频率参数为 2；Signal Generator 的 Wave form 为 sawtooth，Frequency 频率参数为 2；Step 的 Step time 参数为 5；Switch 模块的 Criteria for passing first input 参数为 u2>Threshold；Zero-Order Hold 模块的 Sample time 为 0.1。

单击开始仿真按钮，在示波器中显示的波形如图 7-22b 所示，信号经过采样保持输出。

7.3.2　使用命令运行 Simulink 模型

启动单个模型的仿真可以使用 sim 函数来完成，命令格式如下：

$Simout = sim('model', Name, Value)$ %利用输入参数进行仿真

说明：

1）'model'为模型名，其余参数都可以省略。

2）Simout 是仿真结果，是 Simulink.SimulationOutput 类型数据。

3）Name 和 Value 是用名称和值来指定参数，包括 SimulationMode、AbsTol 等参数。

【例 7-6】　使用命令来运行例 7-3 的仿真模型。

将模型中的"To File"模块的"File name"参数改为"ex7_6_1.mat"，并将模型保存为 ex7_6.slx。

```
>> Simout=sim('ex7_6');          %运行仿真
```

程序分析：

可以看到仿真运行后，生成了 ex7_6_1.mat 文件，输出数据保存在该文件中，可以装载到工作空间；在工作空间双击 Simout 变量，可以查看到模型的属性、tout 变量等。

7.3.3　仿真结构参数化

在模型窗口中，各模块的参数在参数对话框中设置，当模块的参数需要经常改变时，可

以使用变量来设置模块的参数，通过 MATLAB 的工作空间或 M 文件对变量进行修改。

【例 7-6 续】 将例 7-6 中的二阶系统模型的参数使用变量表示，变量的值存放在 "ex7_6_2.m" 文件中。

模型中的模块参数使用变量表示，Transfer Fcn 模块的 "Denominator coefficient" 参数设置为 [T1 T2]，"Gain" 参数设置为 K，则修改的模型框图如图 7-23 所示。

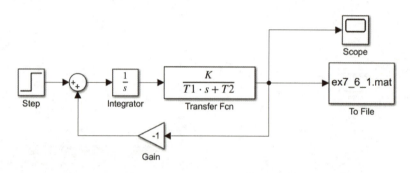

图 7-23 模型框图

模块参数的三个变量在 "ex7_6_2.m" 文件中设置，则文件内容如下：

```
%ex7_6_2 设置参数 T1,T2,K
T1=1;
T2=2;
K=10;
```

运行时在命令窗口先运行 "ex7_6_2.m" 文件，然后再运行 "ex7_6.slx" 文件，命令窗口的程序如下：

```
>> ex7_6_2
>> Simout=sim('ex7_6');          %运行仿真
```

可在 "ex7_6_2.m" 文件中修改各参数变量的值，使用起来很灵活。

7.4 Simulink 的应用实例

Simulink 有多个标准模块库，并有很多扩展模块库用于各个专业领域，在电路、电子和控制系统等方面都应用广泛。下面介绍几个不同方面的仿真实例。

7.4.1 Simulink 在电路原理中的应用实例

Simulink 的专用 Electrical 模块库可以提供电路仿真的各种模块，包括电阻、电容和电感以及电源等模块。

【例 7-7】 根据电路桥电路创建一个 Simulink 模型，求电路中的电流，电路如图 7-24 所示，已知电阻 $R=5\Omega$，$R_a=25\Omega$，$R_b=100\Omega$，$R_c=125\Omega$，$R_d=100\Omega$，$R_e=37.5\Omega$，求当直流电源为 40V 时电路中的电流。

创建该模型需要使用多个模块，各模块的名称以及参

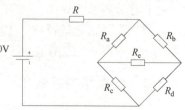

图 7-24 电路桥电路

数设置见表 7-1，其中 Elements 和 Measurements 子模块库都在 Simscape\Electrical\Specialized Power Systems 模块库中。

表 7-1　各模块的名称以及参数设置

子模块库	模　　块	模块名	参数名	参数值	备　　注
Specialized Power Systems	powergui	powergui			模型环境设置
Specialized Power Systems/ Sources	DC Voltage Source	U = 40V	amplitude（V）	40	电源电压值
Specialized Power Systems /Passives	Series RLC branch	R	Branch type	R	支路类型
			Resistance（Ohms）	5	电阻值
	Series RLC branch	Ra	Branch type	R	支路类型
			Resistance（Ohms）	100	电阻值
	Series RLC branch	Rb	Branch type	R	支路类型
			Resistance（Ohms）	125	电阻值
	Series RLC branch	Rc	Branch type	R	支路类型
			Resistance（Ohms）	40	电阻值
	Series RLC branch	Rd	Branch type	R	支路类型
			Resistance（Ohms）	37.5	电阻值
	Series RLC branch	Re	Branch type	R	支路类型
			Resistance（Ohms）	25	电阻值
Specialized Power Systems/ Sensors and Measurement	Current Measurement	Current			电流表
Sinks	Display	Display			显示输出值

说明：各模块参数如果是默认值则不列出。模型需要添加 powergui 模块作为所有电路模型的环境接口，Powergui 模块可以放在任意位置，将各模块添加到模型窗口，并使用信号线连接起来，创建的模型结构如图 7-25 所示。

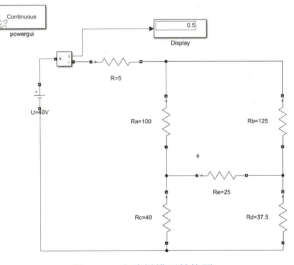

图 7-25　电路桥模型结构图

227

启动仿真，则"Display"模块显示电流为 0.5A；在运行窗口最下面的状态栏可以看到仿真算法自动使用 VariableStepDiscrete。

7.4.2　Simulink 在数字电路中的应用实例

数字电路主要实现编码、译码、加法、比较和多路开关等功能，数字电路中使用数字信号 0 和 1，数字信号的运算大多使用逻辑运算而没有过渡状态。

【例 7-8】　创建一个 Simulink 模型实现三-八译码器的仿真。

三-八译码器是将输入的三个数字信号 000~111，译码生成 0~7 的数字。输入信号使用"Pulse Generator"模块产生脉冲，8 个译码后生成的脉冲信号都用"Scope"模块显示波形。各模块的参数设置和功能见表 7-2，各模块参数如果是默认值则不列出。

表 7-2　各模块的参数设置和功能

子模块库	模　块	模块名	参数名	参数值	备　注
Sources	Pulse Generator	p1, p2, p3	Pulse type	Sample based	脉冲类型
			Period	2	脉冲周期
			Pulse width	1	脉冲宽度
			Phase delay	1	相位延迟
		p1	Sample time	1	采样时间
		p2	Sample time	2	采样时间
		p3	Sample time	4	采样时间
Logic and Bit Operation	Logical Operator	x0~x7 8 个模块	Operator	AND	逻辑运算类型
			Number of input ports	3	输入端口数
		n0, n1, n2	Operator	NOT	逻辑运算类型
Sinks	Scope	Scope	Number of axes	8	坐标个数
		Scope1	Number of axes	3	坐标个数

将模块添加到模型窗口，并使用信号线连接起来，创建的三-八译码器模型结构如图 7-26 所示。

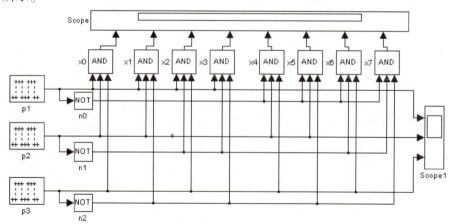

图 7-26　三-八译码器模型结构图

打开"Configuration parameters…"对话框修改仿真参数,将"Solver:"栏的"ode45"改为"discrete",将"Stop time"修改为 8。启动仿真,则 3 位输入的示波器显示如图 7-27a 所示,显示译码结果的示波器 scope 如图 7-27b 所示。

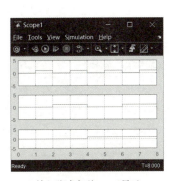

a)输入脉冲序列scope1显示

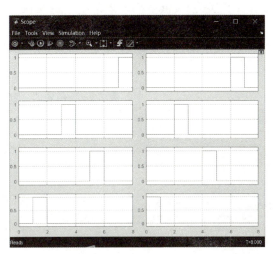

b)译码结果scope显示

图 7-27　输入脉冲序列 scope1 和译码结果 scope 显示

可以看到由图 7-27a 中的 3 个输入脉冲信号生成的图 7-27b 的 8 个译码数据,第一秒输入 000 则 x0 输出为 1,第二秒输入 001 则 x1 输出 1……

7.4.3　Simulink 在电机拖动中的应用实例

对直流电动机起动性能的主要要求是起动转矩要大,起动电流应限制在允许范围;串电阻起动是限制直接起动瞬间产生的过大电流,起动时在电枢电路串接电阻,并在起动过程中一级一级地切除电阻。

Simulink 中的直流电动机模型如图 7-28 所示,在 Simscape\Electrical\Specialized Power Systems\Electrical Machines 子模块库中,图中的输入 TL 为负载转矩,输出 m 是一个向量,包含四个信号,分别是转速、电枢电流 I_a、励磁电流 I_f 和电磁转矩 T_e。A+和 A−端口分别接电枢电路,F+和 F−端口分别接励磁电路。

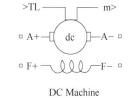

DC Machine

图 7-28　直流电动机模型

【例 7-9】 使用 Simulink 建立他励直流电动机电枢串联三级电阻起动的仿真模型,观察并分析在串联电阻起动过程中电枢电流、转速和电磁转矩的变化曲线。

直流电动机串联三级电阻的电路原理图如图 7-29 所示,启动时先闭合图中的主开关 KM,串电阻起动,在起动过程中依次闭合 KM1、KM2 和 KM3 切除各级电阻。

图 7-29 中的 KM 是个模拟的理想开关,

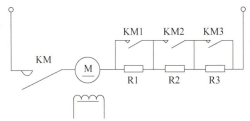

图 7-29　直流电动机串联三级电阻的电路原理图

229

KM 在 0.5s 时闭合；而 KM1、KM2 和 KM3 是实际开关，则使用 Breaker 模块，使用阶跃信号 Step 模块分别在 2.8s、4.8s 和 6.8s 闭合 KM1、KM2 和 KM3；直流电动机的输出信号 m 包含四个分量，因此要使用信号分离 Demux 模块进行信号分离；其中输出的转速信号单位为 rad/s，要转换为 r/min，因此要加个增益模块 Gain，增益为 30/pi；负载输入使用常数模块 Constant，输入负载为 10。各种模型都在 Simscape\Electrical\Specialized Power Systems 库中，其他各模块的名称和参数设置见表 7-3，仿真模型如图 7-30 所示，添加 Powergui 模块放在任意位置。

表 7-3　各模块的名称和参数设置

子模块库	模　　块	模块名	参数名	参数值	备　　注
Power Electronics	Ideal Switch	Ideal Switch	Internal resistance Ron	1e-4	内部导通电阻
			Snubber resistance	inf	吸收电阻
			Snubber capacitance	0	吸收电容
Sources	DC Voltage Source	Ua, Uf	Amplitude	240	电压幅值
Passives	Series RLC Branch	R, R1, R2, R3	Branch type	R	支路类型
		R	Resistance	10000	电阻值
		R1	Resistance	3.66	电阻值
		R2	Resistance	1.64	电阻值
		R3	Resistance	0.74	电阻值
Power Grid Elements	Breaker	Breaker	Breaker resistance Ron	0.01	电阻
Utilities	Grand			默认值	接地
Sources	Step	Step4	Step time	0.5	闭合时间
		Step1	Step time	2.5	上升时间
		Step2	Step time	4.8	上升时间
		Step3	Step time	6.8	上升时间
Sources	Constant	Constant	Constant Value	10	常数
Signal Routing	Demux	Demux	Number of outputs	4	输出端口
Math Operations	Gain	Gain	Gain	30/pi	增益
Sinks	Scope	Scope	Number of axes	4	示波器

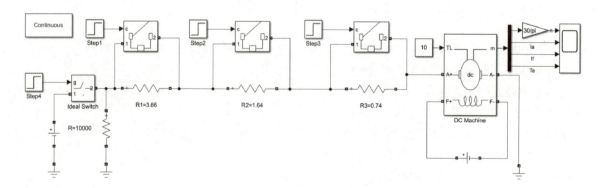

图 7-30　直流电动机串电阻起动的 Simulink 仿真模型图

仿真运行之前，设置模型的仿真解法 Solver 为 ode23s。根据仿真运行的警告提示，修改 relative tolerance 为 1e-4，Max step size 为 0.2。示波器的运行波形如图 7-31 所示。

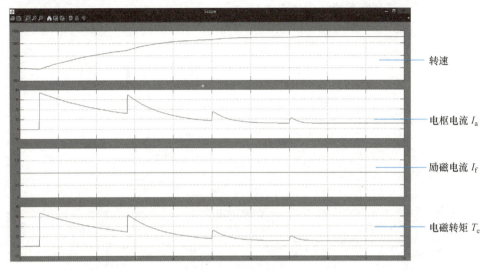

图 7-31　示波器波形图

从图中可以看出随着转速 n 的上升，电动势 E_a 上升，电枢电流 I_a 总的呈下降趋势，又由于 R 逐级减小，所以在 2.8s、4.8s 和 6.8s 时刻处，电枢电流 I_a 会瞬间上升然后再下降。而电磁转矩的变化规律与电枢电流 I_a 相同。由于励磁电压为 240V，励磁电阻为 240Ω，所以励磁电流始终保持 1 不变。

7.5　子系统与封装

当系统模型结构较复杂时，为了使整个模型结构和层次清晰易读，可以通过将大系统划分成多个子系统的方法。子系统类似于编程语言中的子函数，可以使模型的结构显得更简洁，封装子系统可以使模块只对外提供接口而屏蔽子系统内部的结构。根据以下原则创建子系统模块：

1）按照功能创建子系统模块，将相关的模块集成在一起。

2）按照模型结构创建子系统模块，使模型层次分明、结构简单。

7.5.1　创建子系统

在模型中新建子系统的步骤如下：

1）将模型中需要创建成子系统的模块都选中。

2）选择 "Create subsystem from selection"，将选中的模块用 "Subsystem" 模块代替。

3）修改子系统模块名，新建的子系统名默认为 "Subsystem"。

4）修改输入输出端口名，新建子系统中的输入端口默认名为 "In1" "In2"...，输出端口名为 "Out1" "Out2"...，可以修改端口名称。

【例 7-10】　将例 7-9 的 Simulink 模型中的三个串电阻环节创建为子系统。

231

先将 "ex7_9.slx" 文件另存为 "ex7_10.slx" 文件；在模型窗口中，用鼠标拖出虚线框，将三个串联电阻的环节都框住；单击鼠标右键选择菜单 "Create subsystem from selection" 创建子系统 "Subsystem"，则系统结构如图 7-32a 所示。

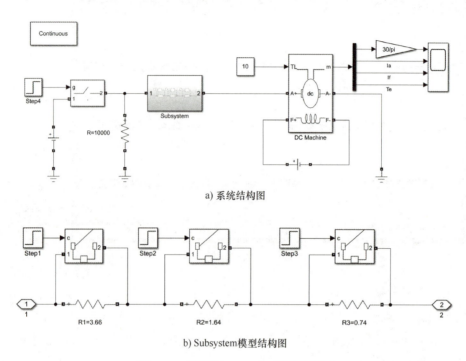

a) 系统结构图

b) Subsystem模型结构图

图 7-32　系统和 Subsystem 模型结构图

双击 "Subsystem" 子系统，则会出现 "Subsystem" 模型结构，如图 7-32b 所示，可以看到子系统模型除了刚才虚线框住的模块之外，还自动添加了一个 "In1" 和一个 "Out1" 模块，"In1" 是输入端口模块，作为子系统的输入端口，"Out1" 是输出端口模块，是子系统的输出端口。

可以看出使用子系统后图 7-32a 的系统结构更加简洁清晰，实现了功能的模块化。

7.5.2　封装子系统

子系统虽然使整个模型结构简洁，但在设置参数时需要打开每个模块分别设置，仍然比较繁琐，因此封装子系统是为子系统定制统一的参数设置对话框。

封装子系统可以按照以下的步骤：

1）选择需要封装的子系统并双击打开，将需要设置的模块参数设置为变量。

2）选择菜单 "Mask" → "Create Mask…"，打开封装对话框 Mask Editor，设置 "Icon & Ports" "Parameters & Dialog" "Initialization" 和 "Documentation" 选项卡的各种参数，对子系统的外观、输入参数、初始值和文字说明进行设置。

3）保存子系统的设置。

【例 7-11】　将例 7-10 的 Simulink 模型中串电阻环节进行封装，实现在子系统的参数对话框中输入三级电阻阻值功能。

先打开图 7-32b 中的子系统,将 R1、R2 和 R3 模块的"Resistance"参数分别设置为变量 R1、R2 和 R3。

选择图 7-32a 中的 Subsystem 模块单击鼠标右键,选择菜单"Mask"→"Create Mask...",打开封装对话框,可以看到四个选项卡"Icon & Ports""Parameters & Dialog""Initialization"和"Documentation"。

(1)Icon & Ports 选项卡　Icon & Ports 选项卡用于设定封装模块的名字和外观,如图 7-32a 所示。在 Icon drawing commands 栏中输入命令"disp('R1/R2/R3')",则模型窗口中模型结构图显示如图 7-33b 所示。

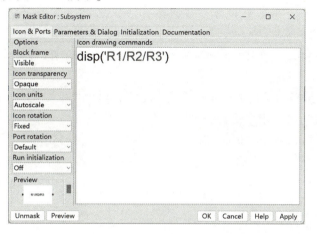

a)Icon & Ports 选项卡设置　　　　　　　　b)子系统文字显示

图 7-33　子系统的 Icon & Ports 选项卡

(2)Parameters & Dialog 选项卡　Parameters & Dialog 选项卡用于输入变量名称和相应的提示,如图 7-34a 所示,分成三栏:

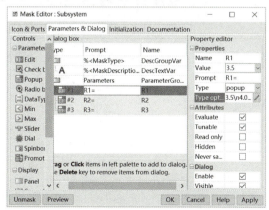

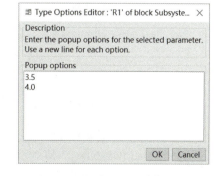

a)Parameters & Dialog 选项卡　　　　　　　　b)Type Options 对话框

图 7-34　Parameters & Dialog 选项卡设置参数

1)Controls:左边一栏是输入控件,包括 Edit 文本框、Check box 复选框、Popup 弹出式下拉列表、Radio button 单选按钮、Slider 滚动条、Dial 刻度盘等。可以直接单击左边的控件添加输入控件。

233

2) Dialog box：其中 Prompt 用于显示在输入提示中变量的含义；Name 用于输入变量的名称。

3) Property editor：用来设置输入控件的具体参数值。

在 Dialog box 中添加三个变量 R1、R2 和 R3，在左栏选择 Popup 弹出式列表，在"Prompt"中输入文字提示"R1 =" "R2 =" 和"R3 ="，在"Name"中输入变量名 R1、R2 和 R3，在右边 Property editor 框中的 Type options 中输入下拉选项的值，如图 7-34b 所示，R1 的下拉选项为"3.5\n4.0"，"\n"表示在不同选项之间换行。

（3）Initialization 选项卡　Initialization 选项卡用于初始化封装子系统，在"Initialization commands"中输入 MATLAB 命令，当装载模块、开始仿真或更新模块框图时运行初始化命令。

如图 7-35a 所示，在"Initialization"选项卡中分别给变量 R1、R2 和 R3 赋初值。

（4）Documentation 选项卡

Documentation 选项卡用于编写与该封装模块对应的 Help 和说明文字。

封装对话框中的"Unmask"按钮用于将封装撤销。

子系统封装后，可以打开 Property Inspector 窗口查看其属性参数，当双击该封装子系统时就出现如图 7-35b 所示的参数设置对话框，输入 R1、R2 和 R3 参数；当需要编辑和查看子系统结构时，鼠标右键单击子系统选择"Mask"→"Look Under Mask"进行查看。

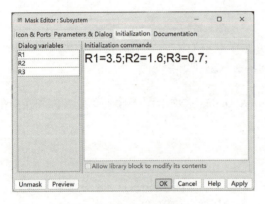
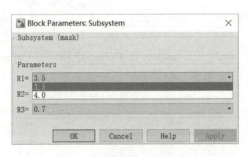

a) "Initialization"选项卡　　　　　　　　b) 参数设置对话框

图 7-35　输入参数

7.5.3　子系统模块的应用

在模块库 Ports & Subsystems 中有一些子系统模块，包括原子子系统 Atomic Subsystem、使能子系统 Enabled Subsystem、使能触发子系统 Enabled and Triggered Subsystem 和函数调用子系统 Function-Call Subsystem 等，可以直接使用这些子系统方便地创建模型。

【例 7-12】　使用使能触发子系统 Enabled and Triggered Subsystem 模块，实现正弦信号的采样。

创建模型，使用 Sources 库中的 Pulse Generator 模块、Sine Wave 模块，Ports & Subsystems 库中的 Enabled and Triggered Subsystem 模块和 Sinks 库中的 Scope 模块。

设置两个 Pulse Generator 模块的参数，其中连接触发端的模块 Period 设置为 0.5，连接使能端的脉冲 Period 设置为 1，Pulse Width 设置为 80。在示波器的三个信号线上添加文字标注 "Trigger" "Enabled" "Out"，模型框图如图 7-36a 所示。

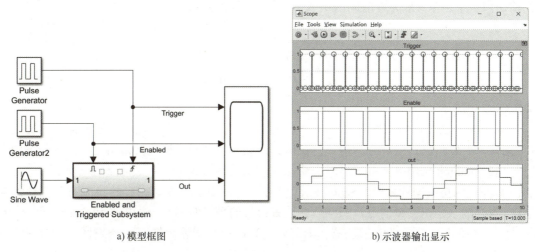

a) 模型框图　　　　　　　　　　　　b) 示波器输出显示

图 7-36　使用使能触发子系统的模型

仿真运行，示波器的输出显示如图 7-36b 所示，调整两个 Pulse Generator 模块的脉冲宽度和频率数可以调整采样的频率。

7.6　S 函数的设计与应用

S 函数（System Function）是系统函数，是用户自己创建 Simulink 模块所必需的特殊调用格式的函数文件。

7.6.1　S 函数简介

S 函数可以使用 MATLAB、C、C++或 Fortran 语言来编写，可以说几乎所有的 Simulink 模型都可以用 S 函数描述。S 函数一旦嵌入位于 Simulink 标准模块库中的 S-Function 框架模块中，就可以与 Simulink 方程解法器进行交互。

1. S 函数模块

S 函数模块在 "User-Defined Functions" 子模块库中，通过 "S-Function" 模块创建包含 S 函数的 Simulink 模型。在 "S-Function" 模块的参数设置对话框如图 7-37 所示，在 "S-Function name:" 中必须填写不带扩展名的 S 函数文件名，"S-Function parameters:" 中填写模块的参数。另外，在 "User-Defined Functions" 子模块库中还有 "S-Function Examples" 子模块库，有多个用不同语言编写的实例可以参考。

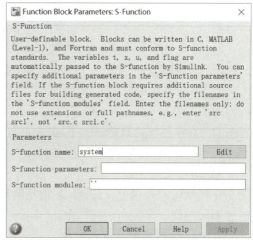

图 7-37　"S-Function" 模块的参数设置对话框

2. S 函数的工作原理

每个 Simulink 模块都是由三个基本元素组成的，即输入向量 u、状态向量 x 和输出向量 y，输出向量 y 是输入和采样时间的函数，它们的函数关系如下：

$$\begin{cases} y = f_0(t, u, x) & \text{输出} \\ \dot{x}_c = f_d(t, x, u) & \text{微分} \\ x_{d_{k+1}} = f_u(t, x, u) & \text{更新} \end{cases}$$

其中 $x = x_c + x_d$。

Simulink 在仿真时将这些方程对应为不同的仿真阶段，分别是计算模块的输出、更新模块的离散状态和计算连续状态的微分，在仿真开始和结束时，还包括初始化和结束任务两个阶段。在 Simulink 调用 S 函数的过程中要完成初始化和计算下一个采样点的工作。

1) 在进入仿真循环之前，Simulink 首先初始化 S 函数，主要完成的功能有：模块的初始化，设置输入输出端口的数目和维数，设置模块的采样时间，分配内存和 Sizes 数组。

2) 如果模型使用变步长解法器，则需要在当前仿真步就确定下一个采样点的时刻，即下一个时间步长。

7.6.2　M 文件 S 函数的模板格式

MATLAB 提供了 M 文件 S 函数的标准模板，使开发的 S 函数可靠性显著提高。

1. M 文件 S 函数的格式

每个 M 文件 S 函数都有一套固定调用变量的规则，创建 S 函数较简便的方法是按照 MATLAB 提供的参考模板来编写，S 函数 M 文件形式的标准模板程序为 "C:\Program Files\Polyspace\R2021a\toolbox\simulink\blocks\sfuntmpl.m"：

function [sys, x0, str, ts, simStateCompliance] = sfuntmpl(t, x, u, flag)

说明：

1) sfuntmpl：S 函数的名称，根据用户需要修改为自己的函数名。

2) t：当前仿真时间。

3) x：S 函数模块的状态向量，为模块内部的计算量或缓存量。

4) u：S 函数模块的输入，如果没有输入则 u 是函数的自变量。

5) flag：标识 S 函数当前所处的仿真阶段，以便执行相应的子函数。

6) ts：返回两列矩阵，包括采样时间；[0 0] 表示 S 函数在每一个时间步都运行，[−1 0] 表示 S 函数模块与和它相连的模块以相同的速率运行，[0.5 0.1] 表示从 0.1s 开始每隔 0.5s 采样一次。

7) sys：返回仿真结果，不同的 flag 返回值也不同，见表 7-5。

8) x0：返回初始状态值。

9) str：保留参数。

在模型仿真过程中，Simulink 重复调用函数，根据 Simulink 所处的仿真阶段为 flag 参量传递不同的值，并为 sys 变量指定不同的角色。

2. flag 值对应的 S 函数方法

用 MATLAB 语言编写的 S 函数 M 文件只需要根据每个 flag 值调用对应的 S 函数方法就

行了。在各个仿真阶段对应要执行的 S 函数方法以及相应的 flag 参数值，见表 7-4。

表 7-4　各个仿真阶段要执行的 S 函数方法和 flag 参数表

flag 参数值	S 函数方法	仿真阶段以及方法
0	mdlInitializeSizes	初始化，定义 S 函数模块的基本特性，包括采样时间、连续或离散状态的初始条件和 Sizes 数组
4	mdlGetTimeOfNextVarHit	计算下一个采样点的绝对时间，该方法只有在 mdlInitializeSizes 说明了一个可变的离散采样时间时可用
3	mdlOutputs	计算输出向量
2	mdlUpdate	更新离散状态向量
1	mdlDerivatives	计算微分向量
9	mdlTerminate	结束仿真

7.6.3　创建 S 函数

1. M 文件 S 函数的开发步骤

开发 M 文件 S 函数按以下步骤执行：

1）对 MATLAB 提供的标准模板程序进行适当的修改，生成用户自己的 S 函数。

2）把自己的 S 函数嵌入 Simulink 提供的 S 函数标准库模块中，生成自己的 S 函数模块。

3）对自己的 S 函数模块进行封装，这一步不是必须的。

2. 创建 S 函数

【例 7-13】　创建 Simulink 模型，输入阶跃信号分别经过"State-Space"模块和用户创建的 S 函数模块，送到示波器，比较两个模块的输出信号是否相同。

在 M 函数编辑器中输入 S 函数，编写 S 函数"my_simcontinous"创建一个连续线性系统的模型，系统的状态方程如下：

$$\begin{cases} \dot{x} = Ax + Bu \\ y = Cx + Du \end{cases}，其中 A = \begin{bmatrix} 0 & 1 \\ -1 & 1.414 \end{bmatrix}，B = \begin{bmatrix} 0 \\ 1 \end{bmatrix}，C = \begin{bmatrix} 1 & 0 \end{bmatrix}，D = 0。$$

（1）生成 S 函数　打开"C:\Program Files\Polyspace\R2021a\toolbox\simulink\blocks\sfuntmpl.m"标准模板程序文件，修改并保存生成 S 函数，程序如下：

```
function [sys,x0,str,ts] = my_simcontinous(t,x,u,flag)
%定义连续系统的 S 函数
A=[0 1;-1 -1.414];
B=[0;1];
C=[1 0];
D=0;
switch flag,
  case 0,
    [sys,x0,str,ts]=mdlInitializeSizes(A,B,C,D);        %初始化
  case 1,
    sys=mdlDerivatives(t,x,u,A,B,C,D);                  %计算连续系统状态向量
  case 2,
    sys=mdlUpdate(t,x,u);
  case 3,
```

```
    sys=mdlOutputs(t,x,u,A,B,C,D);                    %计算系统输出
  case 4,
    sys=mdlGetTimeOfNextVarHit(t,x,u);
  case 9,
    sys=mdlTerminate(t,x,u);
  otherwise
    error(['Unhandled flag = ',num2str(flag)]);
end
%===============================================================================
function [sys,x0,str,ts]=mdlInitializeSizes(A,B,C,D)
%初始化
sizes = simsizes;
sizes.NumContStates  = 2;                             %设置连续变量的个数
sizes.NumDiscStates  = 0;
sizes.NumOutputs     = 1;                             %设置输出变量的个数
sizes.NumInputs      = 1;                             %设置输入变量的个数
sizes.DirFeedthrough = 1;
sizes.NumSampleTimes = 1;
sys = simsizes(sizes);

x0  = [0;0];                                          %设置为零初始状态
str = [];
ts  = [0 0];
%===============================================================================
function sys=mdlDerivatives(t,x,u,A,B,C,D)
% 计算连续状态变量
sys = A * x+B * u;
%===============================================================================
function sys=mdlUpdate(t,x,u)
sys = [];
%===============================================================================
function sys=mdlOutputs(t,x,u,A,B,C,D)
% 计算系统输出
sys = C * x+D * u;
%===============================================================================
function sys=mdlGetTimeOfNextVarHit(t,x,u)
sampleTime = 1;    %  Example, set the next hit to be one second later.
sys = t + sampleTime;
%===============================================================================
function sys=mdlTerminate(t,x,u)
sys = [];
```

保存该 M 文件为 "my_simcontinous.m"，文件名必须与函数名相同，文件必须在 MATALB 的搜索路径或当前路径中。

（2）创建 S-Function 模块 创建空白的 Simulink 模型，将 "User-Defined Functions" 子模块库→ "S-Function" 模块添加到模型中，打开模块参数设置对话框，在 "S-Function name:" 中填写 "my_simcontinous"，就可以将编写的 S 函数添加到模型中。

然后添加 "Step" "State-Space" 和 "Scope" 模块，设置各模块的参数，将 "State-

Space" 的 A、B、C 和 D 参数设置得与 "my_simcontinous" 模块参数一样, 模型框图如图 7-38a 所示。

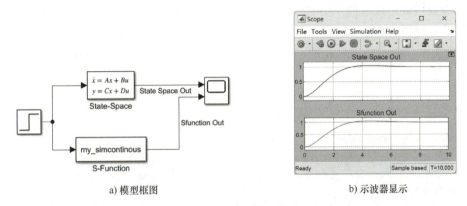

a) 模型框图　　　　　　　　　　　b) 示波器显示

图 7-38　S 函数模型仿真

启动仿真, 查看 "Scope" 模块的波形显示, 如图 7-38b 所示, 两个坐标轴的波形相同。

7.7　综合实例介绍

【例 7-14】　使用 Simulink 模型创建一个包含连续环节和离散环节的混合系统, 输入信号为连续的单位阶跃信号, 被控对象为连续环节, 系统中有一个反馈环, 反馈环引入了零阶保持器, 当系统中离散采样时间改变时, 对系统的输出响应和控制信号进行观察。

1. 创建系统

选择一个 "Step" 模块、两个 "Transfer Fcn" 模块、两个 "Sum" 模块、一个 "Gain" 模块和一个 "Scope" 模块, 离散环节在 "Discrete" 子模块库中, 选择离散传递函数 "Discrete Transfer Fcn" 和零阶保持器 "Zero-Order Hold" 模块。

2. 连接模块

输入阶跃信号为连续信号, 经过离散控制环节 Zc 模块后为离散信号 d(k), d(k) 经过连续的控制环节输出连续信号, 经过采样保持器 Zh 后反馈离散信号与 d(k) 比较。示波器显示两个窗口, 分别是离散信号 d(k) 和连续信号 y(t)。

修改信号线和模块颜色进行区分, 并在需要观察的信号线上添加观察示波器, 单击 PREPARE 工作区的 Add Viewer 按钮, 选择 Scope 示波器。连接各模块构成闭环系统, 系统的模型结构如图 7-39 所示。

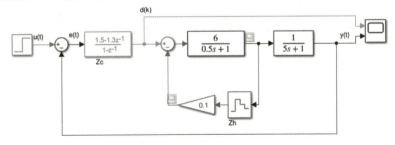

图 7-39　系统的模型结构

3. 设置模块参数

在图中设置各模块的参数，其中离散环节 Zc 和 Zh 都有采样时间需要设置，对于混合系统，仿真参数设置中仍然使用仿真算法为 "Ode45" 和步长使用变步长进行仿真。

当零阶保持器 Zh 的 "Sample time" 参数为 1，修改离散控制环节 Zc 模块的 "Sample time" 参数为 0.1 时，输出示波器、零阶保持器 Zh 的输入和输出示波器的显示，如图 7-40 所示。

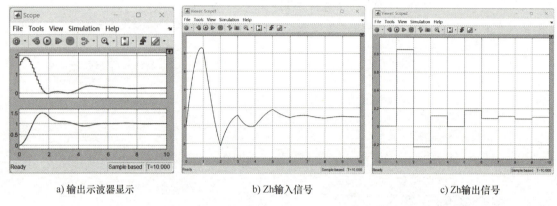

a) 输出示波器显示　　　　　　　b) Zh 输入信号　　　　　　　c) Zh 输出信号

图 7-40　Zc 的 Sample time＝0.1 时的信号波形

修改系统中 Zc 模块的 "Sample time" 参数为 1，图 7-41 为输出信号的示波器显示，与图 7-40a 对比可以看出，离散系统的输出响应不仅与系统结构有关，还与采样时间有关。

4. 添加仪表盘控件修改参数

使用仪表盘模块库 Dashboard，将滚动条与模型中的放大器 Gain 模块连接，可以通过仪表滚动方便地修改放大器的放大系数。

选择模块库 Dashboard 添加一个 Slider 模块，单击该模块后将光标放在出现的 "…" 上，选择 "Connect"，如图 7-42a 所示；选择 Gain 模块进行连接，如图 7-42b 所示；然后单击 Slider 模块上的 "Done Connecting" 完成连接；最后，修改 Slider 模块的 "Minimum" 和 "Maximum" 分别为 0 和 3。

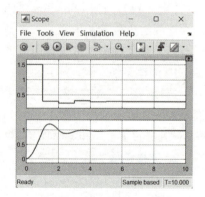

图 7-41　Zc 的 Sample time＝1 时
输出信号的示波器显示

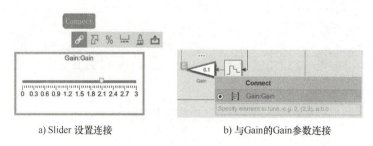

a) Slider 设置连接　　　　　　b) 与 Gain 的 Gain 参数连接

图 7-42　Slider 与 Gain 连接

仿真运行，通过 Slider 设置 Gain 的参数，当 Gain 反馈参数为 2 ，Zc 模块的 "Sample time" 参数为 0.1 时，输出波形如图 7-43 所示，系统不稳定。

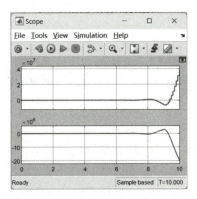

图 7-43　输出波形

习　　题

1. 选择题

（1）关于 Simulink 模型文件，下面说法不正确的是_____。

A. 模型文件包括 .mdl 文件和 .slx 文件
B. .slx 文件占用的空间比 .mdl 小

C. .mdl 文件可以转换为 .slx 文件
D. .slx 文件中的模型可以在图像编辑器中查看

（2）在一个模型窗口上按住信号线连接的一个模块并同时按 Shift 键移动，则_____。

A. 该模块被复制
B. 该模块与信号线分离

C. 该模块与信号线都被复制
D. 信号线随着模块移动

（3）关于模型的 Stop time，下面说法不正确的是_____。

A. 单位是秒
B. 模型的终止时间
C. 必须是整数
D. 默认为 10 秒

（4）关于 Powergui 模块的说法错误的是_____。

A. 每个模型都要加 Powergui 模块
B. Powergui 模块不需要与其他模块连接

C. Powergui 模块是电路模型的环境接口
D. 在所有电路模型中都要加 Powergui 模块

（5）仿真参数设置中，slover 的默认设置是_____。

A. ode45
B. ode23
C. ode15
D. ode4

2. 创建一个简单的正弦输入信号和示波器构成的模型，修改正弦信号幅值为 10 、相角为 100Hz，查看示波器的变化。

3. 创建一个仿真系统，用示波器同时显示以下两个信号：$\int u dt = \sin t$ 和 $u = 2.5\sin(t - \pi/4)$。

4. 创建一个仿真系统，输入信号为 MATLAB 工作空间的正弦信号变量，积分后送到 "exe7_4.mat" 文件。

5. 创建一个仿真系统，输入阶跃信号经过单位反馈系统将信号送到示波器，系统开环传递函数为 $G(s) = \dfrac{1}{(s+1)(s^2+5s+5)}$，修改仿真参数 solver 为 ode23、Stop time 为 20 和 Max step size 为 0.5。

6. 使用命令运行题 2 的 Simulink 模型。

7. 创建一个具有延迟环节 $e^{-\tau s}$ 的单位反馈系统，开环传递函数为 $G(s) = \dfrac{1}{20s+1} e^{-\tau s}$，当输入阶跃信号时，查看延迟环节的时间参数 τ 对系统输出响应的影响。

第8章

线性控制系统的分析

对于控制界来说，MATLAB 的推出具有划时代的意义，它强大的矩阵运算、图形可视化功能和 Simulink 仿真工具，使其成为控制界最流行和最广泛使用的系统分析和设计工具之一。MATLAB R2021a 采用了 Control System Toolbox，其中包含了大量的函数，为控制系统的分析和设计提供了有力的工具之一。

本章主要介绍线性控制系统模型的创建，使用时域、频域和根轨迹法对系统的稳定性、稳态误差和暂态性能等进行分析。

8.1　控制系统的数学模型

对控制系统进行运算和仿真之前必须先建立控制系统的数学模型。

8.1.1　创建系统的模型并相互转换

控制系统的数学模型有很多种形式，各有其特点和适用场合，下面主要介绍线性定常（LTI）系统的三种数学模型，分别是传递函数模型（tf）、零极点增益模型（zpk）和状态方程模型（ss），这三种模型可以相互转换。

1. 传递函数模型

连续系统和离散系统的传递函数分别表示为

$$G(s)=\frac{b_1s^m+b_2s^{m-1}+\cdots+b_ms+b_{m+1}}{s^n+a_1s^{n-1}s+\cdots+a_{n-1}s+a_n} \qquad G(z)=\frac{b_1z^m+b_2z^{m-1}+\cdots+b_mz+b_{m+1}}{z^n+a_1z^{n-1}+\cdots+a_{n-1}z+a_n}$$

MATLAB 使用 tf 函数来创建传递函数模型，命令格式如下：

sys = tf(num, den, Ts)　　　　　　　　　　　　　%由分子分母得出传递函数

sys = tf(num, den, Ts, ' Property1 ', v1, ' Porperty2 ', v2, ⋯)　%创建传递函数并设置属性

说明：

1）num 和 den 分别是分子和分母系数，对于单输入单输出系统（SISO）则都是行向量，对于多输入多输出系统（MIMO）则是矩阵。

2）Ts 是采样周期，为标量，当系统是连续系统时 Ts 省略，否则是离散系统，当Ts = -1时则采样周期为不确定。

3）' Property1 '是传递函数的属性，v1 是属性值，可省略。

4）sys 是系统模型，是 TF object 类型。

在数字信号处理（DSP）中，离散系统的脉冲传递函数习惯写成 z^{-1} 的有理式，使用 filt

函数按照 DSP 格式创建离散传递函数，命令格式如下：

sys＝filt（num，den，Ts）　　　　　　　　　　　　　　%由分子分母得出传递函数

说明：Ts 是采样周期，可省略，省略时取默认值和 Ts＝−1 时一样。

[例 8-1]　创建连续二阶系统和离散系统的传递函数，已知传递函数模型分别为

$G(s)=\dfrac{5}{s^2+2s+2}$、$G(s)=\dfrac{5}{s^2+2s+2}e^{-2s}$ 和 $G(z)=\dfrac{0.5z}{z^2-1.5z+0.5}$。

```
>>num1=5;
>>den1=[1 2 2];
>> sys1=tf(num1,den1)                    %创建传递函数
Transfer function:
     5
---------------
s^2+2s+2
>>sys1t=tf(num1,den1,'inputdelay',2)     %创建带延迟环节的传递函数
Transfer function:
                         5
exp(-2*s)*          ---------------
                     s^2+2s+2
>>num2=[0.5 0];
>>den2=[1 -1.5 0.5];
>>sys2=tf(num2,den2,-1)                  %创建脉冲传递函数
Transfer function:
    0.5z
--------------------
z^2-1.5z+0.5
Sampling time: unspecified
>>sys2d=filt(num2,den2)                  %按 DSP 格式创建
Transfer function:
     0.5
-----------------------------
1-1.5z^-1+0.5z^-2
  Sampling time: unspecified
```

程序分析：

可以看到在工作空间中，sys1、sys1t、sys2 和 sys2d 都是类型为 tf 的传递函数对象。

2. 零极点增益模型

连续系统和离散系统的零极点增益模型分别为

$$G(s)=K\dfrac{(s-z_1)(s-z_2)\cdots(s-z_m)}{(s-p_1)(s-p_2)\cdots(s-p_n)}\qquad G(z)=K\dfrac{(z-z_1)(z-z_2)\cdots(z-z_m)}{(z-p_1)(z-p_2)\cdots(z-p_n)}$$

MATLAB 使用 zpk 函数来创建，命令格式如下：

G＝zpk（z，p，k，Ts）　　　　　　　　　%由零点、极点和增益创建模型

G＝zpk（z，p，k，'Property1',v1,'Porperty2',v2,⋯）　　　%创建模型并设置属性

说明：z 为零点列向量；p 为极点列向量；k 为增益；Ts 是采样周期，省略时为连续系统。

3. 状态方程模型

连续系统和离散系统的状态方程模型分别为

243

$$\begin{cases} \dot{x} = Ax + Bu \\ y = Cx + Du \end{cases} \qquad \begin{cases} x(k+1) = Ax(k) + Bu(k) \\ y(k+1) = Cx(k) + Du(k) \end{cases}$$

其中 A、B、C 和 D 都是矩阵，MATLAB 使用 ss 函数来创建实数或复数的状态方程模型，命令格式如下：

G = ss(a,b,c,d,Ts)   **%由 a、b、c、d 参数创建模型**

G = ss(a,b,c,d,Ts,'Property1',v1,'Porperty2',v2,⋯) **%创建模型并设置属性**

说明：对于含有 N 个状态，Y 个输出和 U 个输入的模型，a 是 N×N 的矩阵，b 是 N×U 的矩阵，c 是 Y×N 的矩阵，d 是 Y×U 的矩阵；Ts 是采样周期，省略时为连续系统。

MATLAB 还提供了 dss 函数来创建状态方程模型，其模型表达式为

$$\begin{cases} E\dot{x} = Ax + Bu \\ y = Cx + Du \end{cases}$$

其中 E 必须是非奇异阵，命令格式如下：

G = dss(a,b,c,d,e,Ts)   **%由 a、b、c、d、e 参数获得状态方程模型**

【例 8-2】 创建连续的二阶系统 $\ddot{y} + 2\dot{y} + 2y = 5u$ 的状态方程模型。

令 $\begin{cases} x_1 = y \\ x_2 = \dot{y} \end{cases}$，则 $\begin{cases} \dot{x}_1 = \dot{y} \\ \dot{x}_2 = -2y - 2\dot{y} + 5u \end{cases}$

因此 $\begin{bmatrix} \dot{x}_1 \\ \dot{x}_2 \end{bmatrix} = \begin{bmatrix} 0 & 1 \\ -2 & -2 \end{bmatrix} \begin{bmatrix} x_1 \\ x_2 \end{bmatrix} + \begin{bmatrix} 0 \\ 5 \end{bmatrix} u$，$y = \begin{bmatrix} 1 & 0 \end{bmatrix} x$，对应于 $\begin{cases} \dot{x} = Ax + Bu \\ y = Cx + Du \end{cases}$ 编写的程序如下：

```
>>a=[0 1;-2 -2];
>>b=[0;5];
>>c=[1 0];
>>d=0;
>>syss=ss(a,b,c,d)                    %创建状态方程模型
a =

              x1    x2
       x1      0     1
       x2     -2    -2

b =

              u1
       x1      0
       x2      5

c =

              x1    x2
       y1      1     0

d =

              u1
       y1      0

Continuous-time model.
```

程序分析：

可以看到在工作空间中，syss 是类型为 ss 的模型对象。

4. 模型的转换

传递函数、零极点增益和状态方程三种模型可以方便地相互转换，MATLAB R2021a 提供了 ss2tf、tf2ss、ss2zp、tf2zp、zp2ss 和 zp2tf 函数实现模型的转换。另外，tf、zpk 和 ss 函数也可以直接实现模型的转换。三种模型的转换关系如图 8-1 所示。

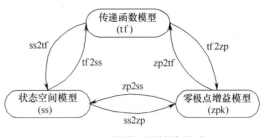

图 8-1　三种模型的转换关系

【例 8-3】　创建连续系统的零极点增益模型，并转换为传递函数和状态空间模型，零极点增益模型为 $G(s)=\dfrac{2(s+0.5)}{(s+0.1+j)(s+0.1-j)}$。

```
>>z=-0.5;
>>p=[-0.1+j-0.1-j];
>>k=2;
>>G=zpk(z,p,k)               %创建 zpk 模型
Zero/pole/gain:
    2(s+0.5)
-----------------
(s^2+0.2s+1.01)
>>[num,den]=zp2tf(z,p,k);
>>G11=tf(num,den)            %转换为传递函数模型
Transfer function:
    2s+1
-----------------
s^2+0.2s+1.01
>>G12=tf(G)                  %生成传递函数模型
Transfer function:
    2s+1
-----------------
s^2+0.2s+1.01
>>G2=ss(G)                  %生成状态空间模型
a=
          x1        x2
    x1   -0.1        1
    x2   -1       -0.1
b=
           u1
    x1      0
    x2    2.076
c=
          x1        x2
    y1   0.3854    0.9636
d=
           u1
    y1      0
```

程序分析：

使用 tf、ss 和 zpk 函数时，函数的输入和输出参数都直接是模型；使用 zp2tf、zp2ss 等

转换函数时，函数的输入和输出参数都是模型的结构参数，是 double 型变量。使用"whos"命令可以查看各模型的类型和占用字节，模型的类型为"tf"。

```
>>whos                      %查看变量类型
Continuous-time model.
    Name        Size         Bytes        Class          Attributes
    G           1×1          2001         zpk
    G11         1×1          1867         tf
    G12         1×1          1867         tf
    G2          1×1          1741         ss
    den         1×3          24           double
    k           1×1          8            double
    num         1×3          24           double
    p           1×2          32           double         complex
    z           1×1          8            double
```

5. 连续系统与离散系统模型的转换

MATLAB 控制工具箱提供了 c2d、d2c 和 d2d 函数实现连续系统和离散系统的相互转换。转换函数的命令格式和功能见表 8-1。

表 8-1　转换函数的命令格式和功能

函 数 命 令	功 能 说 明
sysd＝c2d（sysc，Ts，method）	将连续系统转换为离散系统，method 为转换方法，包括：zoh（默认零阶保持器）、foh（一阶保持器）、tustin（双线性变换）、prewarp（频率预修正双线性变换）和 matched（零极点匹配）
sysc＝d2c（sysd，method）	将离散系统转换为连续系统，method 为转换方法，比 c2d 少了 foh 方法
sysd2＝d2d（sysd1，Ts2）	将离散系统转换为离散系统，先把 sysd1 按零阶保持器转换为连续系统，然后再用 Ts2 和零阶保持器将其转换为 sysd2

【例 8-4】　将连续系统转换为离散系统，然后再转换为另一采样频率的离散系统，连续系统的传递函数为 $G=\dfrac{1}{s^2+4s+5}e^{-0.3s}$。

```
>>num1=1;
>>den1=[1 4 5];
>>sys1=tf(num1,den1,'inputdelay',0.3)      %创建传递函数
Transfer function:
                 1
exp(-0.3*s)*----------------
            s^2+4s+5
>>sysd1=c2d(sys1,0.1,'foh')                %采样周期为0.1一阶保持方式的离散系统
Transfer function:
      0.001509 z^2+0.005464 z+0.001235
z^(-3)*----------------------------------
          z^2-1.629 z+0.6703
Sampling time: 0.1
>>sysd2=d2d(sysd1,0.5)                      %采样周期为0.5零阶保持方式的离散系统
```

```
Transfer function:
0.02256 z^2+0.06932 z+0.006046
------------------------------------------
    z^3-0.6457 z^2+0.1353z
Sampling time:0.5
```

程序分析：

当采样周期为 0.5s 时，0.3s 的延迟环节就不能表示出来了。

8.1.2　系统的模型参数

对于系统模型，MATLAB R2021a 提供了很多函数可以检测模型的特性，获得不同模型的参数，并可以使用 get 和 set 函数获取和设置模型的属性，这样就可以灵活方便地操作模型。

1. 检测模型的特性

MATLAB 提供了多个模型特性检测函数，常用的函数命令格式和功能见表 8-2。

表 8-2　常用的函数命令格式和功能

函 数 命 令	功 能 说 明
class（sys）	显示 LTI 模型的类型，可以是' tf '、' ss '、' zpk '和' frd '
hasdelay（sys）	LTI 模型是否有时间延迟，是则返回 1，否则返回 0
isct（sys）	LTI 模型是否为连续，是则返回 1，否则返回 0
isdt（sys）	LTI 模型是否为离散，是则返回 1，否则返回 0
isempty（sys）	LTI 模型是否为空，是则返回 1，否则返回 0
isproper（sys）	LTI 模型是否适当、是否正则，是则返回 1，否则返回 0
issiso（sys）	LTI 模型是否为单输入单输出（SISO），是则返回 1，否则返回 0

2. 获取模型的参数

（1）获取模型参数的函数　由 tf、ss 和 zpk 函数产生的数据类型分别是模型类型 tf、ss 和 zpk。如果要获取参数，可以使用取结构体字段的方法，格式为"结构体 . 字段"。

另外，MATLAB 还提供了 tfdata、zpkdata 和 ssdata、dssdata 函数分别用来获取传递函数模型、零极点增益模型和状态方程模型的参数。tfdata 函数可以获取系统模型的分子、分母和采样周期；zpkdata 函数可以获取系统模型的零点 z、极点 p 和增益 k；ssdata 和 dssdata 函数可以分别获取系统模型的状态空间参数。

【例 8-5】　创建系统模型并获取模型参数。

```
>>G=tf(1,[1 2 3])
  Transfer function:
      1
  ---------------
   s^2+2s+3
>>n1=G.num            %n1 为 cell 类型
n1 =
    [1x3  double]
```

247

```
>>num=n1{1}
num =
      0      0      1
>>[n,d,T]=tfdata(G)                    %使用 tfdata 函数取模型参数
n =
      [1x3  double]
d =
      [1x3  double]
T =
      0
>>num=n{1}
num =
      0      0      1
```

（2）获取模型尺寸的函数　ndims 函数可以获取 LTI 系统模型的维数，命令格式如下：

n=ndims(sys)　　　　　　　　　　　%获取模型的维数

size 函数可以获取 LTI 模型的输入/输出数、各维的长度、传递函数模型、零极点增益模型和状态方程模型的阶数和 frd 模型的频率数，其命令格式如下：

d=size(sys,n)　　　　　　　　　　　%获取模型的参数

d=size(sys,'order')　　　　　　　　　%获取模型的阶数

说明：n 可省略，当 n 省略时，d 为模型输入输出数［Y，U］；当 n=1 时，d 为模型输出数；当 n=2 时，d 为模型输入数；当 n=2+k 时，d 为 LTI 阵列的第 k 维阵列的长度。

3. 使用 get 和 set 函数

模型对象的属性可以在创建时使用 tf、zpk 和 ss 函数设置，也可以使用 set 函数设置，使用 get 函数来获取。

（1）set 函数　set 函数的命令格式如下：

set(sys,'property1',value1,'property2',value2,…)　　　%设置系统属性

说明：'property1'为属性名，value1 为属性值，'property1'和 value1 必须是成对的属性名和属性值，可以省略，都省略时则显示模型的所有属性名。

（2）get 函数　get 函数的命令格式如下：

value=get(sys,'property')　　　　　　　　　　　　　　%获取当前系统的属性

说明：当'property'省略时，value 是包含所有属性名和属性值的结构体。

8.1.3　系统模型的连接和简化

控制系统的 LTI 模型通过串联环节、并联环节和反馈环节连接构成了复杂的系统结构，MATLAB R2021a 提供了多种计算模型连接的函数。

1. 串联环节

以串联方式连接的模型结构图如图 8-2 所示，可以使用 series 函数计算串联环节，命令格式如下：

G=series(G1,G2,outputs1,inputs1)　　　　　　　　　%计算串联模型

说明：G_1 和 G_2 为串联的模块，必须都是连续系统或采样周期相同的离散系统；outputs1 和 inputs1 分别是串联模块 G_1 的输出和 G_2 的输入，当 G_1 的输出端口数和 G_2 的输入

端口数相同时可省略，当省略时 G_1 与 G_2 端口正好对应连接。

串联环节的运算也可以直接使用 $G=G_1*G_2$。

2. 并联环节

以并联方式连接的模型结构图如图 8-3 所示，可以使用 parallel 函数计算并联环节，命令格式如下：

G＝parallel(G1,G2,in1,in2,out1,out2)　　　　**%计算并联模型**

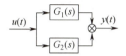

图 8-2　以串联方式连接的模型结构图　　　　图 8-3　以并联方式连接的模型结构图

说明：G_1 和 G_2 模块必须都是连续系统或采样周期相同的离散系统；in1 和 in2 分别是并联模块 G_1 和 G_2 的输入端口，out1 和 out2 分别是并联模块 G_1 和 G_2 的输出端口，都可省略，当省略时 G_1 与 G_2 端口数相同正好对应连接。

并联环节的运算也可以直接使用 $G=G_1+G_2$。

3. 反馈环节

以反馈方式连接的模型结构图如图 8-4 所示，可以使用 feedback 函数计算并联模型，命令格式如下：

G＝feedback(G1,G2,feedin,feedout,sign)　　　　**%计算反馈模型**

说明：G_1 和 G_2 模型必须都是连续系统或采样周期相同的离散系统；sign 表示反馈符号，当 sign 省略或 $=-1$ 时为负反馈；feedin 和 feedout 分别是 G_2 的输入端口和 G_1 的输出端口，可省略，当省略时 G_1 与 G_2 端口正好对应连接。

[例 8-6]　　根据图 8-5 所示的模型结构框图，化简并计算模型的传递函数，各传递函数为

$G_1=\dfrac{1}{R_1}$，$G_2=\dfrac{1}{C_1 s}$，$G_3=\dfrac{1}{R_2 C_2 s+1}$，$G_4=C_2 s$，$G_5=R_2 C_2 s+1$，其中 $R_1=1$，$R_2=2$，$C_1=3$，$C_2=4$。

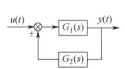

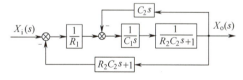

图 8-4　以反馈方式连接的模型结构图　　　　图 8-5　模型结构框图

249

```
>>r1=1;r2=2;c1=3;c2=4;
>>G1=r1;
>>G2=tf(1,[c1 0]);
>>G3=tf(1,[c2*r2 1]);
>>G4=tf([c2 0],1);
>>G5=tf([r2*c1 1],1);        %计算串联环节
>>G23=series(G2,G3)
Transfer function:
    1
---------------
```

```
24 s^2+3s
>>G234=feedback(G23,G4)              %计算反馈环节
Transfer function:
     1
----------------
24 s^2+7s
>>G1234=series(G1,G234);             %计算串联环节
>>G=feedback(G1234,G5)               %计算反馈环节
Transfer function:
     1
------------------
24 s^2+15s+1
```

　　如果在进行串联、并联和反馈连接的模块时，不是都用同一种描述方式，而是有的用传递函数，有的用状态空间或零极点增益描述，进行合并后总系统的模型描述方式按照状态空间描述法→零极点增益描述法→传递函数描述法的顺序来确定。

4. 复杂模型的连接

　　当遇到复杂的模型结构中有相互连接交叉的环节时，获取系统的状态空间模型可以通过五个步骤来实现：

　　1）对框图中的每个环节进行编号并建立它们的对象模型，环节是指一条单独的通路。

　　2）建立无连接的状态空间模型，使用 append 函数实现，append 的命令格式如下：

G = append (G1 , G2 , G3 , …)

　　3）写出系统的联接矩阵 Q。Q 的第一列是各环节的编号，其后各列是与该环节连接的输入通路编号，如果是负连接则加负号。

　　4）列出系统总的输入端和输出端的编号，使用 inputs 列出输入端编号，outputs 列出输出端的编号。

　　5）使用 connect 函数生成组合后系统的状态空间模型，connect 函数的命令格式如下：

Sys = connect (G , Q , inputs , outputs)

　　【例 8-7】　根据图 8-6 所示的模型结构框图计算模型的总传递函数，其中 $R_1 = 1$，$R_2 = 2$，$C_1 = 3$，$C_2 = 4$。

　　1）对系统框图中的每个环节进行编号，如图 8-6 所示，有 8 条通路即 8 个环节，写出每个环节的传递函数模型：

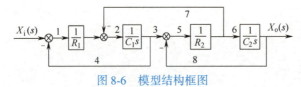

图 8-6　模型结构框图

```
>>r1=1;r2=2;c1=3;c2=4;
>>G1=r1;
>>G2=tf(1,[c1 0]);
>>G3=1;
```

```
>>G4=-1;
>>G5=1/r2;
>>G6=tf(1,[c2 0]);
>>G7=-1;
>>G8=-1;
```

程序分析：

3 号通路是分离点与汇合点之间的连线，该通路不能合并，传递函数是 1。

2）建立无连接的状态空间模型：

```
>>G=append(G1,G2,G3,G4,G5,G6,G7,G8)
Transfer function from input 1 to output...
 #1:  1
 #2:  0
 #3:  0
 #4:  0
 #5:  0
 #6:  0
 #7:  0
 #8:  0
......
```

程序分析：

将每个模块用 append 函数放在一个系统矩阵中，可以看到 G 模块存放了 8 个模块的传递函数，为了节省篇幅只列出了一个环节。

3）写出系统的联接矩阵 Q：

```
>>Q=[1 4 0          %通路1的输入是通路4
2 1 7              %通路2的输入是通路1和通路7
3 2 0
4 2 0
5 3 8
6 5 0
7 5 0
8 6 0];
```

程序分析：

Q 矩阵的第一列从 1 到 8 表示通路号；后两列是每条通路的输入通路号，共三列是因为每条通路最多只有两个输入，没有的补 0；4 号、7 号和 8 号通道的负连接由于负号写在传递函数 G_4、G_7 和 G_8 中，因此连接不需要用负号。

4）列出系统总的输入端和输出端的编号：

```
>>inputs=1;
>>outputs=6;
```

程序分析：

总输入是 1 号通路，输出是 6 号通路。

5）使用 connect 函数生成组合后系统的状态空间模型：

```
>>Sys=connect(G,Q,inputs,outputs)
Transfer function:
```

251

```
      0.04167
--------------------------------
s^2+0.625s+0.04167
```

程序分析：

该模型与例 8-6 的模型是相同的，例 8-6 中的模型是经过了模块的合并得出的。

8.1.4　将 Simulink 模型结构图转化为系统模型

在 Simulink 环境中可以方便地通过鼠标的拖动建立模型，通过函数命令将 Simulink 模型转化为数学模型是获得系统模型的捷径，MATLAB 提供了 linmod 和 linmod2 函数命令将 Simulink 模型转换为数学模型。

【例 8-8】　根据图 8-7 的模型结构框图在 Simulink 环境中创建系统模型，使用函数命令转化为传递函数。

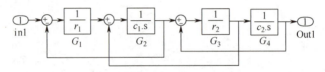

图 8-7　Simulink 模型结构图

必须注意在 Simulink 模型中，输入和输出模块必须使用 "In1" 和 "Out1"。

G_1、G_2、G_3 和 G_4 模块的参数使用变量 r_1、r_2、c_1 和 c_2。Simulink 模型结构图如图 8-7 所示，将 Simulink 模型保存为文件 "ex8_8.mdl"。

在命令窗口中使用转换函数命令 linmod 将模型转换为数学模型，命令如下：

```
>> r1=1;r2=2;c1=3;c2=4;
>>[num,den]=linmod('ex8_8');          %将 mdl 模型转换为传递函数模型
>> sys=tf(num,den)
Transfer function:
      0.04167
--------------------------------
s^2 + 0.625 s + 0.04167
```

程序分析：

该模型的传递函数与例 8-7 的完全相同，可以看出使用 Simulink 获得系统数学模型的方法简单方便。

8.2　时域分析的 MATLAB 实现

时域分析是控制系统中最基本的问题，时域分析是分析在典型输入信号作用下，系统在时间域的暂态和稳态响应。

8.2.1　线性系统的时域分析

根据自动控制原理，系统的输出响应由零输入响应和零状态响应组成。零状态响应是当

系统的初始状态为零时，系统的输出由输入信号产生的响应；零输入响应是当输入为零时由系统储能产生的响应。时域分析需要绘制各种典型输入信号时系统的输出响应曲线。

1. 阶跃响应

系统的阶跃响应由阶跃输入信号产生，可以使用 step 函数命令绘制，命令格式如下：

step（G，T）　　　　　　　%绘制系统 G 的阶跃响应曲线

[y，t，x]=step（G，T）　%得出系统 G 的阶跃响应数据

说明：G 为系统模型，可以是传递函数、状态方程和零极点增益形式，也可以同时绘制多个系统，多个系统模型直接用逗号隔开；T 表示时间范围，可以是向量，也可以是一个标量表示从 0~T，也可省略，省略时为自动时间范围；y 为时间响应；t 为时间向量；x 为状态变量响应，t 和 x 可省略。

2. 脉冲响应

系统的脉冲响应使用 impulse 函数命令绘制，命令格式与 step 函数相同。

【例 8-9】　使用 step 和 impulse 函数绘制系统的阶跃响应和脉冲响应，已知系统的传递函数为 $\varphi(s)=\dfrac{1}{0.5s^2+s+1}$，阶跃响应和脉冲响应如图 8-8 所示。

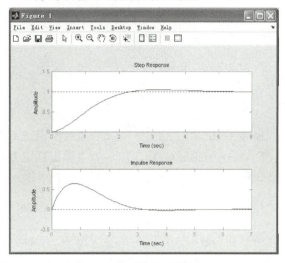

图 8-8　阶跃响应和脉冲响应

```
>>num=1;
>>den=[0.5 1 1];
>>G=tf(num,den)
Transfer function:
      1
---------------
0.5s^2+s+1
>>subplot(211);
>>step(G)                    %绘制阶跃响应
>>subplot(212);
>>impulse(G)                 %绘制脉冲响应
```

如果要获得阶跃响应的数据，则可以使用：

```
>>[y,t,x]=step(G,5);
```

程序分析：

得出 x 是空矩阵，t 和 y 是阶跃响应的横坐标和纵坐标，可以使用 plot 命令绘制。

3. 斜坡响应和加速度响应

系统的斜坡响应和加速度响应在 MATLAB 中没有专门的函数，因此斜坡响应和加速度响应可以由阶跃响应来获得：

斜坡响应＝阶跃响应 ∗ 1/s

加速度响应＝阶跃响应 ＊ 1/s^2

【例 8-10】 使用 step 函数绘制斜坡响应和加速度响应，系统的传递函数为 $\varphi(s) = \dfrac{1}{0.5s^2+s+1}$，绘制的斜坡响应和加速度响应如图 8-9 所示。

```
>>G1=tf(1,[0.5 1 1 0])
>>subplot(211);step(G1)          %绘制斜坡响应
>>title('斜坡响应')
>>G2=tf(1,[0.5 1 1 0 0])
>>subplot(212);step(G2)          %绘制加速度响应
>>title('加速度响应')
```

4. 任意输入响应

连续系统对任意输入的响应用 lsim 函数来实现，命令格式如下：

lsim(G,U,T)   %绘制系统 G 的任意响应曲线

[y,t,x]=lsim(G,U,T) %得出系统 G 的任意响应数据

说明：U 为输入序列，每一列对应一个输入；参数 T、t 和 x 都可以省略。

【例 8-11】 使用 lsim 函数绘制正弦响应曲线，系统的传递函数为 $G(s) = \dfrac{1}{2s+1}$，绘制的正弦响应如图8-10所示。

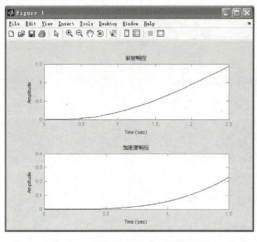

图 8-9　斜坡响应和加速度响应

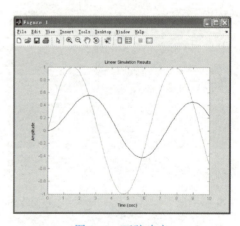

图 8-10　正弦响应

```
>>t=0:0.1:10;
>>u=sin(t);
>>G=tf(1,[2 1])
Transfer function:
   1
--------
 2s+1
>>lsim(G,u,t)                    %正弦响应
```

5. 零输入响应

零输入响应是指系统的输入信号为零时，由系统的初始状态产生的响应，MATLAB 提供了 initial 函数来实现，其命令格式如下：

initial (G , x0 , T) %绘制系统 G 的零输入响应曲线

[y , t , x] = initial (G , x0 , T) %得出系统 G 的零输入响应的数据

说明：G 必须是状态空间模型；x0 是初始条件，x0 与状态的个数相同。

【例 8-12】 使用 initial 函数绘制零输入响应曲线，系统的初始状态为 [1 2]，系统的传递函数为 $G(s) = \dfrac{10}{s^2+5s+1}$，绘制的零输入响应如图 8-11 所示。

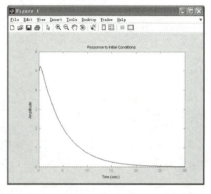

```
>>G=tf(10,[1 5 1]);
>>SS=ss(G);
>>x0=[1 2];
>>initial(SS,x0)
```

图 8-11 零输入响应

程序分析：

可以看到零输入响应随着时间 t 的增大，逐渐趋向 0。

6. 离散系统响应

对于离散系统的输出响应，MATLAB 提供了与连续系统相应的函数命令，函数名前加 "d" 表示离散的意思，离散系统的函数表见表 8-3。

表 8-3 离散系统的函数表

函 数 命 令	功 能 说 明
dstep（a，b，c，d）或 dstep（num，den）	离散系统的阶跃响应
dimpulse（a，b，c，d）或 dimpulse（num，den）	离散系统的脉冲响应
dlsim（a，b，c，d，U）或 dlsim（num，den，U）	离散系统的任意输入响应
dinitial（a，b，c，d，x0）或 dlsim（num，den，x0）	离散系统的零输入响应

8.2.2 线性系统的结构参数与时域性能指标

1. 线性系统的结构参数

线性系统的结构参数决定了系统的时域响应。

（1）pole 和 zero pole 和 zero 函数分别计算系统模型的极点和零点，命令格式如下：

p = pole (G) %获得系统 G 的极点

z = zero (G) %得出系统 G 的零点

[z , gain] = zero (G) %获得系统 G 的零点和增益

说明：G 是系统模型只能是 SISO 系统，可以是传递函数、状态方程、零极点增益形式；pole 获得的极点当有重根时只计算一次根。

（2）pzmap pzmap 可以计算系统模型的零极点，并绘制零极点分布图，图中 "×" 表示极点，"o" 表示零点，命令格式如下：

pzmap (G) %绘制系统的零极点分布图

255

[p,z] = pzmap(G)　　　%获得系统的零极点值

【例 8-13】　获得系统的零极点值，并绘制其零极点图，系统的传递函数为 $G(s) = \dfrac{10(s+5)}{s^4+5s^3+6s^2+11s+6}$，显示的零极点分布图如图 8-12 所示。

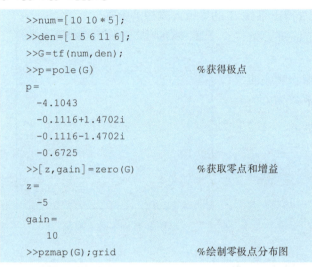

```
>>num=[10 10*5];
>>den=[1 5 6 11 6];
>>G=tf(num,den);
>>p=pole(G)              %获得极点
p =
   -4.1043
   -0.1116+1.4702i
   -0.1116-1.4702i
   -0.6725
>>[z,gain]=zero(G)       %获取零点和增益
z =
   -5
gain =
    10
>>pzmap(G);grid          %绘制零极点分布图
```

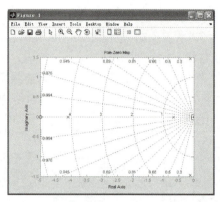

图 8-12　零极点分布图

程序分析：

可以看到系统有四个极点和一个零点；使用 grid 命令可以在零极点图中添加网格，网格是以原点为中心以阻尼系数 ζ 为刻度绘制的。

（3）damp　damp 函数可以计算系统模型的阻尼系数 ζ、固有频率 ω_n 和极点 p，其命令格式如下：

[wn,zeta,p] = damp(G)　　%获得 G 的阻尼系数、固有频率和极点

说明：p 是极点，与 pole 获得的极点相同但顺序可能不同，p 可以省略。

反过来，MATLAB 也提供了 ord2 函数可以根据阻尼系数 ζ 和固有频率 ω_n，生成连续的二阶系统，其命令格式如下：

[num,den] = ord2(wn,z]　　%根据 wn 和 z 生成传递函数

[A,B,C,D] = ord2(wn,z)　　%根据 wn 和 z 生成状态空间模型

说明：z 和 ω_n 都必须是标量。

（4）sgrid　sgrid 命令可以产生阻尼系数和固有频率的 s 平面网格，用于在零极点图或根轨迹图中，其命令格式如下：

sgrid(z,wn)　　%绘制 s 平面网格并指定 z 和 wn

说明：绘制的网格阻尼系数范围是 0~1，步长为 0.1，固有频率为 0~10rad/s，步长为 1rad/s；参数 z 和 ω_n 可以省略。

【例 8-14】　获得系统的阻尼系数和固有频率，并绘制其 s 平面网格，系统的传递函数为 $G(s) = \dfrac{1}{s^2+1.414s+1}$，s 平面的零极点分布图如图 8-13 所示。

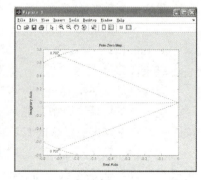

图 8-13　s 平面的零极点分布图

```
>>num=[1];
>>den=[1 1.414 1];
>>G=tf(num,den);
>>[wn,z,p]=damp(G)              %获取阻尼系数和固有频率
wn =
     1
     1
z =
    0.7070
    0.7070
p =
   -0.7070+0.7072i
   -0.7070-0.7072i
>>pzmap(G);sgrid(z,wn)
```

可以使用 ord2 函数获得连续二阶系统的分母多项式：

```
>>[num,den]=ord2(wn(1),z(1))
num =
     1
den =
    1.0000    1.4140    1.0000
```

程序分析：

num 分子都为 1，den 根据 z 和 wn 得出；图中的两个极点都显示了其阻尼系数。

2. 时域分析的性能指标

在自动控制原理中，时域分析常用的系统性能指标有超调量 σ_p、上升时间 t_r、峰值时间 t_p 和过渡时间 t_s，通过性能指标来分析系统暂态性能的稳定性。

二阶系统闭环传递函数为 $\Phi(s) = \dfrac{\omega_n^2}{s^2 + 2\zeta\omega_n s + \omega_n^2}$，则欠阻尼时的性能指标如下：

超调量为 $\sigma_p = e^{-\frac{\zeta\pi}{\sqrt{1-\zeta^2}}} \times 100\%$；

上升时间为 $t_r = \dfrac{\pi - \arccos\zeta}{\omega_n\sqrt{1-\zeta^2}}$；

峰值时间为 $t_p = \dfrac{\pi}{\sqrt{1-\zeta^2}}$；

过渡时间为 $t_s = \dfrac{3}{\zeta\omega_n}$ $\quad \Delta = 0.05$

$t_s = \dfrac{4}{\zeta\omega_n}$ $\quad \Delta = 0.02$

【例 8-15】 根据二阶系统的传递函数获得阻尼系数和固有频率，并计算其各项性能指标，系统传递函数为 $G(s) = \dfrac{16}{s^2 + 3s + 16}$。

```
>>G=tf(16,[1 3 16]);
>>[w,z]=damp(G);               %获取阻尼系数和固有频率
```

257

```
>>wn=w(1)
wn =
    4
>>zeta=z(1)
zeta =
    0.3750
>>S=stepinfo(G)
S =
        RiseTime: 0.3569
    SettlingTime: 2.6570
     SettlingMin: 0.9213
     SettlingMax: 1.2803
       Overshoot: 28.0255
      Undershoot: 0
            Peak: 1.2803
        PeakTime: 0.8596
>>detap=S.Overshoot                    %计算超调量
detap =
  28.0255
>>tr=>>tr=S.RiseTime                   %计算上升时间
tr =
    0.3569
```

程序分析：

由 damp 获取的阻尼系数和固有频率都是向量；使用 stepinfo 函数可以得出系统时域的性能指标，S 是结构体变量因此要使用 . 来取值。

系统的时域性能指标的获得还可以通过图形工具 LTI Viewer 实现，在后面的 8.7.1 小节中介绍。

8.3 频域分析的 MATLAB 实现

在自动控制原理中，频域特性是当正弦信号输入时，线性系统的稳态输出分量与输入信号的复数比，包括幅频特性和相频特性。频域分析需要绘制 Bode 图、Nyquist 曲线和 Nichols 图。

8.3.1 线性系统的频域分析

1. 线性系统的幅频特性和相频特性

线性系统的频域响应可以写成 $G(\mathrm{j}\omega) = |G(\mathrm{j}\omega)|\mathrm{e}^{\mathrm{j}\varphi(\omega)} = A(\omega)\mathrm{e}^{\mathrm{j}\varphi(\omega)}$，$A(\omega)$ 为幅频特性，$\varphi(\omega)$ 为相频特性。MATLAB 提供了 freqresp 函数可以计算频率特性，其命令格式如下：

Gw=freqresp(G,w)　　　　　　　　%计算 w 处系统 G 的频率特性

说明：当 w 是标量时 Gw 是由实部和虚部组成的频率特性值；当 w 是向量时，Gw 是三维数组，最后一维是频率。

【例 8-16】 根据系统的传递函数计算幅频特性和相频特性曲线，已知系统传递函数为 $G(s) = \dfrac{10}{5s+1}$。

```
>>G=tf(10,[5 1]);
>>w=1;
>>Gw=freqresp(G,w)
Gw =
   0.3846-1.9231i
>>Aw=abs(Gw)              %计算幅频特性
Aw =
   1.9612
>>Fw=angle(Gw)           %计算相频特性
Fw =
    -1.3734
```

2. nyquist 曲线

nyquist 曲线是幅相频率特性曲线，MATLAB 使用 nyquist 命令绘制 ω 从 $-\infty \sim \infty$ 的 nyquist 曲线，其命令格式如下：

nyquist(G,w) 　　　　　　　　　　%绘制系统 **G** 的 **nyquist** 曲线

nyquist(G1,' plotstyle1 ',G2,' plotstyle2 ',…w) 　%绘制多个系统 **nyquist** 曲线

[Re,Im,w]=nyquist(G) 　　　　　%得出实部、虚部和频率

[Re,Im]=nyquist(G,w) 　　　　　%得出 **w** 处的实部和虚部

说明：G 为系统的模型，可以是连续的或离散的 SISO 或 MIMO 系统；G1、G2 是多个系统；' plotstyle1 '是曲线绘制的线型；w 是频率，可以是某个频率点也可以是频率范围，w 可以省略；Re 为实部，Im 为虚部。

【例 8-17】　根据传递函数绘制三个系统的 nyquist 曲线，已知三个系统的传递函数分别为

$G_1(s)=\dfrac{10}{s(s+1)(5s+1)}$、$G_2(s)=\dfrac{10}{s(5s+1)}$ 和 $G_3(s)=\dfrac{10}{5s+1}$，显示的三个系统的 nyquist 曲线如图 8-14 所示。

```
>>G1=tf(10,conv([1 1],[5 1 0]));
>>G2=tf(10,[5 1 0]);
>>G3=tf(10,[5 1]);
%绘制三个系统的 nyquist 曲线
>>nyquist(G1,'r',G2,'b',G3,'k')
```

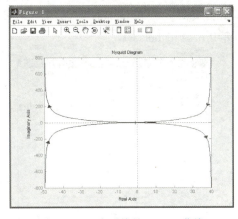

图 8-14　三个系统的 nyquist 曲线

259

程序分析：

系统自动使用不同颜色绘制三个系统的 nyquist 曲线，含有积分环节的从无穷远处开始，G1 曲线包围 (-1,j0) 点，因此是不稳定系统。

3. bode 图

MATLAB 提供 bode 命令可以轻松绘制对数幅相频率特性曲线 bode 图，其命令格式如下：

bode(G,w) 　　　　　　　　　　%绘制系统 **G** 的 **bode** 图

bode(G1,' plotstyle1 ',G2,' plotstyle2 ',…G) 　%绘制多个系统 **bode** 图

[mag,pha]=bode(G,w) 　　　　%得出 **w** 处的幅值和相位角

$$[\mathbf{mag},\mathbf{pha},\mathbf{w}]=\mathbf{bode}(\mathbf{G}) \qquad\qquad \%得出幅值、相位角和频率$$

说明：mag 为幅值，pha 为相位角。

MATLAB 还提供了 bodemag 命令可以只绘制对数幅频特性曲线，其命令格式与 bode 相同。

【例 8-18】 根据传递函数绘制系统的 bode 图和对数幅频特性曲线，已知系统的传递函数为

$$G(s)=\frac{10}{s(s+1)(5s+1)},$$ 绘制系统的 bode 图和对数幅频特性曲线如图 8-15 所示。

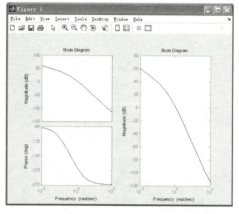

```
>>G=tf(10,conv([1 1],[5 1 0]));
>>subplot(1,2,1);
>>bode(G)                  %绘制系统的 bode 图
>>subplot(1,2,2);
>>bodemag(G)               %绘制对数幅频特性曲线
```

程序分析：

bode 图绘制的是精确曲线而不是渐近线。

图 8-15　系统的 bode 图和对数幅频特性曲线

4. nichols 图

nichols 图是将对数幅频和对数相频特性绘制在一个图中，MATLAB 提供了 nichols 命令来绘制，并提供了 ngrid 命令在 nichols 图中添加等 M 线和等 α 线的网格。nichols 命令的格式与 bode 相同。

【例 8-18 续】 绘制例 8-18 中系统的 nichols 图并添加等 M 线和等 α 线的网格，绘制的等 M 线和等 α 线和 nichols 图如图 8-16 所示，图 8-16a 为空白的等 M 线和等 α 线的网格，图 8-16b 为 nichols 图。

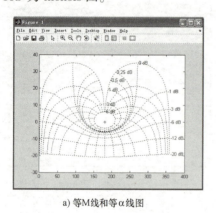

a) 等M线和等α线图 　　　　　　　　b) 系统的nichols图

图 8-16　等 M 线和等 α 线和 nichols 图

```
>>figure(2)
>>ngrid('new')              %空白的等 M 线和等 α 线
>>figure(3)
>>nichols(G)
```

程序分析：

在图中用鼠标单击图形中的某点，就可以看到其相关的幅频和相频数据。

8.3.2　频域分析性能指标

频域分析的性能指标主要有开环频率特性的相角域度 γ、穿越频率 ω_c 和幅值域度 h，闭环频率特性的谐振峰值 M_r 和带宽频率 ω_b。

1. 开环频率特性的相角域度和幅值域度

MATLAB 提供了得出幅值裕度和相角裕度的命令 margin，其命令格式如下：

margin(G)　　　　　　　　　　　　%绘制 **bode** 图并标出幅值裕度和相角裕度

[Gm,Pm,Wcg,Wcp] = margin(G)　　　%得出幅值裕度和相角裕度和相应的频率

说明：Gm 为幅值裕度 $=20\lg h$，是以 db 为单位，Wcg 为幅值裕度对应的频率即 ω_g；Pm 为相角裕度 $\gamma=180°-\phi(\omega_c)$，是以角度为单位的，Wcp 为相角裕度对应的频率即穿越频率。如果 Wcg 或 Wcp 为 nan 或 Inf，则对应的 Gm 或 Pm 为无穷大。

margin 可以用于连续和离散系统，当有多个穿越频率 ω_c 或 ω_g，Wcp 和 Wcg 取最小的。

【例 8-19】 绘制开环系统的 bode 图并显示性能指标，已知系统的传递函数为 $G(s)=\dfrac{10}{s(s+1)(5s+1)}$，系统的 bode 图如图 8-17 所示。

```
>>G=tf(10,conv([1 1],[5 1 0]));
>>margin(G)                    %绘制 bode 图
Warning: The closed-loop system is unstable.
>>[Gm,Pm,Wcg,Wcp]=margin(G)
Gm =
     0.1200
Pm =
   -38.7743
Wcg =
     0.4472
Wcp =
     1.1395
```

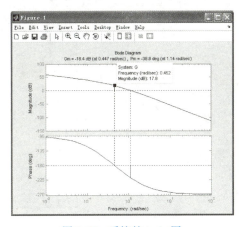

图 8-17　系统的 bode 图

程序分析：

margin 命令的提示信息说明该系统为不稳定系统，Pm 是负数也说明系统不稳定；在图 8-18 中可以使用鼠标单击曲线上任意点查看当前的频率和性能指标。

2. 计算闭环频率特性的性能指标

闭环频率特性的性能指标有谐振峰值 M_r、谐振频率 ω_r 和带宽频率 ω_b，谐振峰值是幅频特性最大值与零频幅值之比，即 $M_r=M_m/M_0$；带宽频率是闭环频率特性的幅值 M_m 降到零频幅值 M_0 的 0.707（或由零频幅值下降了 3dB）时的频率。

MATLAB 没有提供专门计算闭环频率特性性能指标的函数，可以直接计算，也可以使用 LTI Viewer 来得出。

8.4　根轨迹分析的 MATLAB 实现

控制系统的根轨迹是指系统增益 k 变化时闭环极点随着变化的轨迹，根轨迹可以用来分析系统的暂态和稳态性能。

261

8.4.1　线性系统的根轨迹分析

系统的闭环特征方程可以写成 $1+kG(s)=0$，闭环特征根反映了系统的稳定性。

1. 绘制根轨迹

MATLAB R2021a 提供了绘制根轨迹的 rlocus 函数，命令格式如下：

rlocus(G)　　　　　　　　%绘制根轨迹

[r,k]=rlocus(G)　　　　%得出系统 G 的闭环极点 r 和增益 k

r=rlocus(G,k)　　　　　　%根据 k 得出系统 G 的闭环极点

说明：G 是 SISO 系统，只能是传递函数模型，可以同时绘制多个系统，不同的系统模型用逗号隔开。

sgrid 命令也可以在根轨迹中绘制系统的主导极点的等 ζ 线和等 ω_n 线。

【例 8-20】　分别绘制不同系统的根轨迹，如图 8-18 所示。已知系统开环传递函数为 $G_1(s)=\dfrac{k}{s(s+4)(s+2-4j)(s+2+4j)}$，$G_2$ 的传递函数是将 G_1 的分子增加零点-5。

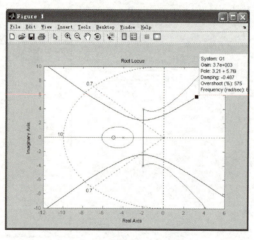

图 8-18　两个系统的根轨迹图

```
>>num=1;
>>den=[conv([1,4],conv([1-2+4i],[1-2-4i])),0];
>>G1=tf(num,den)
Transfer function:
    1
-----------------------
s^4+4s^2+80s
>>G2=tf([1 5],den);
>>rlocus(G1,G2)              %绘制根轨迹
>>sgrid(0.7,10)             %绘制ζ=0.7 和ωn=10 线
```

程序分析：

图中蓝色和绿色分别绘制系统 G1 和 G2 的根轨迹，G2 增加了零点，有一个闭合的根轨迹；在图中用鼠标单击根轨迹上的任意点，可以看到对应的增益和闭环根。

2. 得出给定根的根轨迹增益

rlocfind 函数可以获得根轨迹上给定根的增益和闭环根，其命令格式如下：

[k,p] = rlocfind(G)　　　　　　　　%得出根轨迹上某点的闭环极点和 k

[k,p] = rlocfind(G,p)　　　　　　　%根据 p 得出系统 G 的 k

说明：G 是开环系统模型，可以是传递函数、零极点形式和状态空间模型，可以是连续或离散系统；函数运行后在根轨迹图形窗口中显示十字光标，当用户选择根轨迹上某点单击鼠标时，获得相应的增益 k 和闭环极点 p。

【**例 8-20 续**】　在图 8-18 的根轨迹中获取给定根的增益和闭环极点，在窗口中单击后显示如图 8-19 所示的根轨迹图，在程序中增加如下命令：

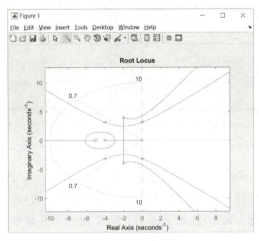

图 8-19　根轨迹图

```
>> keyboard
%中断程序用放大镜放大
>> [k,p] = rlocfind(G1)
k =
  260.4533
p =
  -4.0020 + 3.1636i
  -4.0020 - 3.1636i
   0.0020 + 3.1636i
   0.0020 - 3.1636i
```

程序分析：

在 G1 根轨迹上单击鼠标获得 4 个闭环根，在图中显示为红色"×"。

8.4.2　根轨迹设计工具

MATLAB 控制工具箱还提供了根轨迹设计器，根轨迹设计器是一个分析系统根轨迹的图形界面，使用 rltool 命令打开该界面，命令格式如下：

rltool(G)　　　　　　　%打开系统 G 的根轨迹设计器

说明：G 是系统开环模型，可以省略，省略时打开空白的根轨迹设计器。

例如，在根轨迹设计器中打开例 8-20 的 G1 系统，使用命令如下：

>>rltool(G1)

则出现了如图 8-20a 所示的 Control and Estimation Tools Manager 窗口，以及如图 8-20b 所示的 SISO Design 窗口，显示系统 G1 的根轨迹图。

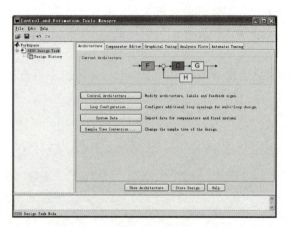
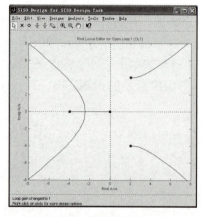

a) Control and Estimation Tools Manager窗口   b) SISO Design窗口

图 8-20　Control and Estimation Tools Manager 和 SISO Design 窗口

在图 8-20b 的根轨迹设计器中，可以用鼠标拖动各零极点，查看零极点位置改变时根轨迹的变化，在坐标轴下面显示鼠标所在位置的零极点值；也可以使用工具栏中的按钮来添加零极点，✕添加实数极点，⬡添加实数零点，⬚添加一对共轭极点，⬚添加一对共轭零点，✎删除零极点。

8.5　稳定性分析的 MATLAB 实现

稳定是系统运行的首要条件，在分析系统性能之前首先要判断系统的稳定性。

8.5.1　根据闭环特征方程判定系统稳定性

对于线性定常系统，稳定的充分必要条件是系统特征方程的根即闭环极点，都在 s 平面的左半平面。

可以通过 roots 函数计算闭环传递函数分母的根，也可以使用 pzmap 显示系统的闭环零极点分布图或获取系统的闭环零极点，查看是否在 s 平面的左半平面，从而判断系统的稳定性。

【例 8-21】 使用 roots 和 pzmap 函数计算系统的特征根并判断系统稳定性，已知系统的闭环传递函数为 $G(s) = \dfrac{1}{s^5 + 12s^4 + 4s^3 + 8s^2 + 5s + 1}$，绘制的零极点图如图 8-21 所示。

```
>>num=1;
>>den=[1 12 4 8 5 1];
>>p=roots(den)            %计算特征根
p=
```

```
  -11.6260
    0.1360+0.8289i
    0.1360-0.8289i
  -0.3230+0.1325i
  -0.3230-0.1325i
>>if real(p)<0
    disp'The system is steady.'
else
    disp'The system is not steady.'
end
>>pzmap(num,den)
```

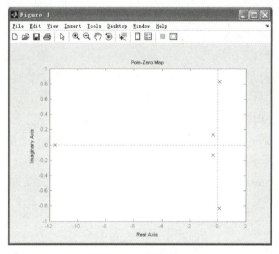

图 8-21　零极点图

运行结果：

```
The system is not steady.
```

程序分析：

从以上分析可以直接看出特征方程有两个根位于 s 的右半平面，因此系统不稳定。

8.5.2　用频率特性法判定系统稳定性

根据系统的开环传递函数，用频率特性法可以使用 nyquist 曲线和 bode 图来判定系统的稳定性。

1. 使用 bode 图判定系统稳定性

在 bode 图上判定系统稳定性可以针对开环 SISO 的连续或离散系统进行，稳定判据是在 bode 图上查看在 $Lg(\omega)>0$ 的范围内相频特性没有穿越$-180°$线，即 $\gamma>0$ 时系统稳定。使用 margin 函数来获取频域特性指标，判定系统的稳定性。

【例 8-22】　在 bode 图上判定系统的稳定性，bode 图如图 8-22 所示。已知系统的开环传递函数为 $G(s)=\dfrac{20s+1}{s(s^2+16s+100)}$。

```
>>num=[20 1];
>>den=[1 16 100 0];
>>G=tf(num,den);
>>margin(G)                    %绘制 bode 图
>>[Gm,Pm,Wcg,Wcp]=margin(G)
Gm=
    Inf
Pm=
    101.4434
Wcg=
    Inf
Wcp=
    0.0102
```

程序分析：

在图 8-22 中可以看到在 Lg(ω) >0 的范围内相频特性没有穿越 −180°线，γ = 101.4434，因此系统稳定，而且稳定性较好。

2. 使用 nyquist 曲线判定系统稳定性

使用 nyquist 函数绘制 nyquist 曲线，稳定判据是开环的 nyquist 曲线在复平面上逆时针包围（−1，j0）点的圈数等于开环传递函数极点在 s 平面的右半平面的极点数，则系统稳定。

【例 8-23】 使用 nyquist 曲线判定系统的稳定性，nyquist 曲线如图 8-23 所示。已知系统的开环传递函数为 $G(s) = \dfrac{10}{(s+1)(s+2)(s-2)}$。

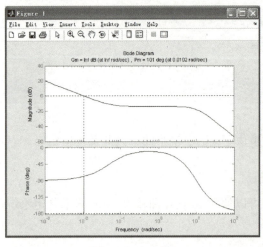

图 8-22　bode 图

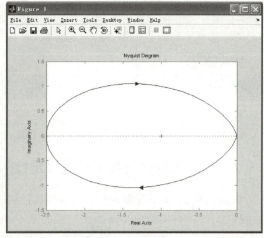

图 8-23　nyquist 曲线

```
>>num=[10];
>>den=conv(conv([1 1],[1 2]),[1 -2]);
>>G=tf(num,den);
>>nyquist(G)                %绘制 nyquist 曲线
```

程序分析：

在图 8-23 中开环 s 平面的右半平面的极点有一个，nyquist 曲线顺时针包围了 $(-1,j0)$ 一周，因此系统不稳定，图中红色的 "+" 是 $(-1,j0)$ 点。

8.5.3　用根轨迹法判定系统稳定性

根轨迹是开环系统中某个参数从 $0 \sim \infty$ 变化时，闭环根的移动轨迹，根轨迹在 s 平面的左半平面时系统稳定。判定稳定的方法是先用 rlocus 函数绘制系统的闭环根轨迹，然后使用 rlocfind 函数找出临界稳定点时的对应参数值。

【例 8-24】　使用根轨迹分析系统稳定时 k 的范围，根轨迹如图 8-24 所示。已知系统的开环传递函数为 $G(s) = \dfrac{k}{s(0.5s+1)(s+1)}$。

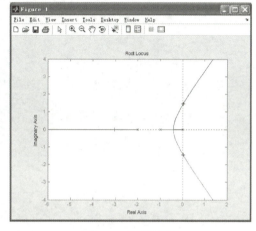

```
>>num=[1];
>>den=[conv([0.5 1],[1 1]),0];
>>G=tf(num,den);
>>rlocus(G)              %绘制根轨迹
>>[k,poles]=rlocfind(G)  %得出临界稳定点
k=
    2.9742
poles=
  -2.9953
  -0.0024+1.4092i
  -0.0024-1.4092i
```

图 8-24　根轨迹图

程序分析：

在图 8-24 中的根轨迹曲线上，用鼠标可以得出临界稳定时 $k = 2.9742$，所以在 $0<k<2.9742$ 范围内系统稳定。使用 rlocfind 函数时鼠标往往不能准确单击到临界点，可以使用图 8-24 窗口工具栏的🔍按钮（Zoom In）进行放大后，再运行 rlocfind 函数用鼠标单击；还可以使用 rlocfind 函数来得出分离点的 k 值：

```
>>[k,poles]=rlocfind(G)      %得出分离点的 k
k=
    0.1925
poles=
  -2.1547
  -0.4226+0.0000i
  -0.4226-0.0000i
```

因此，可以得出在 $0<k<0.1925$ 范围内，系统单调衰减；当 $0.1925<k<2.9742$ 范围时系统衰减振荡；当 $k>2.9742$ 时系统振荡发散，不稳定。

8.6　稳态误差分析的 MATLAB 实现

稳态误差是系统稳定误差的终值，稳态误差可表示为 $e_{ss} = \lim_{t \to \infty} e(t)$，在自动控制原理中使用位置误差系数 k_p、速度误差系数 k_v 和加速度误差系数 k_a 来计算稳态误差，$k_p = \lim_{s \to 0} G(s) =$

$$\lim_{s \to 0} \frac{k}{s^v}, k_v = \lim_{s \to 0} sG(s), k_a = \lim_{s \to 0} s^2 G(s)。$$

MATLAB 没有提供专门的计算函数，可以使用求极限的 limit 函数来计算稳态误差。

【例 8-25】 计算系统的位置误差系数 k_p、速度误差系数 k_v 和加速度误差系数 k_a。已知系统的开环传递函数为 $G(s) = \dfrac{10}{s(0.5s+1)(s+1)}$。

```
>>syms s G
>>G=10/(s * (0.5 * s+1) * (s+1))
>>kp=limit(G,s,0,'right')                    %计算位置误差系数
kp =
Inf
>>kv=limit(s * G,s,0,'right')                 %计算速度误差系数
kv =
10
>>ka=limit(s^2 * G,s,0,'right')              %计算加速度误差系数
ka =
0
```

程序分析：

在 limit 函数中必须使用' right '，否则当左右极限不同时 kp 计算的就是 NAN，可以看出 kp 为∞，kv 为 10，ka 为 0。

8.7　线性定常系统分析与设计的图形工具

MATLAB R2021a 还提供了分析、设计线性定常系统的图形工具，可以对系统进行综合地分析或设计。

8.7.1　线性定常系统仿真图形工具 LTI Viewer

LTI Viewer 是线性定常系统仿真的图形工具，可以方便地获得系统的各种时域响应和频率特性等曲线，并可以得到系统的性能指标。

直接在 MATLAB 的命令窗口中输入 "ltiview"，可以打开 LTI Viewer 图形工具，出现如图 8-25 所示的空白界面。ltiview 的命令格式如下：

ltiview	%打开空白的 **LTI Viewer**
ltiview(G)	%打开 **LTI Viewer** 显示系统 **G**
ltiview(G1,G2,⋯)	%在 **LTI Viewer** 显示多个系统

选择菜单 "File" → "Import..."，则出现如图 8-26a 所示的 "Import system data" 窗口，可以通过工作空间或 MAT 文件来输入系统模型；选择菜单 "Edit" → "View Preferences..."，打开如图 8-26b 所示的 "LTI Viewer Preferences" 窗口，可以设置界面的各属性。

在 "Edit" 菜单中选择 "Plot Configurations..."，则打开 "Plot Configurations" 窗口，如图 8-27a 所示，在该窗口中可以设置显示的图形名称和个数；在 "Edit" 菜单中选择 "Line Styles..."，则打开了如图 8-27b 所示的 "Line Styles" 窗口，在图中可以设置线型、颜色和

标记点类型；在 Edit 菜单中选择"LTI Viewer Preferences"，出现如图 8-27c 所示的"LTI Viewer Preferences"窗口，设置窗口的各种属性。

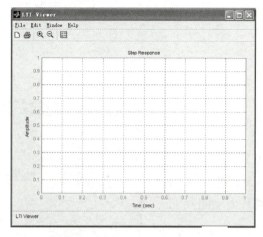

图 8-25 空白的 LTI Viewer 图形工具

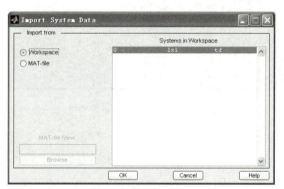

a) Import System Data 窗口

b) LTI Viewer Preferences 窗口

图 8-26 Import System Data 和 LTI Viewer Preferences 窗口

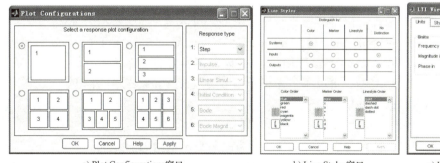

a) Plot Configurations 窗口　　　b) Line Styles 窗口　　　c) LTI Viewer Preferences 窗口

图 8-27 Plot Configurations、Line Styles 和 LTI Viewer Preferences 窗口

【例 8-26】 使用 LTI Viewer 图形工具分析系统, 已知系统的传递函数为 $G(s) = \dfrac{100}{s^2 + 10s + 100}$。

```
>>num=[100];
>>den=[1 10 100];
>>G=tf(num,den);
>>ltiview(G)
```

运行程序则打开 LTI Viewer 图形工具窗口, 并出现系统 G 的阶跃响应, 选择菜单"Edit" → "Plot Configurations…", 选择两个图形窗口分别是 "Step" 和 "Pole/Zero", 在 "Step Response" 图形中使用鼠标右键, 在出现的快捷菜单中选择 "Characteristics" 的所有下拉菜单项, 则时域性能指标都在曲线中标注出来了, 如图 8-28 所示。

在 "Step Response" 曲线中, 超调量为 16.3%, 过渡时间为 0.808, 上升时间为 0.164; 在下面的 "Pole-Zero Map" 图形中, 单击极点得出阻尼系数为 0.5, 极点为 -5+8.66i。

使用 LTI Viewer 图形工具, 可以快速、准确地获取系统的性能指标, 并可以观察系统的各种曲线。

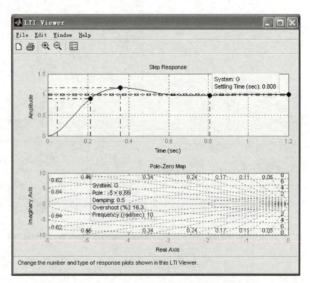

图 8-28   系统 G 的 LTI Viewer 图形工具窗口

8.7.2   SISO 设计工具 sisotool

MATLAB 提供了对 SISO 系统的图形设计工具 sisotool, 使用 sisotool 命令就可以打开 SISO 设计工具窗口, 其命令格式如下:

sisotool(views,G,C,H,F)   %打开 SISO 设计工具

说明:

1) views 是指定 SISO 设计工具窗口的初始显示图形, 可以是一个或多个图形, ' rlocus ' 是根轨迹图, ' bode '是开环系统的 bode 图, ' nichols '是 nichols 图, ' filter '是 F 的 bode 图和从 F 输入到 G 输出的闭环响应, views 参数可以省略, 省略时指所有图形都显示。

2) G 是前向通道的系统模型, 可以是传递函数、零极点形式和状态空间模型。

3) C 是前向通道中串联的补偿器模型。

4) H 是反馈通道的模型。

5) F 是预滤器的模型; 这些参数都可以省略, 省略时显示空白界面。

在命令窗口中输入 "sisotool" 命令可以打开 SISO 设计工具窗口, 如图 8-29 中显示了两个图形窗口, 图 8-29a 是 "Control and Estimation Tools Manager" 窗口, 图 8-29b 是 "SISO Design for SISO Design Task" 窗口。

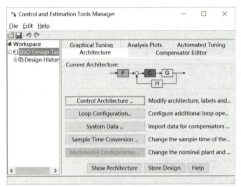

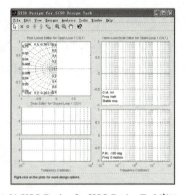

a) Control and Estimation Tools Manager窗口   b) SISO Design for SISO Design Task窗口

图 8-29 Control and Estimation Tools Manager 和 SISO Design for SISO Design Task 窗口

1. "Control and Estimation Tools Manager" 窗口

使用 "Control and Estimation Tools Manager" 窗口可以设计系统模型，实现的功能如下：

1）构成不同的系统结构。

2）在系统中修改补偿器 C 参数观察波形变化。

3）画出系统的各种分析波形图。

4）在系统前向通道中增加串联补偿器 C。

图 8-29a 中有五个面板：

1）"Architecture" 修改系统的结构，有六种结构可以选择。

2）"Compensator Editor" 增加和修改补偿器 C 的增益和零极点。

3）"Graphical Tuning" 使用不同的图形进行参数调整。

4）"Analysis Plots" 同时有多个图形曲线进行分析。

5）"Automated Tuning" 中选择不同的算法设计补偿器 C，包括 Optimization based tuning、PID Tuning 等多种方法。

2. "SISO Design for SISO Design Task" 窗口

"SISO Design for SISO Design Task" 窗口可以显示系统的各种分析曲线，使用工具栏中的 ✕、⚪、➗、➗、✎ 按钮来增加或减少零极点；选择 "Analysis" 菜单的下拉菜单可以显示各种波形曲线。

【例 8-26 续】 使用 SISO 设计工具窗口分析系统。

```
>> sisotool(G)
```

则在 "SISO Design for SISO Design Task" 窗口中显示了根轨迹和 bode 图，用鼠标单击曲线上的点，在另一图形中都显示其对应的点，如图 8-30 所示。

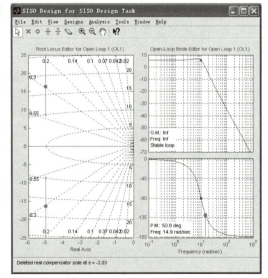

图 8-30 "SISO Design for SISO Design Task" 窗口

8.7.3　PID Tuner

【例 8-27】　使用 PID 控制器控制三阶系统，查看其输出响应和各性能指标。

将模块添加到模型窗口，并使用信号线连接起来，创建的系统结构如图 8-31 所示。

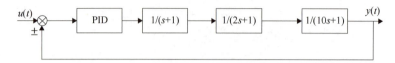

图 8-31　系统结构图

使用 PID Tuner 设计 PID 调节器。PID Tuner 是 MATLAB 的 APPS 中的一个，单击"APPS"面板的 PID 按钮，打开 PID Tuner 窗口。

在 MATLAB 命令窗口中创建三阶系统的传递函数 G：

```
>> G=tf(1,[1 1])*tf(1,[2 1])*tf(1,[10,1])
G =
            1
    ----------------------------------
    20 s^3 + 32 s^2 + 13 s + 1
```

在图 8-32a 所示的 PID Tuner 窗口中选择"plant："下拉菜单中的"Import"将工作空间中的变量 G 装载进来，也可以在命令窗口输入：

```
>> pidTuner(G)
```

在"Step Plot：Reference tracking"中，出现系统经过 PID 控制的阶跃响应曲线，可以看出输出响应的动态和稳态性能都较好。

单击上面窗口工具栏的"Tuning tools"按钮的下拉箭头，选择"Show Parameters"按钮，则系统的各项参数如图 8-32b 所示。可以看到 Kp = 2.1924，Ki = 0.25794，Kd = 4.6585，系统的各项性能指标分别列在圈中；在"Tuning tools"按钮的下拉箭头中，可以分别拖动滚动条来调整快速性能和振荡性能。

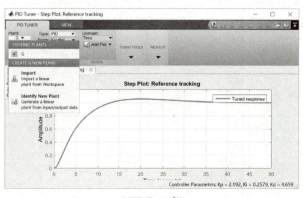

a) PID Tuner窗口

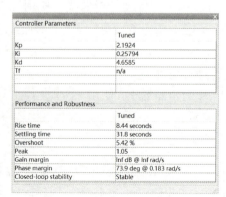

b) 参数显示

图 8-32　PID Tuner

还可以单击窗口工具栏的"Results"按钮，将系统模型和 PID 模块结构传递到工作空间中，例如，将 PID 模块传递到 C 变量，系统模型传递到 G 变量，则在命令窗口中输入：

```
>> C
C =

  Kp + Ki * 1 + Kd * s
            s

  with Kp = 2.19, Ki = 0.258, Kd = 4.66
Continuous-time PID controller in parallel form.
```

可以看出 C 控制器的结构和参数。

<h1 align="center">习　题</h1>

1. 选择题

（1）线性定常时不变（LTI）系统的三种数学模型可以互相转换，下面说法不正确的是_____。

A. ss2tf 是将状态空间模型转换为传递函数模型

B. ss2zpk 是将状态空间模型转换为零极点模型

C. zp2tf 是将零极点模型转换为传递函数模型

（2）运行下面的命令，则 G 的类型是_____。

>>G=tf（1，［1 1］）

A. double   B. string   C. tf   D. sym

（3）在 MATLAB 中没有专门的斜坡响应函数，因此斜坡响应_____。

A. 斜坡响应＝阶跃响应×s^2 B. 斜坡响应＝脉冲响应×s^2

C. 斜坡响应＝阶跃响应×s^{-1} D. 斜坡响应＝脉冲响应×s

（4）已知系统的传递函数 G，使用_____函数不能获取系统的极点信息。

A. pzmap   B. damp   C. pole   D. roots

（5）使用以下命令创建开环传递函数 $G(s)=\dfrac{10}{s(s+1)}$：

>>syms s G

>>G=10／（s＊（s+1）　）

则计算其位置误差系数 k_p 的语句为_____

A. kp=limit（G，s，0）   B. kp=limit（G＊s，s，0）

C. kp=limit（G，s，0，'left'）   D. kp=limit（G，s，0，'right'）

2. 已知传递函数 $\dfrac{s^2+2s+3}{s^4+2s^3+5s^2+10s+1}$，分别转换为零极点表达式和状态空间模型，并采用部分分式表达式表示。

3. 已知传递函数 $\dfrac{s+5}{s^3+6s^2+5s+1}$，获取其模型类型，判断是否为 SISO，并使用双线性变换法转换为脉冲传递函数。

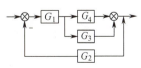

4. 根据系统框图得出系统总传递函数，模型结构图如图 8-33 所示，其中

$G_1(s)=\dfrac{1}{s^2+2s+5}$，$G_2(s)=\dfrac{1}{s+1}$，$G_3(s)=\dfrac{1}{s+5}$，$G_4(s)=\dfrac{1}{s^2+s+1}$。

图 8-33　模型结构图

5. 使用 Simulink 创建第 4 题的系统模型，并使用命令获得其传递函数。

6. 已知系统的传递函数为 $G(s)=\dfrac{1}{s^2+2s+5}$，计算系统的阻尼系数。当系统的阻尼系数为 0.1、0.3、0.5

时绘制系统的阶跃响应。

7. 已知系统的传递函数为 $G(s) = \dfrac{1}{s^2+2s+5}$，计算其时域性能指标超调量 σ_p、峰值时间 t_p、过渡时间 t_s。

8. 已知开环传递函数 $\dfrac{10}{1+0.1s}$、$\dfrac{10}{s(1+0.1s)}$、$\dfrac{10}{(1+0.5s)(1+0.1s)}$，在同一图中画出 bode 图。

9. 已知系统开环传递函数为 $\dfrac{7}{s\,(1+0.087s)}$，计算系统的频域特性指标，并判断系统的稳定性。

10. 已知系统的开环传递函数为 $\dfrac{10}{(1+0.5s)(1+0.1s)}$，绘制系统 ω 在 $0\sim2\pi$ 范围的 nichols 曲线，并绘制其等 M 线和等 α 线图。

11. 已知单位反馈系统的开环传递函数为 $\dfrac{10}{s(1+0.1s)}$，计算谐振峰值 M_r、谐振频率 ω_r 和带宽频率 ω_b。

12. 已知传递函数为 $\dfrac{k}{s(1+0.05s)(1+0.1s)}$，画出根轨迹图并计算 $k=10$ 时的闭环极点和临界稳定时的 k 值。

13. 已知传递函数为 $\dfrac{25}{s(1+0.2s)(1+10s)}$，计算系统的误差系数 k_p、k_v 和 k_a。

14. 使用根轨迹设计器观察并分析 $\dfrac{100}{s(1+0.02s)(1+0.5s)}$ 系统。

15. 使用 LTI Viewer 观察线性定常系统 $\dfrac{100}{s^2+20s+100}$ 的时域性能指标。

第 2 篇

MATLAB实训

第1章 MATLAB R2021a 概述实训

1.1 实验1 熟悉 MATLAB R2021a 的开发环境

👉 **知识要点:**

➢ 熟悉 MATLAB R2021a 的开发环境,掌握常用菜单的使用方法。

➢ 熟悉 MATLAB 工作界面的多个常用窗口,包括命令窗口、历史命令窗口、当前文件夹窗口、工作空间浏览器窗口、变量编辑窗口、实时文件编辑器窗口和 M 文件编辑窗口等。

➢ 了解发布 MATLAB 文档的方法。

1. MATLAB 的窗口布局

(1)打开各窗口 在图 S1-1 中 MATLAB 开发环境由多个窗口组成,单击工具栏的"Layout"按钮可以打开和关闭各窗口。

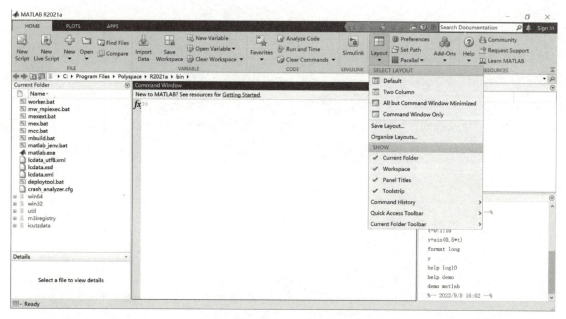

图 S1-1　MATLAB R2021a 开发环境

(2)创建不同的新文件 分别选择工具栏的按钮"New"的两个下拉菜单项"Script"和"Figure",查看打开的两个窗口。

在两个打开的窗口中选择工具栏按钮"File"→"Save",分别将空白文件保存为 .m 和 .fig 文件,并在资源管理器中查看文件类型。

2. 使用命令窗口

命令窗口（Command Window）如图 S1-2 所示，在命令窗口中输入：

```
>> a=[1 2;3 4]
a =
     1     2
     3     4
>> b=1/3
b =
    0.3333
>> c=a*b
c =
    0.3333    0.6667
    1.0000    1.3333
>> d='hello'
d =
    'hello'
>> e=d+1
e =
   105   102   109   109   112
```

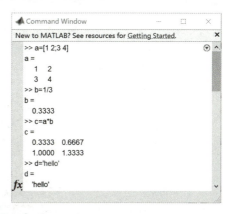

图 S1-2　命令窗口

（1）使用标点符号来修改命令行

1)％添加注释：

```
>> c=a+b          %c 为矩阵 a+b 的和
```

2)；不显示计算结果：

```
    >> a=[1 2;3 4];
```

3)，用作数组元素的分隔：

```
>> a=[1,2;3,4]
a =
     1     2
     3     4
```

（2）使用操作键

1）↑：向前调回已输入过的命令行。

2）↓：向后调回已输入过的命令行。

3）Esc：清除当前行的全部内容。

✏ 练一练：使用工具栏的"Layout"按钮打开和关闭不同窗口。

（3）使用 Format 设置数值的显示格式

1）format long：显示 15 位长格式。

```
>> format long
>> c
c =
    0.33333333333333    0.66666666666667
    1.00000000000000    1.33333333333333
```

2）format rat：显示近似有理式格式。

```
>> format rat
>> c
c =
      1/3              2/3
4/3
```

✐ **练一练**：使用"format +""format short g"和"format loose"命令查看变量 c。

（4）设置命令窗口的外观　在 MATLAB 的"HOME"界面选择工具栏按钮"Preferences"，则会出现参数设置对话框，如图 S1-3 所示。

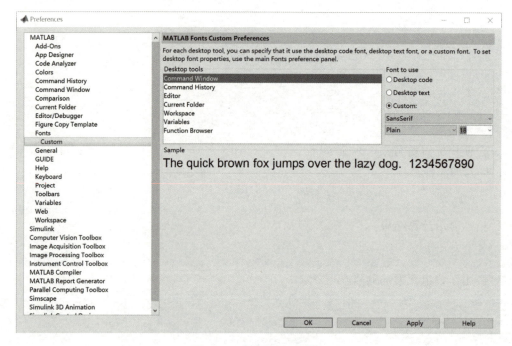

图 S1-3　参数设置对话框

选择对话框左栏的"Fonts"→"Custom"可以设置各窗口的字体，选择"Commond Window"的"Custom"字体大小设置为"18"；

单击对话框左栏的"Command Window"项，设置"Numeric Format"栏为"format short"和"Numeric display"栏为"compact"来修改数据的显示格式。

（5）使用控制命令

```
>>clc                    %清空命令窗口的显示内容
```

✐ **练一练**：在"Preferences"对话框中选择对话框左栏的"Colors"可以查看不同类型文字字符的颜色，将"Section display options"设置为灰色。

3. 历史命令窗口

历史命令窗口（Command History）可以单击工具栏的"Layout"按钮打开，在历史命令窗口中可以看到本次启动 MATLAB 的时间和已经输入的命令，如图 S1-4a 所示。

a) 历史命令窗口　　　　　　　　　　　　　　　b) sh1_1.m文件

图 S1-4　历史命令窗口和 M 文件

（1）创建 M 文件　在历史命令窗口中选择前五行命令，单击鼠标右键出现快捷菜单"Create Script"，则出现 M 文件编辑/调试器窗口，窗口中已有所选择的命令行，在文件中添加前两行注释：

```
%syl_1
%基本操作
```

保存该 M 文件命名为"sy1_1.m"，如图 S1-4b 所示。

（2）创建快捷方式　选择两行命令：

```
>> format long
>> c
```

单击鼠标右键出现快捷菜单选择"Create Favorite"，则会出现"Favorite Command Editor"对话框，如图 S1-5所示。在"Label"框中输入快捷方式的名称"flong"，单击"Save"按钮，在 MATLAB R2021a 的桌面工具栏就会出现快捷方式，单击该快捷方式则运行这两行命令。

图 S1-5　Favorite Command Editor 对话框

4. 工作空间窗口

工作空间窗口（Workspace）在 MATLAB 界面的右上侧，显示了创建的五个变量，可以看到各变量的名称、值和类型。

（1）创建新变量　单击工作空间窗口的 ⊙ 按钮，选择菜单"New"，在工作空间中就创建了一个新变量，默认名为"unnamed"，如图 S1-6 所示为工作空间窗口。在工作空间窗口单击鼠标右键，在快捷菜单中选择"Choose Columns"→"Min"查看变量各列的平均值。

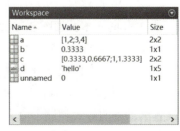

图 S1-6　工作空间窗口

279

（2）保存变量　变量保存在 MAT 文件中，在工作空间中选择需要保存的五个变量名，单击鼠标右键选择"Save as..."，保存为 MAT 文件"sy1_1. mat"。

练一练：

1）在工作空间窗口单击鼠标右键，在快捷菜单中选择"Choose Columns"的其他选项查看。
2）使用"clear"命令删除变量 b。
3）使用"load"命令装载"sy1_1.mat"文件到工作空间。

5. 实时文件编辑器窗口

在实时文件编辑器窗口（Live Editor）中编辑和调试运行程序。

（1）创建空白的文件　单击 MATLAB 界面工具栏上的 ✚ 图标的下拉箭头选择"Live Script"菜单，就创建了一个空白的实时文件，在图 S1-4a 所示的历史命令窗口中选择五行命令粘贴，在第一行输入"clear"，如图 S1-7a 中输入第一个字母会出现下拉命令，选择"clear"，保存文件名为"sy1_2.mlx"。

（2）创建 Section　Section 是一小段需要单独测试的程序单元，在"Live Editor"工具栏单击按钮"Section Break" ▤ 来创建 Section，在"a=[1 2;3 4]"和"d='hello'"前面插入 Section。

可以看到程序分成了三个 Section，每个单元可以单独运行。将光标放置在第二个单元，单击工具栏的按钮"Run Section" ▥，则出现该单元的运行结果，如图 S1-7b 所示。

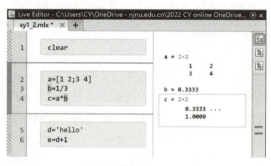

a) Live Editor窗口输入命令　　　　　　b) 创建并运行Section

图 S1-7　实时文件编辑器窗口

（3）增加文本　在程序中增加文本可以使用工具栏中的"Text"按钮 ，然后输入每个 Section 的文本，如图 S1-8 所示，增加文本"计算练习""矩阵运算"和"字符串运算"。

（4）修改变量　在实时文件编辑器窗口中还可以将变量使用滚动条、下拉菜单等控件来进行改变，方便调试时查看变量不同值的运行结果。在图 S1-8 中，选择变量"b"的值为"1/3"，然后单击工具栏中的"Control" ，选择"Edit Field"→"Numeric Slider"，并设置滚动条的最大和最小值为 10 和-10，则单击滚动条就可以改变变量 b 的值，同时变量 c 的值也随着运算改变。

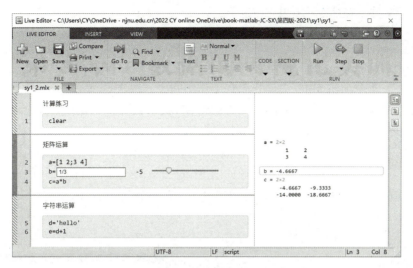

图 S1-8　实时文件编辑器窗口变量变化

练一练：

1）单击图 S1-8 中右边框中的按钮"Output inline" ，查看变化。

2）修改程序中"e=d+1"中的"1"为"Drop Down"，并设置各选项。

（5）保存和输出文件　实时文件编辑文件默认保存为".mlx"文件，单击工具栏的"Save"按钮保存为"sy1_2.mlx"。另外，也可以通过导出生成文本文件，单击工具栏的"Export"按钮，选择"Export to word..."，则生成了"sy1_2.docx"文件，如图 S1-9 所示。

6. 当前目录浏览器窗口

当前目录浏览器窗口（Current Folder）显示当前文件的信息如图 S1-10 所示，单击 MATLAB R2021a 工具栏"Current Folder"上面的 按钮，设置当前目录为文件所保存的目录。

图 S1-9　保存为 word 文件

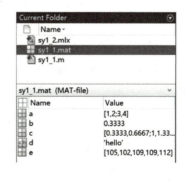

图 S1-10　当前目录浏览器窗口

（1）打开文件 在命令窗口中输入：

```
>> clear
```

可以看到在 Workspace 窗口中没有变量了，用鼠标右键单击文件"sy1_1.mat"，选择"Import Data..."菜单项将 MAT 文件装载到工作空间中，再查看 Workspace 中装载的变量。

（2）运行 M 文件 在当前目录窗口中用鼠标右键单击文件"sy1_1.m"，在快捷菜单中选择"Run"运行该文件，而 MAT 文件则不能运行。

（3）查找文件 在当前目录浏览器中查找文件的方法是，用鼠标右键单击图 S1-10 中的下拉箭头 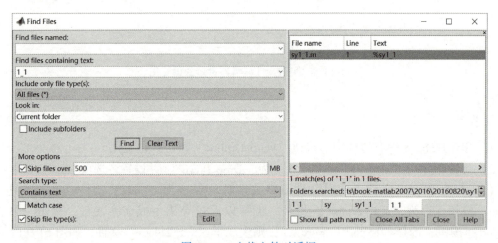，选择"Find Files"，则出现如图 S1-11 所示的查找文件对话框，在图中"Find files containing text："栏中输入"1_1"，单击"Find"按钮进行查找。

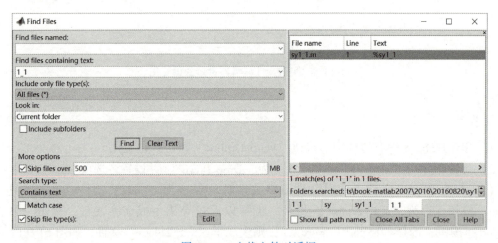

图 S1-11 查找文件对话框

7. 修改搜索路径

在图 S1-10 中将当前路径修改为"C:\Program Files\MATLAB\R2021a\work"后，在命令窗口中输入：

```
>> sy1_1
??? Undefined function or variable 'sy1_1'.
```

说明找不到该文件，因此需要修改搜索路径，将"sy1_1.m"文件所在路径添加到搜索路径中。

单击"HOME"工具栏 "Set Path"按钮，打开设置路径对话框，如图 S1-12 所示，使用"Add Folder..."按钮将用户目录添加进去，单击"Save"按钮保存路径，然后在命令窗口中输入：

```
>> sy1_1
```

则可以运行"sy1_1.m"文件并显示结果。使用"Move to Bottom""Move Up""Move Down"按钮修改搜索路径，并查看其变化。

8. 数组编辑器窗口

在工作空间中双击变量可以打开数组编辑器窗口（Array Editor），可以修改数组元素的值，也可以修改变量的行列数。

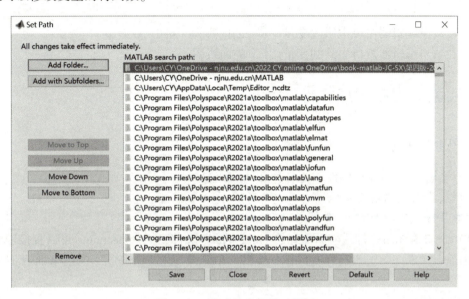

图 S1-12　修改搜索路径对话框

（1）编辑变量　打开变量"a"，如图 S1-13a 所示，在图中添加第一行第三列为"6"，则第二行第三列自动添"0"。同样在数组编辑器窗口中，可以删除数组元素和修改数组元素值。

（2）数据绘图　在图 S1-13a 中单击工具栏的多个绘图按钮都可以绘制曲线，在图 S1-13a 中选择要绘制的数据，例如，选择变量"a"的后两列数据，然后单击"PLOTS"工具栏的"bar"按钮则所绘制的条形图如图 S1-13b 所示。在命令窗口会出现对应画条形图的命令：

```
>> bar(a(:,2:end),'DisplayName','a(:,2:end)')
```

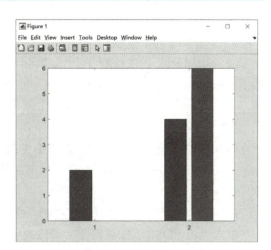

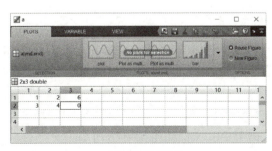

a) 数组编辑器窗口　　　　　　　　　　　　　　b) 条形图

图 S1-13　数组编辑器窗口和条形图

✎ **练一练：**

1) 在数组编辑器窗口中修改变量 "d" 的内容为 "hell"。

2) 在数组编辑器窗口中绘制变量 "e" 的曲线图。

1.2 实验 2 发布程序文件

👉 **知识要点：**

➢ 学会将 MATLAB 程序发布为各种文档文件。

➢ 学会设置文档格式。

1. 将程序发布为 HTML 文件

（1）添加 Section　打开前面保存的 "sy1_1.m" 文件，插入 Section，可以直接输入两个 "%" 来插入 "Section"，也可以单击工具栏 "Insert" 📑 "Section" 按钮来插入四个 Section。

将程序修改如下：

```
%sy1_1_Publish
%% define numberic variables
a=[1 2;3 4]
b=1/3
%% Calculate
c=a*b
%% define string
d='hello'
%% Calculate
%Calculate and convert string to numberic variables
e=d+1
```

保存文件为 "sy1_1_p.m"，并单击 "PUBLISH" 面板的 "PUBLISH" 按钮进行发布，则 HTML 文件窗口如图 S1-14a 所示。可以看到文件的开始增加了 "Contents" 并按照四个 "Section" 分成了四个标题。

（2）增加公式　在注释中插入 Latex 公式在文档中显示，单击 "PUBLISH" 面板的 Σ Inline LaTeX 插入格式，则插入带 "% $ $ … $ $" 的公式，将公式修改为

```
%%
% $ c=a*b $
```

（3）修改注释的字体　将文档中的注释修改为斜体，先选中注释行 "Calcute and convert string to numberic variables"，单击工具栏的斜体按钮 _I_ Italic，则程序改为

```
%%
% _%Calcute and convert string to numberic variables_
```

单击 "PUBLISH" 按钮发布，则修改了格式的 HTML 文件如图 S1-14b 所示。

2. 将程序发布为 PDF 文件

单击工具栏的 "PUBLISH" 按钮的下拉箭头，选择 "Edit Publish Options…" 打开

"Edit Configurations" 窗口，如图 S1-15 所示。

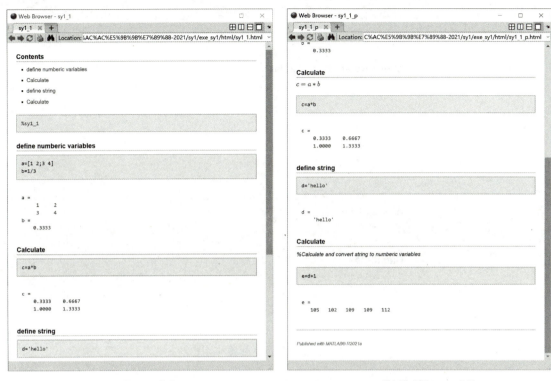

a) 发布HTML文件

b) 增加格式的HTML文件

图 S1-14　发布的 HTML 文件

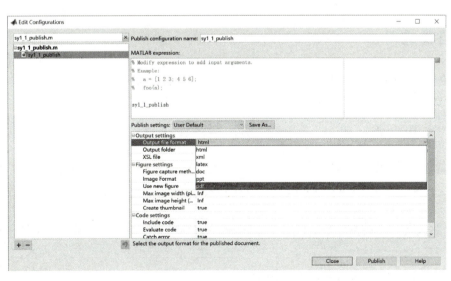

图 S1-15　发布的 PDF 文档（一）

在上面的窗口中选择"Output file format"，可以设置不同的文件类型，例如，选择
"PDF"，单击"PUBLISH"按钮发布，发布的 PDF 文件生成了目录和页码，如图 S1-16 所示。

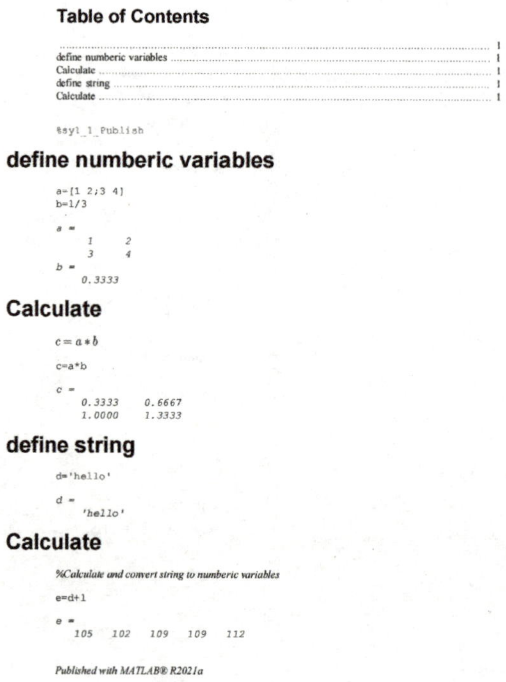

Table of Contents

%sy1_1_Publish

define numberic variables

```
a=[1 2;3 4]
b=1/3

a =

     1     2
     3     4

b =

    0.3333
```

Calculate

```
c = a * b

c=a*b

c =

    0.3333    0.6667
    1.0000    1.3333
```

define string

```
d='hello'

d =

    'hello'
```

Calculate

```
%Calculate and convert string to numeric variables
e=d+1

e =

    105   102   109   109   112
```

Published with MATLAB® R2021a

图 S1-16　发布的 PDF 文档（二）

✎ **练一练**：修改"Edit Configurations"窗口的"Code settings"中的"Evaluate code"为"False"。

1.3　自我练习

1）在命令窗口中输入以下命令并使用 who 和 whos 命令查看变量信息，在数组编辑器窗口中查看变量内容，并用 format 将 x 和 y 显示为指数形式。

```
>>x=0:2:10
>>y=sqrt(x)
```

2）在命令窗口中输入以下命令，将两个变量保存到 exe1. mat 文件中，并将两行命令保存为 exe1. m 文件，使用 which 命令查看文件信息，将 exe1. m 文件设置到搜索路径后，在命令窗口中运行 exe1 文件。

```
>>a=[1 2 ;3 4]
>>b=[1 1;2 2]
```

3）将"sy1_1.m"文件保存为 .mlx 文件。

4）在 Help 窗口选择"MATLAB"查看"MATLAB 快速入门"→"桌面基础知识"。

第2章 MATLAB基本运算实训

2.1 实验1 向量的运算

 知识要点：

➢ 熟练掌握向量的创建方法。
➢ 掌握数组的关系运算和逻辑运算。

1. 行向量的创建

创建行向量 t1 和 t2，在 MATLAB 中创建行向量可以使用"from：step：to"方式以及 linspace 和 logspace 函数：

```
>> t1=0:0.2:10;
>> t2=linspace(0,20,50);
```

在 Workspace 窗口中查看 t1 和 t2 变量，如图 S2-1 所示。

图 S2-1 工作空间

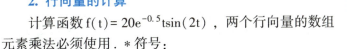 练一练：使用 logspace 函数创建行向量。

2. 行向量的计算

计算函数 $f(t) = 20e^{-0.5}t\sin(2t)$ ，两个行向量的数组元素乘法必须使用 .* 符号：

```
>> ft1=20.*exp(-0.5*t1).*sin(2*t1);
```

3. 关系运算

根据条件 $f(t)>0$，得出 $f(t)$：

```
>> ff=ft1>0
ff =
   Columns 1 through 14
     0   1   1   1   1   1   1   1   0   0   0   0   0   0
   Columns 15 through 28
     0   0   1   1   1   1   1   1   1   1   0   0   0   0
   Columns 29 through 42
     0   0   0   0   1   1   1   1   1   1   1   1   0   0
   Columns 43 through 51
     0   0   0   0   0   0   1   1   1
>> ft=ft1.*ff;
```

在 Workspace 窗口中分别选择 ff、ft1 和 ft 变量，可以看到变量 ff 是 logical 型，只占 51 个字节。

练一练：单击工具栏的 ∿ 按钮查看 ft1 和 ft 的曲线图。

4. 逻辑运算

根据 t 在 0~π 和 2~3π 范围的条件，得出 f(t)：

```
>> tt=(t1<=pi)|((t1>=2*pi)&(t1<=3*pi))
tt =
  Columns 1 through 14
    1    1    1    1    1    1    1    1    1    1    1    1    1    1
  Columns 15 through 28
    1    1    0    0    0    0    0    0    0    0    0    0    0    0
  Columns 29 through 42
    0    0    0    0    1    1    1    1    1    1    1    1    1    1
  Columns 43 through 51
    1    1    1    1    1    1    0    0    0
>> ft=ft1.*tt;
```

在 Workspace 窗口中分别选择查看 tt 和 ft 变量的数据类型和存储空间。

2.2 实验 2 矩阵和数组的运算

👉 **知识要点**：

➤ 熟悉矩阵和数组的算术运算，了解矩阵和数组运算的不同。
➤ 掌握由矩阵生成子矩阵和复数矩阵的方法。

1. 创建矩阵

创建魔方阵 a 和对角阵 b：

```
>> a=magic(4)
a =
   16    2    3   13
    5   11   10    8
    9    7    6   12
    4   14   15    1
>> b=eye(3)
b =
    1    0    0
    0    1    0
    0    0    1
```

 练一练：创建随机阵。

2. 生成子矩阵块

产生子矩阵块可以使用全下标方式、单下标方式和逻辑索引方式来实现。生成 a 矩阵 3×3 的子矩阵块：

```
>> c=a(1:3,1:3)              %全下标方式
c =
   16    2    3
```

```
    5    11    10
    9     7     6
>> c=a([1:3;5:7;9:11])'              %单下标方式
c =
    16     2     3
     5    11    10
     9     7     6
>>x1=logical([1 1 1]);              %逻辑索引方式
>>x2=logical([1 1 1]);
>> a(x1,x2)
ans =
    16     2     3
     5    11    10
     9     7     6
```

3. 矩阵的函数运算

计算矩阵 a、b 和 c 的行列式、逆阵并进行最大值的统计：

```
>> det(a)                           %计算矩阵的行列式
ans =
     0
>> rot90(b)                         %矩阵旋转
ans =
     0     0     1
     0     1     0
     1     0     0
>> inv(c)                           %计算矩阵的逆阵
ans =
    0.0294    -0.0662     0.0956
   -0.4412    -0.5074     1.0662
    0.4706     0.6912    -1.2206
>> inv(b)
ans =
     1     0     0
     0     1     0
     0     0     1
>> max(a)                           %统计最大值
ans =
    16    14    15    13
```

✐ 练一练：查看矩阵 c 的上三角阵。

4. 矩阵和数组的算术运算

矩阵与数组的算术运算的主要区别是矩阵运算是矩阵的线性代数运算，而数组运算是元素的运算。计算矩阵 b 和 c 的 ＊、／、＾和 .＊、./、.＾，以及比较 exp 和 expm 函数：

矩阵运算：
```
>>b＊c
ans =
    16     2     3
     5    11    10
     9     7     6
```

数组运算：
```
>>b.＊c
ans =
    16     0     0
     0    11     0
     0     0     6
```

```
>> b/c                                    >> b. /c
ans =                                     ans =
    0.0294    -0.0662    0.0956               0.0625         0         0
   -0.4412    -0.5074    1.0662                    0    0.0909         0
    0.4706     0.6912   -1.2206                    0         0    0.1667
>> c^2                                    >> c. ^2
ans =                                     ans =
    293     75     86                          256      4      9
    225    201    185                           25    121    100
    233    137    133                           81     49     36
>> exp(b)                                 >> expm(b)
ans =                                     ans =
    2.7183    1.0000    1.0000               2.7183         0         0
    1.0000    2.7183    1.0000                    0    2.7183         0
    1.0000    1.0000    2.7183                    0         0    2.7183
```

✏ **练一练**：使用 pow2 函数计算矩阵 c 的幂。

5. 复数矩阵

由两个尺寸相同的矩阵 b 和 c 生成复数矩阵 c，查看其模和转置：

```
>> d=b+c * i
d =
   1.0000 +16.0000i        0 + 2.0000i        0 + 3.0000i
        0 + 5.0000i   1.0000+11.0000i        0 +10.0000i
        0 + 9.0000i        0 + 7.0000i   1.0000 + 6.0000i
>> abs(d)           %模运算
ans =
   16.0312         2.0000         3.0000
    5.0000        11.0454        10.0000
    9.0000         7.0000         6.0828
>> d'               %共轭转置
ans =
   1.0000-16.0000i        0 - 5.0000i        0 - 9.0000i
        0 - 2.0000i   1.0000 -11.0000i        0 - 7.0000i
        0 - 3.0000i        0 -10.0000i   1.0000 - 6.0000i
>> d.'              %非共轭转置
ans =
  1. 0000 +16.0000i        0 + 5.0000i        0 + 9.0000i
        0 + 2.0000i   1.0000 +11.0000i        0 + 7.0000i
        0+ 3.0000i        0 +10.0000i   1.0000 + 6.0000i
```

✏ **练一练**：查看复数 d 的实部和角度。

2.3　实验 3　字符串和表格数组的操作

 知识要点：

➢ 掌握字符数组的创建、运算和显示。
➢ 掌握创建表格的方法。

1. 字符串合并

将字符串 s1 和 s2 合并成一个长字符串：

```
>> s1='s^2'
s1 =
s^2
>> s2='s+1';
>> ss=strcat(s1,'+',s2)          %合并字符串
ss =
s^2+s+1
```

在 Workspace 窗口中查看字符串占用的字节数。

2. 执行字符串

字符串可以用 eval 函数执行：

```
>> s=5
s =
    5
>> eval(ss)                      %执行字符串
ans =
   31
```

3. 对字符串进行运算

```
>> s2='hello';
>>ss2 = reverse(s2)              %将字符串逆序排列
ss2 =
olleh
>> ss2_1=erase(ss2,'l')          %删除字符串中的'l'
ss2_1 =
    'oeh'
>>s22=s2 * 2                     %将字符串转换为 ASCII 码数值
ss2 =
208   202   216   216   222
```

✐ 练一练：使用 replace 函数将字符串 s2 中的' h '替换为' H '。

4. 字符串的匹配

```
>>str = "3.14159 are the first 6 digits of pi";
>>p1=digitsPattern;
>>str1=extract(str,p1)           %提取字符串中的数字
str1=
3×1 string array
    "3"
    "14159"
    "6"
>> [A,n] = sscanf(str,'%f')      %读取数据并转换
A =
    3.1416
n =
    1
```

5. 创建表格

创建三行表格：

```
>> Name={'John';'Rose';'Billy'};
>> Id={'20030115';'20030102';'20030117'};
>> Students=table(Id,Name,Score)
Students =
  3×3 table
        Id             Name              Score
    _____      _____      _____

    {'20030115'}     {'John' }      {[85 96 74 82 68]}
    {'20030102'}     {'Rose' }      {[95 93 84 72 88]}
    {'20030117'}     {'Billy'}      {[72 83 78 80 83]}
```

计算平均成绩并添加在表格列中：

```
>> Mean=[mean(Score{1,:});mean(Score{2,:});mean(Score{3,:})]
Mean =
    81.0000
    86.4000
    79.2000
>> Students.mean=Mean
Students =
  3×4 table
        Id             Name              Score                mean
    _____      _____      _____      ____

    {'20030115'}     {'John' }      {[85 96 74 82 68]}        81
    {'20030102'}     {'Rose' }      {[95 93 84 72 88]}        86.4
    {'20030117'}     {'Billy'}      {[72 83 78 80 83]}        79.2
>> width(Students)                          %查看表格宽度
ans =
    4
```

2.4　实验 4　多项式的运算

👉 **知识要点：**

➢ 掌握运用函数对多项式进行各种不同的运算。
➢ 能够实现多项式的插值和拟合。

1. 计算多项式的乘积

计算两个多项式 p1 和 p2 的乘积 $p=(s+1)(s^2+4s+5)$：

```
>> p1=[1 1];
>> p2=[1 4 5];
>> p=conv(p1,p2)
p =
    1    5    9    5
```

2. 计算多项式的根并进行部分分式展开

计算多项式 $p2=s^2+4s+5$ 的根：

```
>> pp=roots(p2)
pp =
  -2.0000 + 1.0000i
  -2.0000 - 1.0000i
```

将多项式 $\dfrac{s+1}{s^2+4s+5}$ 进行部分分式展开：

```
>> [rr,pr,kr]=residue(p1,p2)          %将多项式部分分式展开
rr =
  0.5000 + 0.5000i
  0.5000 - 0.5000i
pr =
  -2.0000 + 1.0000i
  -2.0000 - 1.0000i
kr =
     []
```

练一练：根据部分分式参数 rr、pr、kr 计算多项式表达式。

3. 计算多项式的微分

计算多项式 $p = s^3+5s^2+9s+5$ 的微分：

```
>> pd=polyder(p)
pd =
    3   10   9
>> polyval(p,3)                       %计算当变量为 3 时多项式的值
ans =
  104
```

练一练：计算多项式 p 的积分。

4. 多项式的拟合

已知多项式 $G(x) = x^4-5x^3-17x^2+129x-180$，$x$ 在 $[0\ 20]$ 范围，将多项式的值加上偏差构成向量 $y1$，对 $y1$ 进行拟合：

```
>> G=[1 -5 -17 129 -180];
>> x=0:20;
>> y=polyval(G,x);
>> y0=0.1*randn(1,21);                %产生 21 个元素的行向量
>> y1=y+y0
y1 =
1.0e+005 *
Columns 1 through 6
-0.0018   -0.0007   -0.0001   0.0000   -0.0000   0.0004
Columns 7 through 12
   0.0020   0.0058   0.0130   0.0252   0.0441   0.0717
Columns 13 through 18
   0.1102   0.1620   0.2299   0.3168   0.4259   0.5606
Columns 19 through 21
   0.7245   0.9216   1.1560
>> G1=polyfit(x,y1,4)
```

293

```
G1 =
    1.0000    -4.9989 -17.0146 129.0654-180.0290
```

拟合的多项式表达式为：$G_1(x) = x^4 - 4.9989x^3 - 17.0146x^2 + 129.0654x - 180.029$，与 G 很近似。

在 MATLAB 界面工具栏的三个面板中，单击"APPS"面板里的"Curve Fitting"  打开"Curve Fitting Tool"窗口，输入变量 x 和 y，选择多项式"Polynomial"拟合，如图 S2-2 所示为采用四阶拟合的波形。

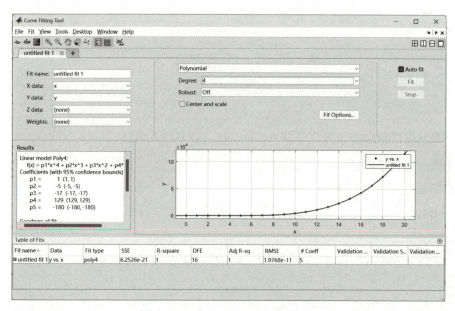

图 S2-2　"Curve Fitting Tool"窗口

✎ **练一练**：在图 S2-2 中选择不同的拟合算法，进行拟合。

5. 多项式的插值

对多项式 y 和 y1 分别在 5.5 处进行一维插值计算：

```
>> s=interp1(x,y,5.5)
s =
    119
>> s1=interp1(x,y1,5.5)
s1 =
    119.5187
```

✎ **练一练**：在 Workspace 窗口中单击工具栏的 ⟨∿⟩ 按钮查看 y 和 y1 的曲线。

2.5　实验 5　元胞数组和结构体

👉 **知识要点：**

➤ 能够创建元胞数组和结构体。

➢ 了解元胞数组和结构体元素的操作和运算。

1. 创建结构体

创建一个结构体表示三个学生的成绩：

```
>> student(1)=struct('name','John','Id','20030115','scores',[85,96,74,82,68])
student =
    name:'John'
      Id:'20030115'
  scores:[85 96 74 82 68]
>> student(2)=struct('name','Rose','Id','20030102','scores',[95,93,84,72,88]);
>> student(3)=struct('name','Billy','Id','20030117','scores',[72,83,78,80,83])
student =
1x3 struct array with fields:
  name
  Id
  Scores
```

✎ **练一练**：使用 struct 函数创建结构体。

2. 显示结构体内容

显示 scores 字段的内容并计算平均成绩：

```
>> all_s=[student(1).scores;student(2).scores; student(3).scores]
all_s =
    85    96    74    82    68
    95    93    84    72    88
    72    83    78    80    83
>> average_scores=mean(all_s)
average_scores=
    84.0000    90.6667    78.6667    78.0000    79.6667
```

3. 修改结构体元素内容

使用 setfield 函数修改结构体元素内容或直接修改元素内容，将 student(2) 的第二个成绩修改为 73：

```
>> student=setfield(student,{2},'scores',{2},73)      %使用 setfield 函数修改
student =
1x3 struct array with fields:
    name
    Id
    scores
>> student(2).scores(2)=73;                           %直接修改
>> student(2)
ans =
    name:'Rose'
    Id:'20030102'
scores:[95 73 84 72 88]
```

4. 将结构体转换为元胞数组

```
>> student_cell=struct2cell(student)              %将结构体转换为元胞数组
student_cell(:,:,1) =
    'John'
    '20030115'
    [1x5 double]
student_cell(:,:,2) =
    'Rose'
    '20030102'
    [1x5 double]
student_cell(:,:,3) =
    'Billy'
    '20030117'
    [1x5 double]
```

✎ **练一练**：使用 getfield 函数获取元素内容。

5. 创建元胞数组

将平均成绩放在元胞数组中，使用三种方法创建元胞数组：

```
>> average={'平均成绩',average_scores}            %直接创建
average =
    '平均成绩'    [1x5 double]
>> average1(1)={'平均成绩'}                        %使用元胞创建
average =
    '平均成绩'    [1x5 double]
>> average1(2)={average_scores}
average =
    '平均成绩'    [1x5 double]
>> average2{1}='平均成绩';                         %由各元胞内容创建
>> average2{2}=average_scores
```

✎ **练一练**：将' Id '作为键，创建一个映射。

2.6 自我练习

1）将实验 2 中的魔方阵 a 按照列降序排列，并计算其平均值。

2）比较实验 3 中的字符串 s1='s^2'和 s2='s+1'，并用 s1 和 s2 构成一个矩阵，然后将该矩阵中的字符's '替换成'x '。

3）根据实验 4 的 $p=(s+1)(s^2+4s+5)$，计算 $p(x)=0$ 时的根，并计算 $p(x)$ 除以（$s+1$）的结果。

4）将班级的成绩表 excel 文件读出，并获取排名第一的同学的成绩和学号。

第3章 数据的可视化实训

3.1 实验1 绘制二维曲线并标注文字

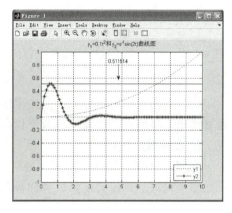

图 S3-1 绘制的曲线图

知识要点：

➤ 熟练掌握最基本的二维绘图函数 plot。

➤ 掌握在图形中添加文字等修饰。

➤ 掌握 MATLAB R2021a 图形窗口的功能。

1. 使用 plot 函数绘制曲线

在同一图形窗口分别绘制 $y_1 = 0.1t^2$、$y_2 = e^{-t}\sin(2t)$ 两条函数曲线，t 的范围是 $0\sim10$，并绘制了 y2 的最大值水平线，如图 S3-1 所示。

```
>> t=0:0.1:10;
>> y1=0.1*t.^2;
>> y2=exp(-t).*sin(2*t);
>> plot(t,y1,'r:')
>> hold on
>> plot(t,y2,'b-*')
>> y2max=max(y2)
>> plot([0,10],[y2max,y2max])        %绘制最大值水平线
```

练一练：

1）使用 plot(t,y1,t,y2)绘制 y1 和 y2 曲线。

2）使用双纵坐标绘制 y1 和 y2 曲线。

2. 设置坐标轴和分隔线

给图形添加分隔线，并设置坐标轴范围：

```
>> grid on
>> axis([0,10,-1,1])
```

3. 添加图形文字标注

添加图形标题和图例，如图 S3-1 所示。

```
>> title('y_{1}=0.1t^{2}和 y_{2}=e^{-t}sin(2t)曲线图')
>> legend('y1','y2',4)
>> annotation('textarrow',[0.5,0.5],[(2-y2max)/2+0.1,(2-y2max)/2],'string',y2max)
```

练一练：

1）添加纵横坐标文字标注。

2）在文字标注中使用希腊字母和数学符号。

3）使用 annotation 函数添加线、箭头和椭圆。

4. 使用鼠标获取图形中的数据

使用鼠标获取图中两条曲线交点的数据：

```
>>[x,y]=ginput(1)
x =
    1.5092
y =
    0.0293
```

运行时图形中的鼠标光标变为十字光标，移动鼠标到两条曲线交点的位置，单击鼠标则运行结束，将该点的纵横坐标数据保存到变量 x 和 y 中。

5. 使用图形窗口

在图形窗口中选择 "View" 菜单，将所有的下拉菜单项全部选中，则出现如图 S3-2 所示的图形窗口，则所有工具栏和面板都陈列其中。

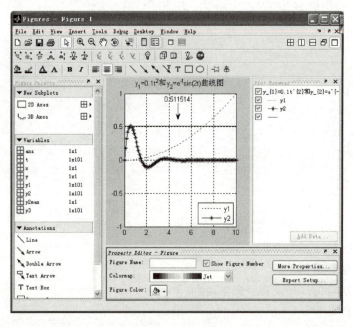

图 S3-2　图形窗口

（1）添加曲线　左侧图形面板的 "Variables" 栏中显示工作空间中的所有变量，双击任何变量名，则在右边的图形中就添加了该变量的曲线。

（2）添加标注　图形面板左下侧的 "Annotations" 栏可以在图形中添加标注元素，单击任意元素则右侧图形中的鼠标图标变为十字光标，拖动鼠标添加标注。

（3）修改图形　在图形中用鼠标单击任意对象，则该对象被选中时，下面的属性编辑器面板（Property Editor）对应为该对象的属性设置，可以设置对象的各种属性。在 "Property Editor" 中修改曲线 y2 的 "Marker" 属性为 "+"。

（4）隐藏曲线　在右侧绘图浏览器面板（Plot Browser）中可以对图形窗口中的各曲线进行隐藏和删除，选择任意曲线对象单击右键，在快捷菜单中选择 "Hide"，则该曲线就被隐藏。

（5）添加子图　在左侧图形面板的 "New Subplots" 栏中可以添加二维或三维子图，单击 "2D Axes" 或 "3D Axes" 后面的 ⊞▸ 按钮可以选择多个子图。

单击 "2D Axes" 后面的 ⊞▸ 选择两行一列的子图排列，在新添加的子图中单击鼠标右键，选择 "Add data" 菜单项时出现如图 S3-3a 所示的 "Add Data to Axes" 对话框，设置 "Y Data Source" 为变量 "t"，并设置 "Plot Type" 属性为 "bar"，则子图显示如图 S3-3b 所示。

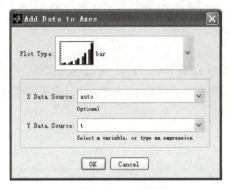

a) Add Data to Axes 对话框

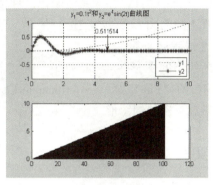

b) 子图

图 S3-3　Add Data to Axes 对话框和子图

（6）使用 "Tools" 菜单　选择 "Tools" 菜单的 "Data Cursor"，移动鼠标到图形中，单击鼠标可以查看各数据点的数据值。

选择 "Tools" 菜单的 "Basic Fitting"，出现如图 S3-4 所示的 "Basic Fitting" 对话框，

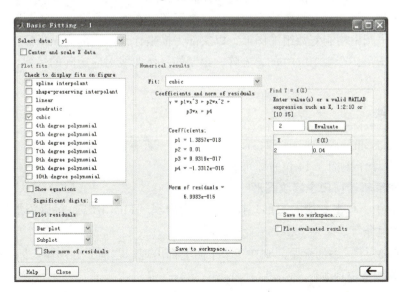

图 S3-4　"Basic Fitting" 对话框

单击 →按钮，在左栏"Plot fits"中选择"cubic"复选框，则在"Numerical results"栏中立即显示出拟合多项式的参数，在右侧的"Find Y = f(x)"栏中输入自变量 x 的值，单击"Evaluate"按钮，则得出拟合后多项式计算的结果。

✎ 练一练：

1）在图形窗口中隐藏 y1 曲线。

2）在图形窗口中使用"Insert"菜单或"annotation"栏两种方法来添加"Arrow"。

3）使用"Tools"菜单的"Basic Fitting"实现"5th degree polynomial"方法的拟合。

6. 保存图形文件

将图形 . fig 文件保存为其他图像文件格式，选择 Figure 窗口的"File"菜单→"Save"，可以选择不同的图形文件类型进行保存，包括 . jpg、. bmp、. png 等。

7. 生成程序文件

将所绘制的图形生成 M 文件，这样下次就可以直接运行 M 文件来绘制图形。选择 Figure 窗口的"File"菜单→"Generate Code"，则生成了函数 createfigure，在命令窗口中调用该函数就可以绘制图形。

3.2 实验 2 绘制多条曲线

👉 知识要点：

➤ 熟练掌握在多个子图和图形窗口中绘制曲线。

➤ 了解不同图形文件的转存和实时编辑器窗口功能。

1. 创建实时脚本文件

单击"New"→"Live Script"创建实时脚本文件。

输入程序并运行查看，将图形窗口分成三个子图，在第一个子图中绘制圆，并显示为圆形；在第二个子图中绘制复数组的图形，以实部为横坐标，以虚部为纵坐标；在第三个子图中绘制矩阵的图形，产生 10×10 的 y 方阵，绘制的每条曲线对应矩阵的一列，实时编辑器窗口如图 S3-5 所示。

✎ 练一练：

1）使用 axis off、axis image 和 axis tight 等命令，查看图形的不同显示。

2）在第二个子图的 3.14 位置添加文字"π"。

2. 在实时编辑器窗口中修改图形

在图 S3-5 中，单击右侧的图形，在工具栏会出现"FIGURE"，可以添加线、标题、图例、网格、颜色条等。

单击"Title" ☑ 添加标题，则在三个子图上都出现标题框，分别输入标题。

3. 创建新图形窗口

创建一个新的图形窗口，并绘制堆叠图，如图 S3-6 所示。

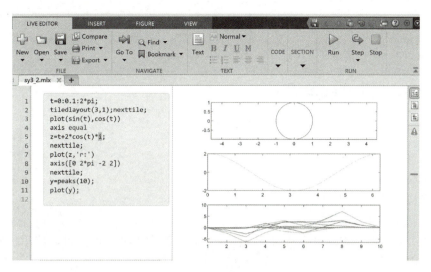

图 S3-5 实时编辑器窗口

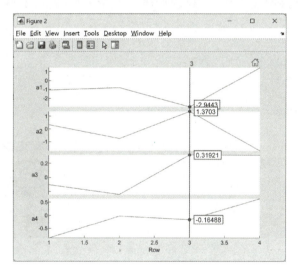

图 S3-6 堆叠图

```
figure(2)
a=randn(4);
ta=array2table(a)%转换成表格
ta =

  4×4 table

    a1          a2          a3          a4
  _____     _____     _____     _____

  0.53767      0.31877      3.5784       0.7254
  1.8339       -1.3077      2.7694      -0.063055
  -2.2588      -0.43359     -1.3499      0.71474
  0.86217      0.34262      3.0349      -0.20497

>> stackedplot(ta)
```

练一练：

使用 plotmatrix(a) 绘制散点图矩阵。

3.3　实验 3　绘制特殊图形

知识要点：

➤ 掌握特殊图形的绘制。

➤ 了解图形窗口工具栏的使用。

1. 使用极坐标绘制玫瑰线

数学曲线中非常著名的曲线玫瑰线（polar rose）看上去像花瓣，可以使用极坐标实现。极坐标关系式如下：

$$r(\theta) = a\cos k\theta$$

极坐标是根据相角和离原点的距离绘制图形，图形窗口如图 S3-7a 所示，程序如下：

```
>> theta=0:0.1:2*pi;
>> k=2;
>> r=3*cos(k*theta);
>> polar(theta,r,'r')
```

 练一练：修改 k=3，4，5 查看曲线变化。

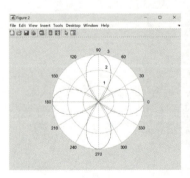
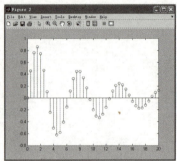
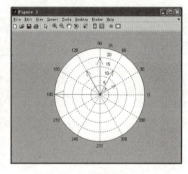

a) 玫瑰线　　　　　　　　　b) 火柴杆图　　　　　　　　c) 罗盘图

图 S3-7　玫瑰线、火柴杆图和罗盘图

2. 绘制离散数据的火柴杆图

在图形窗口 2 中绘制离散数据的火柴杆图，火柴杆图只绘制数据点，忽略中间的其他数据，图形窗口如图 S3-7b 所示。

```
>> figure(2)
>> t=0:0.5:20;
>> y=exp(-0.1*t).*sin(t);
>> stem(t,y)
```

练一练：使用阶梯图来绘制离散数据。

3. 绘制向量的罗盘图

在图形窗口 3 中绘制向量的罗盘图，罗盘图是以实部为横坐标、虚部为纵坐标绘制的，图形窗口如图 S3-7c 所示。

```
>> figure(3)
>> thera=[0 pi/6 pi/4 pi/3 pi/2 pi pi*2/3];
>> rho=[1 10 5 15 20 25 15];
>> z=rho.*exp(i*thera);
>> compass(z)
```

练一练：使用羽毛图来绘制向量。

4. 使用绘图编辑工具栏

在罗盘图 "Figure 3" 的图形窗口中选择菜单 "View" → "Plot Editor Toolbar"，则添加了绘图编辑工具栏。

在工具栏中单击 ⊠（Insert Text Arrow），在图中添加箭头和文字 "π/4"；单击工具栏中的 ⊞（Pin to Axes）或选择菜单 "Tools" → "Pin to Axes"，在图中单击箭头将箭头锚定，以后改变图形大小时该箭头都不会移动了。

3.4 实验4 绘制三维图形

知识要点：

➤ 掌握绘制三维饼形图、三维网线图和三维表面图的方法。
➤ 学会三维图形的视角和色彩等设置。

1. 绘制三维饼形图

饼形图用来显示向量中各元素所占和的百分比，三维饼形图更具有立体感。绘制 x = [1 2 3 1] 的三维饼形图，计算出最大的一块并分离，如图 S3-8 所示。

```
>> x=[1 2 3 1];
>> [xmax,n]=max(x);        %计算出最大的块
>> explode=zeros(1,4);
>> explode(n)=1;           %将最大块分离
>> pie3(x,explode)
```

练一练：在图中添加每块的文字注释。

2. 使用三维网线图绘制平面

使用三维表面图绘制平面的矩形网格，Z 坐标都相等，并设置索引色图显示颜色条，绘制的图形如图 S3-9 所示。

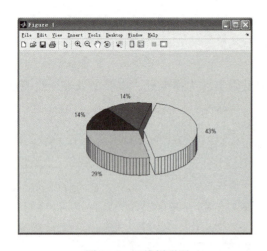

图 S3-8　三维饼形图

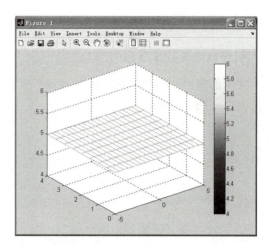

图 S3-9　平面图

```
>> x=-5:0.5:5;
>> y=0:0.5:4;
>> [X,Y]=meshgrid(x,y);
>> Z=5*ones(size(X));
>> mesh(X,Y,Z)
>> colormap('hot')
>> colorbar
```

✐ **练一练**：修改 colormap 的索引色图。

3. 绘制三维表面图

用三维表面图绘制 $z=5x^2-y^2$，surfc 用来绘制三维表面图并加等高线，如图 S3-10 所示。

```
>> x=-4:4;
>> [X,Y]=meshgrid(x);
>> Z=5*X.^2-Y.^2;
>> surfc(X,Y,Z)
>> view([0,90])
```

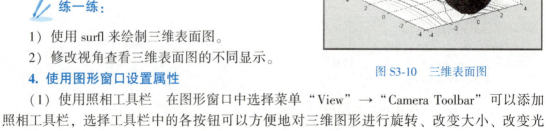

✐ **练一练**：

1）使用 surfl 来绘制三维表面图。

2）修改视角查看三维表面图的不同显示。

图 S3-10　三维表面图

4. 使用图形窗口设置属性

（1）使用照相工具栏　在图形窗口中选择菜单"View"→"Camera Toolbar"可以添加照相工具栏，选择工具栏中的各按钮可以方便地对三维图形进行旋转、改变大小、改变光照等。

单击 ![] （Orbit Camera）后选择三维表面图，就可以全方位地旋转三维图形；单击 ![] （Orbit Scene Light）后选择三维表面图，就可以旋转场景的灯光；单击 ![] （Move Camera Forward/Back）就可以推进或后退镜头。

（2）修改索引色图　在图形窗口中选择菜单"View"→"Property Editor"可以打开属性编辑器，修改"colormap"改变索引色图为"Lines"，查看图形表面的显示。

 练一练：

1）使用照相工具栏中的其他按钮来改变三维表面图的不同显示。

2）修改不同的索引色图，查看三维表面图的不同显示。

3.5　自我练习

1）使用 plot 函数分别绘制矩阵 $A = \begin{pmatrix} 1 & 2 & 3 & 4 \\ 1 & 0 & 1 & 0 \\ 1 & 2 & 2 & 3 \end{pmatrix}$、$A'$、$A$（:，2）和 A（1，:）的数据图形。

2）在同一图形窗口中绘制函数 $y = \sqrt{2}\,e^{-t}\sin(2\pi t + \pi/4)$ 及其包络线图形，t 的范围为 $0 \sim 2$，绘制的曲线如图 S3-11 所示。

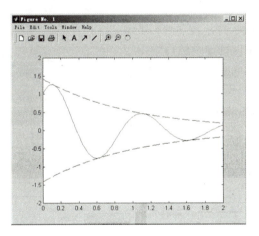

图 S3-11　运行界面

3）绘制实验 4 中 $z = 5x^2 - y^2$ 的三维曲线图。

第4章 符号运算实训

4.1 实验1 符号表达式的创建和算术运算

👉 **知识要点:**

➤ 熟练掌握符号常量、符号变量、符号表达式和符号矩阵的创建。
➤ 掌握符号表达式的算术运算。
➤ 了解数值型和符号型不同类型数据的转换。

1. 在实时编辑器窗口创建文件

在 MATLAB 界面单击工具栏 "New" →
"Live Script",在实时编辑器窗口使用 sym 函
数创建符号变量和常量,单击 LIVE EDITOR
面板的 "Run" 按钮运行程序,运行窗口如
图 S4-1 所示,左侧是程序,右侧是运行结果。

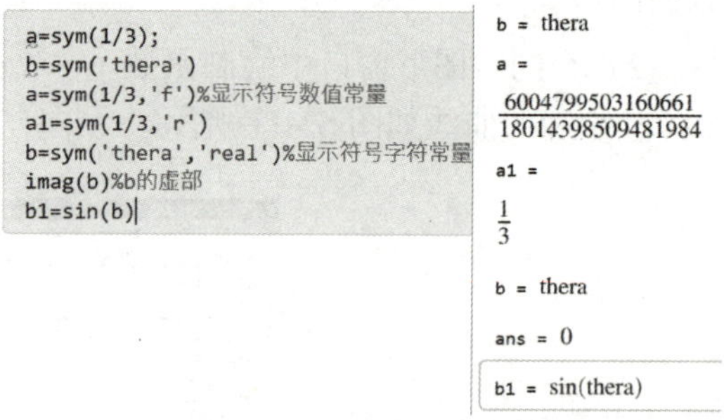

```
a=sym(1/3);
b=sym('thera')
a=sym(1/3,'f')%显示符号数值常量
a1=sym(1/3,'r')
b=sym('thera','real')%显示符号字符常量
imag(b)%b的虚部
b1=sin(b)
```

```
b = thera

a =

6004799503160661
─────────────────
18014398509481984

a1 =

1
─
3

b = thera

ans = 0

b1 = sin(thera)
```

✏️ **练一练:**

1) 使用 syms 创建符号变量 a 和 b。
2) 运行 "a=sym('1/3','f')",查看结果。
3) 使用' e '和' d '格式显示 1/3 和 pi。

图 S4-1 实时编辑器窗口

2. 不同类型对象的转换和算术运算

符号工具箱中不同类型变量进行转换,符号算术运算与数值运算基本相同:

```
>>n1=[1,3,sym(sin(2) ),sym(exp(5))];
>> vn1=vpa(n1,15)          %转换为 VPA 型
vn1 =
[1.0, 3.0, 0.909297426825682, 148.413159102577]
>> max(n1)
ans =
5221823812744079/35184372088832
>> nd1=double(n1)
nd1 =
    1.0000    3.0000    0.9093  148.4132
```

✏️ **练一练:**

1) 在工作空间中查看 n1 和 vn1 的数据类型。
2) 使用 digits 命令修改精度。
3) 在命令窗口使用 log(n1)查看结果。

3. 创建符号矩阵

由符号变量 a、a1 和 b、b1 生成 2×2 的符号矩阵，并进行矩阵的运算：

```
>> d1=[a a1;b b1];
>> dt=triu(d1)                    %取上角阵
dt =
[6004799503160661/18014398509481984,      1/3]
[                                    0, sin(thera)]
>> di=inv(dt)                     %求逆阵
di =
[3, -1/sin(thera)]
[0,  1/sin(thera)]
>> dc=sym2cell(d1);
>>dc{1,1}
ans =
6004799503160661/18014398509481984
>> d2=sym('d2',[2 2])
d2 =
[d21_1, d21_2]
[d22_1, d22_2]
```

✎ 练一练：

1）对符号矩阵 d1 进行 rank 运算。

2）计算 d1×d2。

3）使用 str2sym 将字符串转换为符号对象。

4.2　实验 2　符号表达式的运算

👉 知识要点：

➤ 熟练掌握多项式符号表达式的化简。

➤ 学会使用符号函数计算器。

1. 创建符号表达式

创建两个符号表达式 $f=x^3+5x^2+7x+3$ 和 $g=\dfrac{2u}{u+v}$：

```
>>syms x u v
>> f=x^3+5*x^2+7*x+3;
>> g=2*u/(u+v);
```

2. 化简符号表达式

化简是符号工具箱强大的功能，将符号表达式化简成合并同类项、因式分解和嵌套形式：

```
>>fh=horner(f)                 %化简为嵌套形式
fh =
```

```
3+(7+(5+x) * x) * x
>> ff=factor(f)                          %化简为因式分解形式
ff =
(x+3) * (x+1)^2
>> fs=simplify(f)                        %得出最简单的表达式
fs =
(x +1)^2 * (x + 3)
```

练一练：

1）使用 root 函数求 f 的根。

2）将符号表达式 fs 使用 pretty 显示为排版形式。

3. 复合函数

计算函数 f 和 g 的复合函数：

```
>>fg=compose(f,g)                        %计算 f(g(u,v))
fg =
8 * u^3/(u+v)^3+20 * u^2/(u+v)^2+14 * u/(u+v)+3
>> gf=compose(g,f)                       %以默认符号自由变量 v 计算 g(f(x))
gf =
2 * u/(u+x^3+5 * x^2+7 * x+3)
>> gf1=compose(g,f,var(3),'x')           %以 u 为符号变量计算 g(f(x))
gf =
2 * (x^3+5 * x^2+7 * x+3)/(x^3+5 * x^2+7 * x+3+v)
>> gf2=compose(g,f,'t')                  %计算 g(f(t))
gf =
2 * u/(u+t^3+5 * t^2+7 * t+3)
```

练一练：

1）计算 f(g(u,v))，将 v 替换为 t。

2）将 fg 表达式中的（u+v）替换为 T。

3）将 f 表达式中的 x 替换为 2。

4. 符号多项式运算

使用 resultant 函数进行多项式合成：

```
>>syms a b x
>> s1=a^2 * x+b * x; s2=3 * x+5;
>> S=resultant(s1,s2)
S =
5 * a^2 + 5 * b
>> Ss=subs(S,b,a)                        %将 b 替换成 a
Ss =
5 * a^2 + 5 * a
>>p=sym2poly(Ss)                         %转换成多项式系数
p =
    5     5     0
```

5. 使用符号函数计算器

符号函数计算器是可视化的计算工具，可以实现符号表达式的多种计算功能。在命令窗口中输入"$>> funtool$"，则就出现了两个图形窗口（Figure 1、Figure 2）和一个函数运算控制窗口（Figure 3）。

在 Figure 3 窗口中单击"Demo"按钮查看当"$f = 1$"和"$g = x$"时的各典型运算；在 Figure 3 窗口的 f 栏输入"$x^3+5*x^2+7*x+3$"，则立即在图 Figure 1 中显示了 f 表达式的曲线，在 g 栏输入"$2*u/(u+v)$"则出错，因为符号函数计算器只能用于一个变量的符号表达式；将 g 栏中改为"$2*u/(u+1)$"，则 Figure 2 窗口中显示出 g 的曲线，如图 S4-2 所示。

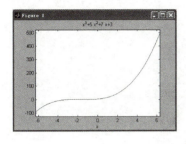 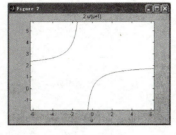 

图 S4-2　符号函数计算器的三个窗口

✏️ **练一练：**

1）在 Figure 3 窗口中修改 x 的范围为 $[-10, 10]$。

2）在 Figure 3 窗口中单击第一行、第二行和第三行的各按钮，查看 f、g 表达式和 Figure 1、Figure 2 窗口的曲线变化。

4.3　实验 3　符号表达式的微积分和积分变换

👉 **知识要点：**

➢ 掌握运用符号表达式实现极限的运算。
➢ 掌握微积分运算。
➢ 掌握 Fourier 变换、Laplace 变换和 Z 变换等积分变换。

1. 创建符号表达式

创建两个符号表达式 $f = (x^2 + y^2)^{xy}$ 和 $g = \sin\left(\dfrac{1}{x}\right)$：

```
>> syms x y t a
>> f=(x^2+y^2)^(x*y);
>> g=(sin(1/x));
```

2. 计算极限

计算符号表达式 f 当 x→1、y→1 和 x→0、y→0 时的极限：

```
>> fxy=limit(limit(f,'y',1),'x',1)
   fxy =
```

```
2
>> fxy0=limit(f)
fxy0 =
1
```

极限 limit 只能对一个符号变量设置范围，因此需要嵌套计算，默认 x→0 和 y→0。

3. 计算微积分

符号表达式的微分运算要注意确定自由符号变量，积分运算则要确定积分的上下限：

```
>> gdf1=diff(g)                  %一阶微分
gdf1 =
-cos(1/x)/x^2
>> gdf2=diff(g,x,2)              %二阶微分
gdf2 =
-sin(1/x)/x^4+2*cos(1/x)/x^3
>> gint=int(g)                   %不定积分
gint =
sin(1/x)*x-cosint(1/x)
>> gint1=int(g,1,pi)             %x 在[0  pi]的定积分
gint1 =
sin(1/pi)*pi-cosint(1/pi)-sin(1)+cosint(1)
```

其中 cosint 是 cos 的积分函数，$\mathrm{cosint}(x) = \mathrm{Gamma}+\log(x)+\mathrm{int}((\cos(t)-1)/t, t, 0, x)$。

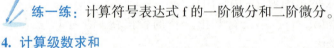 **练一练**：计算符号表达式 f 的一阶微分和二阶微分。

4. 计算级数求和

使用 symsum 函数来实现符号表达式 g 的前十项和：

```
>> gsum=symsum(g,1,10)
gsum =
sin(1)+sin(1/2)+sin(1/3)+sin(1/4)+sin(1/5)+sin(1/6)+sin(1/7)+sin(1/8)+sin(1/9)+sin(1/
10)
```

练一练：使用 taylor 函数对 g 进行展开。

5. 计算积分变换

创建三个符号表达式 $p=\mathrm{e}^{-x^2}$、$q=\sin(at)$ 和 $g=\sin x$，分别对符号表达式 g、p、q 进行 Fourier 变换和 Laplace 变换：

```
>> syms x y t a
>> p=exp(-x^2);
>> q=sin(a*t);
>> g=sin(x);
>> pf=fourier(p)                 %Fourier 变换
pf =
pi^(1/2)/exp(w^2/4)
>> qf=fourier(q)                 %Fourier 变换
qf =
```

```
pi * (dirac (a+w)-dirac(a-w) * i)
>> ql=laplace(q)                        %Laplace 变换
ql =
a/(s^2+a^2)
>> gl=laplace(g)                        %Laplace 变换
gl =
1/(s^2+1)
```

4.4　实验 4　求解符号方程和符号绘图

知识要点：

➤ 掌握符号方程和符号微分方程求解。
➤ 掌握符号函数的绘图。

1. 解符号方程

使用 solve 可以解一个方程或方程组，求解

$\sin\left(\dfrac{1}{x}\right)=1$（$3\pi<x<\pi$）和方程组 $\begin{cases}x+y+z=10\\x-2y+z=0,\\2x-y=-4\end{cases}$

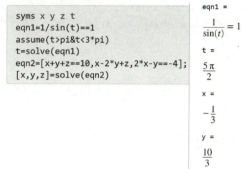

在实时编辑器窗口中输入程序，如图 S4-3 所示。

$\sin(1/t)=1$ 的方程解是周期解，有无穷多个，solve 函数列出符合条件的一个解。

练一练：将解方程组的输出变量 [x2,y2,z2] 改为一个变量 P，查看结果。

图 S4-3　实时编辑器窗口

2. 绘制符号函数曲线

绘制函数曲线，函数 $1/\sin(t)$ 当 t 的范围是 $0\sim2\pi$ 时的曲线如图 S4-4a 所示，$2x-y=-4$ 的曲线如图 S4-4b 所示。

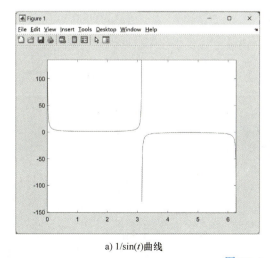

a) $1/\sin(t)$曲线

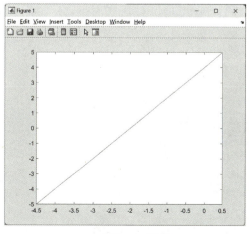

b) $2x-y=-4$曲线

图 S4-4　曲线图

```
>>syms x y z t
>>fplot(t,1/sin(t),[0,2*pi])
>> f2(x,y)=2*x-y==-4;
>>figure(2)
>> fimplicit(f2)
```

3. 解微分方程

微分方程的求解需要注意初始值的设定，使用 dsolve 函数得出的可以是特解或通解，下面解 $\dfrac{\mathrm{d}^2 y}{\mathrm{d}x^2} - \dfrac{\mathrm{d}y}{\mathrm{d}x} = 1$，$y_0 = 1$，$y_1 = 0$。

```
>>syms y(x)
>>eqn=diff(y,x,2)-diff(y,x)==1;
>>cond=[y(0)==1,y(1)==0];
>>y1=dsolve(eqn)                    %解二阶微分方程通解
y1 =
C1 - x + C2*exp(x) - 1
>> y2=dsolve(eqn,cond)              %解二阶微分方程特解
y2 =
1- x
```

✎ **练一练**：给微分方程设定初始条件 $y_0 = 1$，求解。

4.5　自我练习

1）创建符号表达式 $G = \dfrac{2}{s^2 + 2s + 1}$，使用排版形式显示，并进行部分分式展开。

2）使用泰勒级数计算器窗口对 $g = \sin\left(\dfrac{1}{x}\right)$ 进行级数逼近。

3）对 $y = 0.7\sin(100\pi t) + \sin(240\pi t)$ 的信号进行快速傅里叶变换，并绘制单侧幅值频谱。

第 5 章　程序设计和 M 文件实训

5.1　实验 1　使用函数调用并调试程序

👉 **知识要点:**

➢ 熟练掌握 M 函数文件的编写。

➢ 熟练掌握主函数与子函数的调用。

➢ 熟练运用 M 文件编辑/调试窗口中的调试程序方法。

1. 打开 M 文件编辑/调试器窗口

MATLAB 的 M 文件是通过 M 文件编辑窗口（Editor）来创建的。单击 MATLAB 工具栏的 ▦（New Script）图标，或者单击工具栏的 ➕（New）→"Script"，新建一个空白的 M 文件编辑器窗口。

如图 S5-1 为 M 文件编辑/调试器窗口。

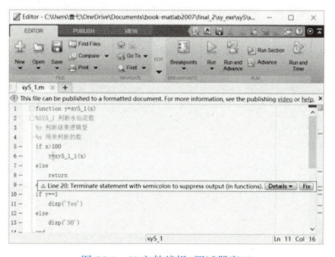

图 S5-1　M 文件编辑/调试器窗口

1）左边框是行号，如果程序出错可根据出错提示中的行号查找出错语句。

2）左边框的"-"处可以设置断点，有"-"的行都可以设置断点，单击"-"就出现圆点，单击鼠标右键可以设置条件断点。

3）右边框是程序的提示，将鼠标放置其上可以看到相应的提示和警告信息，有红色、黄色或绿色三种，红色表示警告或出错。图 S5-1 中显示为绿色，表示无警告和出错。

2. 编写 M 函数文件

编写程序判断输入参数是否是"水仙花数"，"水仙花数"是一个三位数，各个位数的立方和等于该数本身，如果是"水仙花数"则函数输出 1，否则输出 0。编写 M 函数程序如下：

```
function y=sy5_1_1(x)
% sy5_1_1 判断是否水仙花数
% y 判断结果,是则 y=1,否则 y=0
a=fix(x/100);
b=fix(rem(x,100)/10);
c=rem(x,10);
if x==(a^3+b^3+c^3)
    y=1;
else
    y=0;
end
```

将函数文件保存为"sy5_1_1.m"，在命令窗口中调用该函数：

```
>>y= sy5_1_1(455)
y =
    0
```

练一练：

1）使用"Text"菜单的"Comment"菜单项添加注释语句。

2）使用"Text"菜单的"Increase Indent"增加语句的缩进。

3. 添加主函数

添加一个主函数，当满足"水仙花数"条件时显示"YES"否则显示"NO"。在"sy5_1_1.m"文件的最上面添加主函数：

```
function sy5_1(x)
%SY5_1 判断水仙花数
if x>100
    y=sy5_1_1(x)
else
    return
end
if y ==1
    disp('YES')
else
    disp('NO')
end
```

"水仙花数"必须是三位数，因此为了减少不必要的运算，对于不是三位数的就终止程序。将函数文件另存为"sy5_1.m"。

练一练：将程序中的"return"改为 break 或 continue，查看运行的结果。

4. 调试程序

（1）单步运行　使用菜单"Debug"→"Step"（快捷键 F10）在主函数中单步运行，绿色箭头所在的行为当前行，这时 MATLAB 处于中断状态，将鼠标放在变量上查看变量的当前值，命令窗口提示符为"K>>"，可以输入变量或表达式查看。

（2）单步运行进函数 选择菜单"Debug"→"Step In"可以一步步运行，到调用函数的语句后则进入子函数"sy5_1_1"单步运行，如果想从子函数出来则使用"Debug"→"Step Out"菜单项。

（3）设置断点

1）设断点的最简单方法就是直接在某行语句前左边框单击一下，出现红色的圆点时就设置了断点，或选择菜单"Debug"→"Set/Clear Breakpoint"（快捷键 F12），在"sy5_1_1"函数中的"if x==(a^3+b^3+c^3)"行设置断点。

2）在断点上设置条件断点的方法是单击鼠标右键，在快捷菜单中可以选择"Set/Modify Conditional Breakpoint..."，在出现的对话框中设置条件，该行前面会出现黄色圆点，在"sy5_1"函数的"if y==1"行设置条件断点，条件为 y==1。

设置完断点后，就可以直接选择菜单"Debug"→"Continue"（快捷键 F5），在各断点之间运行。如果在快捷菜单中选择"Disable Breakpoint"，则该断点无效，该行前面会出现圆点加个叉。

（4）单元调试 使用"Cell"菜单可以将大的程序分块调试，在子函数"sy5_1_1"中，将程序分成两个单元，在需要分成单元处添加符号"%%"和标题，并给第一个单元添加一个赋值语句"x=153"，程序如下：

```
function y=sy5_1_1(x)
%% 取各位数
x=153;
a=fix(x/100)
b=fix(rem(x,100)/10)
c=rem(x,10)
%% 计算立方和
if x==(a^3+b^3+c^3)
    y=1;
else
    y=0;
end
```

1）将光标放置在第一个单元，则该单元区背景变为黄色，在菜单中选择"Evaluate Current Cell"或工具栏中单击 ，则在命令窗口就可以查看 a、b、c 的值。

2）在 x 变量上放置光标并将工具栏的文本框 − 1.0 + 分别修改为"100""10"和"1"，单击"+"可以看到 x 每加 100、10 和 1 的运行结果。

3）在菜单中选择"Evaluate Current Cell and Advance"或工具栏中单击，则运行当前单元并将变量传给下一单元，单击 运行第二个单元并在命令窗口中显示结果。

315

5.2 实验 2 使用 M 脚本和 M 函数文件

知识要点：

➤ 熟练掌握分支结构、循环结构和错误结构。

➢ 掌握函数调用时参数的传递。

➢ 掌握实时编辑器窗口的使用。

1. 创建 M 脚本文件

使用 for 循环结构，建立如下的矩阵：

$$y = \begin{pmatrix} 0 & 1 & 2 & 3 & \cdots & n \\ 0 & 0 & 1 & 2 & \cdots & n-1 \\ 0 & 0 & 0 & 1 & \cdots & n-2 \\ \vdots & \vdots & \vdots & \vdots & & \vdots \\ 0 & 0 & 0 & 0 & \cdots & 0 \end{pmatrix}$$

在 MATLAB 界面窗口的工具栏单击 按钮，新建实时脚本文件"sy5_2.mlx"，编写程序建立 6×6 的矩阵，在程序行"for mn=(m+1):n"前面单击设置断点，如图 S5-2 所示。

单击工具栏的单步运行 按钮，单步运行程序，每次循环运行的结果 y 会在图 S5-2 右边显示，单击继续按钮 则运行程序到结束。如果取消断点，也可以在程序行前面单击 直接运行到该行。

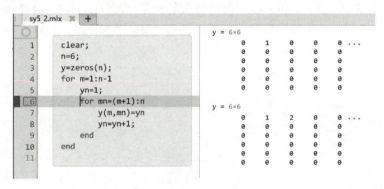

图 S5-2　实时编辑器窗口

✎ **练一练**：在程序前面添加注释语句，说明程序的功能。

2. 使用 while 循环结构

将 for 循环结构改为 while 循环结构，保存为"sy5_2_1.mlx"文件，修改循环结构：

```
n=6;
y=zeros(n);
m=1;
while m<n
    mn=m+1;
    while mn<=n
        y(m,mn)=mn-1;
        mn=mn+1;
    end
    m=m+1;
end
y
```

3. 使用 M 函数文件

将脚本文件修改为函数文件并保存为"sy5_2_2.m",将矩阵的尺寸 n 作为输入参数,程序如下:

```
function y=sy5_2_2(n)
%Generate n*n upper triangular matrix
% n is size
    y=zeros(n);
    for m=1:n-1
        for mn=(m+1):n
            y(m,mn)=mn-1;
        end
    end
```

在命令窗口调用函数,输入:

```
>> y=sy5_2_2(3)
y =
    0    1    2
    0    0    1
    0    0    0
```

在函数前面增加一行调用命令,并在最后给函数加一个"end",保存为脚本文件"sy5_2_2.m",程序如下:

```
y=sy5_2_2(4)             %调用函数
function y = sy5_2_2(n)
    y=zeros(n);
    for m=1:n-1
        for mn=(m+1):n
            y(m,mn)=mn-1;
        end
    end
end
```

✎ 练一练:

使用分支结构和循环结构,建立如下的矩阵:

$$y = \begin{pmatrix} 0 & 1 & 2 & \cdots & n-1 & n \\ 1 & 0 & 1 & \cdots & n-2 & n-1 \\ 1 & 4 & 0 & \cdots & n-3 & n-2 \\ \vdots & \vdots & \vdots & \vdots & & \vdots \\ 1 & 4 & 9 & \cdots & (n-1)^2 & 0 \end{pmatrix}$$

4. 输入输出参数个数

(1)使用 varargin 和 varargout 函数　使用 varargin 和 varargout 函数实现 sy5_2_2 函数无输入参数时输出长度为 6 的矩阵,输入 1 个以上参数时立即结束程序,在 sy5_2_2 中添加下面的程序:

317

```
if length(varargin)==0
    n=6;
elseif length(varargin)>1
    varargout{1}=0;
    return
end
```

（2）使用 nargin 函数　使用 nargin 函数实现 sy5_2_2 函数当无输入参数时输出长度为 6 的矩阵，在文件中添加下面的程序：

```
if nargin==0
    n=6;
end
```

在命令窗口中调用函数：

```
>> y=sy5_2_2(2)
```

练一练：如果输入"y=sy5_2_2( )"时，运行结果会如何。

5.3　实验 3　使用函数句柄进行数值分析

👉 知识要点：

➤掌握创建匿名函数和函数句柄的方法。

➤掌握函数曲线的绘制。

➤了解数值分析的常用方法。

1. 创建匿名函数

已知函数 $f(t) = (\sin^2 t)\, e^{0.1t} - 0.5|t|$，创建匿名函数，并查看波形如图 S5-3 所示。

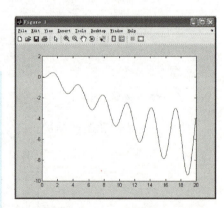

```
>> f1=@ (t)(sin(t)^2*exp(0.1*t)-0.5*abs(t))
>> functions(f1)          %查看函数句柄信息
ans =
    function:@ (t)(sin(t)^2*exp(0.1*t)-0.5*abs(t))'
        type:'anonymous'
        file:"
    workspace: {[1x1 struct]}
>> fplot(f1,[0,20])
```

图 S5-3　函数波形

练一练：使用 ezplot 命令绘制函数曲线。

2. 创建函数句柄

创建函数 sy5_3 并保存为"sy5_3.m"文件：

```
function y=sy5_3(t)
%SY5_3 y=sin(t).^2.*exp(0.1*t)-0.5*abs(t)
y=sin(t).^2.*exp(0.1*t)-0.5*abs(t);
```

创建函数句柄并调用函数：

```
>> f2=@ sy5_3;
>> t=0:10;
>> y=f2(t)
y =
Columns 1 through 9
    0 0.2825   0.0099  -1.4731  -1.1456  -0.9839  -2.8577  -2.6308  -1.8216
Columns 10 through 11
-4.0823    -4.1955
```

练一练：使用 feval 命令调用函数。

3. 求函数的过零点

使用 fzero 函数求函数的过零点：

```
>> x0=fzero(f1,[0,5])          %在 0~5 范围内的过零点
x0 =
   0
>> x1=fzero(f1,[1,5])          %在 1~5 范围内的过零点
x1 =
   2.0074
```

练一练：运行"x0=fzero(f1,[1,20])"命令并查看结果。

4. 求数值积分

使用 quad 函数计算函数在 [0，10] 范围的数值积分：

```
>> q=quad(f2,0,10)
q =
 -17.0288
```

5.4　自我练习

1）将实验 1 中输入参数 x 设置为全局变量，使用主函数调用判断水仙花数。

2）在实验 2 中使用 varargout 函数编程实现当输出参数大于 1 时，立即结束程序。

3）在实验 3 中使用 quad 函数对 f1 计算数值积分结果怎样，应如何修改？

第6章 MATLAB 高级图形设计实训

6.1 实验1 创建多控件的用户界面

👉 知识要点：

➤ 熟练掌握 App Designer 环境的使用。
➤ 掌握控件的属性设置和回调函数的编写。
➤ 掌握 App 文件保存和分享。

1. 打开 App Designer 界面

在 MATLAB 主界面选择工具栏"New"→"App"就会出现 App 新建窗口，如图 S6-1 所示。

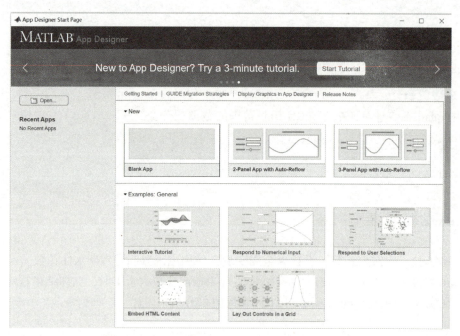

图 S6-1　App 新建窗口

如果选择"Blank App"可以创建新的空白 App 界面，选择"2-Panel App with Auto-Reflow"则创建分左右两个面板的空白 App，"3-Panel App with Auto-Reflow"是创建三个面板的空白 App，创建后就出现了 App Designer 设计界面。

2. 创建界面

（1）放置控件　创建一个空白的界面后，出现如图 S6-2 所示的设计界面，在图中左栏的控件面板中单击选中"Label"控件，然后拖动鼠标放置控件在设计界面中，则出现 Label

标签。当单击控件时控件四周出现选中框，可以移动控件或改变控件的大小。

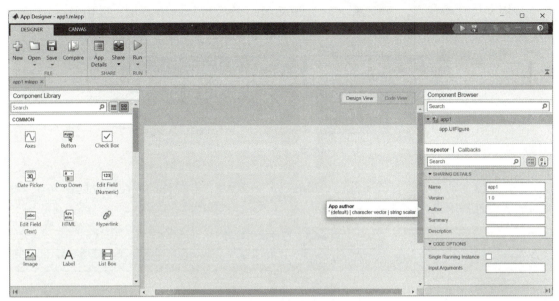

图 S6-2　空白设计界面

在创建两个面板控件时，要先创建面板再将其他控件放置到面板中，这样面板就是容器，移动时面板内的控件跟随移动。

拖动文本框 Edit Box 时，不需要前面的标签时，在拖放的同时按 Ctrl 键，则就只拖放了文本框到面板中。

在图 S6-3a 的 App 界面窗口中放置一个标签、两个面板 Panel、两个按钮 Button、一个滚动条 Slider、一个下拉列表 Drop Down、一个列表框 List Box、一个文本框 Edit Field （Numeric）和一个坐标轴 Axes。

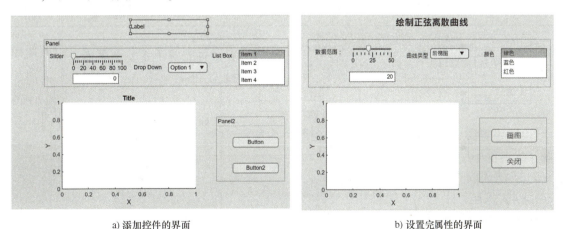

a）添加控件的界面　　　　　　　　　　　b）设置完属性的界面

图 S6-3　App 设计界面

（2）布局控件　创建完控件后，为了使界面布局更整齐美观，使用画布"CANVAS"工具栏的"ALIGN"来进行布局，如图 S6-4 所示，在设计界面中将第一个面板 app. panel 中

321

的除了文本框的三个对象选中，并选择 ⬚ 进行上端对齐；将 app.panel_2 中的两个按钮选中后选择同一尺寸按钮 ⬚，并选择左对齐按钮 ⬚。然后进行间隔布局，选中第一个面板 app.panel 中的三个对象，在图 S6_4 中的"Apply Horizontally"进行等间隔布局。

图 S6-4　工具栏

（3）设置控件属性　控件属性在"Inspector"中设置，各控件的属性设置见表 S6-1，设置完控件属性后的界面如图 S6-3b 所示。

表 S6-1　控件属性设置

控件类型	控件名	属性名	属性值	控件类型	控性名	属性名	属性值
Label	app.Label	Text	绘制正弦离散图形	Drop Down	app.DropDown	Items	阶梯图，火柴杆图
						Value	1
		fontsize	20			ItemsData	1，2
		fontweight	bold	Button	app.Button	Text	画图
Panel	app.Panel	Title	空			fontsize	16
	app.Panel_2	Title	空		app.Button_2	Text	关闭
Slider	app.Slider	Limits	0，50			fontsize	16
		Value	20	List Box	app.ListBox	Items	绿色，蓝色，红色
Axes	app.Axes	Title	空			Value	1
Edit Box	app_EditField	Limits	0，50			ItemsData	1，2，3

Drop Down 控件的 ItemsData 属性是与 Items 属性值的每个元素关联的数据，因此使用"1，2"，List Box 的 ItemsData 属性使用"1，2，3"。

✏️ 练一练：

1）设置窗口背景色为蓝色，滚动条颜色为黄色，标题字为白色。

2）设置窗口上的鼠标光标为十字形。

（4）保存文件　单击工具栏的"Save"按钮，将文件保存为"S6_1.mlapp"。

（5）对象浏览器 Component Browser　可以在对象浏览器窗口中查看所有的对象，对象浏览器窗口如图 S6-5 所示，可以看到每个对象的名称和类型，app.UIFigure 是顶层，两个面板是下一级。

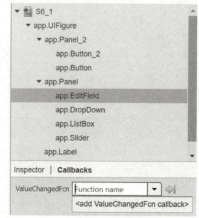

图 S6-5　对象浏览器窗口

3. 编写程序

（1）打开窗口函数　打开窗口函数是在窗口打开时执行的，因此在 startupFcn 函数中设计，创建 startupFcn 函数的方法如下：

1）在 EDITOR 编辑器窗口选择工具栏中的"Callback" 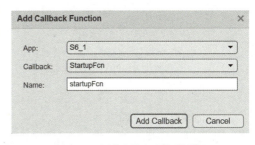按钮，则会出现如图 S6-6 所示的添加回调函数对话框，分别选择"S6_1"，"StartupFcn"。

2）在右侧的控件浏览器中选择"S6_1"，单击鼠标右键后，选择"Callback"→"Add startupFcn Callback"。

图 S6-6　添加回调函数对话框

在打开窗口时将窗口的名称修改为"绘制曲线"，程序代码如下：

```
function startupFcn(app)
    %设置窗口名称
    set(app.UIFigure,'name','绘制曲线')
end
```

（2）app.slider 滚动条的回调函数　选择设计界面的 app.Slider 控件，单击鼠标右键选择"Callbacks"→"<add ValueChanged callback>"打开编辑器，直接进入相应的回调函数。app.Slider 滚动条的当前值改变时将当前值显示在文本框 app.EditField 中，程序代码如下：

```
function SliderValueChanged(app, event)
    value = app.Slider.Value;
    app.EditField.Value=value;          %文本框获取滚动条数据
end
```

SliderValueChanged 函数是当滚动条修改数据后执行的，value 属性是滚动条的当前值，为 double 型。

（3）按钮的回调函数　在右侧的控件浏览器中选择按钮 app.Button 控件，单击鼠标右键选择"Callbacks"→"<add ButtonPusedFcn callback>"打开编辑器，直接进入相应的回调函数。

按钮有"画图"和"关闭"两个，"画图"按钮将文本框、弹出式菜单和列表框的值取出，计算并绘制出相应的曲线，程序运行界面如图 S6-7 所示。程序代码如下：

```
function ButtonPushed(app, event)
    %画图
    xmax=app.Slider.Value;
    x=0:0.2:xmax;
    y=sin(x);
    pselect=app.DropDown.Value;          %获取下拉列表所选的值
    lselect=app.ListBox.Value;           %获取滚动条所选的值
    %列表框对应的列表项
    switch lselect
        case 1
            lcolor='g';
```

```
        case 2
            lcolor='b';
        otherwise
            lcolor='r';
        end
    %下拉菜单对应的列表项
    if pselect==1
        stairs(app.UIAxes,x,y,lcolor)
    else
        stem(app.UIAxes,x,y,lcolor)
    end
end

function Button_2Pushed ( app, event )
    close ( app. UIFigure )          %关闭窗口
end
```

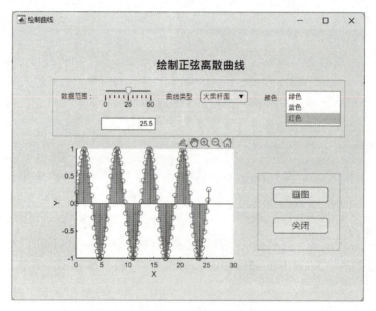

图 S6-7　运行界面

在 App Designer 设计窗口，选择右上角的"Design View"和"Code View"切换设计界面和程序编辑窗口。

✎ **练一练**：在"画图"按钮的函数中，给坐标轴添加标题，标题根据选择的曲线类型的不同而不同。

4. 将文本框显示改成仪表盘 Gauge

将界面中的控件 app_EditField 删除，在控件库中选中"Gauge"圆形仪表盘拖放到 app. Panel 中，则生成仪表盘控件"app. Gauge"，修改属性"Value"值为 20，Limits 值为"0，50"，则运行界面中的面板如图 S6-8 所示。然后修改程序：

```
function SliderValueChanged(app, event)
    value = app.Slider.Value;
    app.Gauge.Value=value;
end
```

5. 创建菜单

在界面中创建菜单"Plot"和"View"，在左侧 Component Library 控件库中选择"Menu Bar"控件，拖放到窗口，则在窗口左上角就出现了菜单栏，如图 S6-9 所示。

a) 菜单　　　b) 上下文菜单　　　c) 菜单名称　　　d) 上下文菜单名称

图 S6-9　菜单编辑

（1）设计普通菜单　单击菜单项，在右侧的 Inspector 中设置属性"Text"为"Plot"，单击菜单项下面的"+"按钮创建下拉菜单项"Draw""Clear"和"Close"，单击菜单项右边的"+"按钮创建同一级菜单项"View"，菜单的各项属性见表 S6-2。

（2）设计弹出式菜单　在 App 设计界面选择 Component Library 控件库中的上下文菜单"Context Menus"，设计方法与普通菜单相同，设计两个菜单"Draw"和"Clear"。菜单属性见表 S6-2。

表 S6-2　菜单属性

菜单类型	菜单级	Text	控件名	Accelerator	备　　注
普通菜单	菜单条	Plot	app. PlotMenu		
	下拉菜单	Draw	app. DrawMenu	D	按 Ctrl+D
		Clear	app. ClearMenu	C	按 Ctrl+C
		Close	app. CloseMenu	S	按 Ctrl+S
	菜单条	View	app. ViewMenu		
	下拉菜单	ShowGrid	app. ShowgridMenu		坐标区加网格
		ShowBox	app. ShowboxMenu		坐标区加边框

（续）

菜单类型	菜单级	Text	控件名	Accelerator	备　注
上下文菜单	下拉菜单	Draw	app. DrawMenu_2		当 Grid 为 off 时菜单为 Grid on
		Clear	app. ClearMenu_2		当 Box 为 off 时菜单为 Box on

（3）编写回调函数　在右侧的控件浏览器中选择菜单 app. ClearMenu 控件，单击鼠标右键选择"Callbacks"→"<add ClearMenuSelected callback>"打开编辑器，直接进入相应的回调函数。

1）单击菜单"Clear"用来清除坐标区的内容，回调函数如下：

```
function ClearMenuSelected(app, event)
    cla(app.UIAxes);                 %清空坐标区
end
```

2）单击菜单"Show Grid"用来在坐标区添加网格，当添加完网格后该菜单变成灰色：

```
function ShowGridMenuSelected(app, event)
    %显示网格
    grid(app.UIAxes,'on');
    set(app.ShowGridMenu,'Enable','off')          %将菜单变成不可用
end
```

3）单击菜单"Show Box"用来在坐标区添加边框，当添加完边框后该菜单变成灰色：

```
function ShowBoxMenuSelected(app, event)
    box(app.UIAxes,'on');
    set(app.ShowBoxMenu,'Enable','off')           %将菜单变成不可用
end
```

4）菜单中的"Draw""Close"功能与"画图""关闭"按钮相同，因此调用按钮的程序，回调函数如下：

```
function DrawMenuSelected(app, event)
        ButtonPushed(app, event)                  %调用画图按钮程序
End

function CloseMenuSelected(app, event)
    Button_2Pushed (app, event )                  %调用关闭按钮程序
end
```

弹出式菜单中的"Draw"和"Clear"实现的功能与普通菜单中的"Draw"和"Clear"相同，因此调用普通菜单的回调函数：

```
function DrawMenu_2Selected ( app, event )
    DrawMenuSelected ( app, event )              %调用 Draw 菜单程序
End
function ClearMenu_2Selected ( app, event )
    ClearMenuSelected ( app, event )             %调用 Clear 菜单程序
end
```

（4）运行程序　当单击 Ctrl+d 时运行画图程序，单击菜单"View"→"Show Grid"，

如图 S6-10 所示，坐标轴显示网格后菜单项显示为不可用。

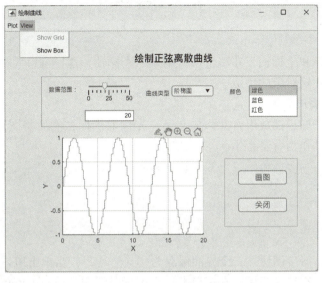

图 S6-10　运行界面中的菜单

在窗口中单击鼠标右键出现上下文菜单，可以选择"Clear"清除坐标区。

6. 保存与分享

文件保存为"S6_1.mlapp"后，还可以选择"Save"菜单的"Export to .m File…"，保存为"S6_1_exported.m"文件，可以直接在命令窗口中输入：

```
>> S6_1_exported
```

选择工具栏中的分享"Share"→"Standalone Desktop App"，出现 Application Compiler 窗口，单击"Package"进行打包，生成"S6_1.exe"文件，可以脱离 MATLAB 环境运行。

6.2　实验 2　创建多媒体用户界面

👉 **知识要点：**

➢ 掌握图形对象的创建，能够获取并设置对象的属性。
➢ 掌握图像、声音和视频文件的读取和播放。
➢ 学会以电影和对象方式进行动画的设计。
➢ 学会使用输入框、输出框和文件管理框。

创建两个界面窗口，第一个窗口显示图像和声音，当用户单击窗口后关闭第一个窗口并显示第二个窗口，第二个窗口动画显示不同阻尼系数的二阶系统阶跃响应曲线。

1. 使用图像对象创建界面

使用句柄对象创建第一个界面窗口，程序代码保存在 M 脚本文件"sy6_2.m"中，运行界面如图 S6-11 所示。

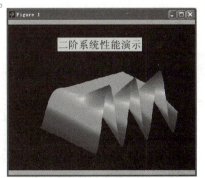

图 S6-11　运行界面

```
h_f=figure ('Position', [200 300 500 400])
set (h_f, 'menubar', 'none')              %清除菜单条
%坐标轴为整个窗口
h_a1=axes ('position', [0, 0, 1, 1])
```

创建了一个窗口和坐标轴，在整个窗口中显示坐标轴，这样窗口大小变化坐标轴都会跟着变化，这是使用句柄对象的优点。

2. 显示图像和播放声音

在界面中显示图像、播放声音并添加文字，先读取图像，然后将图像在坐标轴中显示，并播放声音数据文件作为背景音乐。

```
[p,map]=imread('001.bmp');          %读取图像文件
imshow(p,map);
text(150,60,'二阶系统性能演示','backgroundcolor','y','fontsize',20);
w=audioread('001.wav');             %读取声音文件
sound(w)                            %播放音乐
```

在 App Designer 窗口创建第二个界面保存为"sy6_2_2"，当单击窗体时关闭本窗口并打开第二个窗口"sy6_2_2"，当用户在窗口上单击鼠标时调用"windowButtonDownFcn"函数：

```
set(h_f, 'windowButtonDownFcn', 'close, sy6_2_2')            %关闭本窗口显示第二个窗口
```

3. 创建动画

在第二个界面"sy6_2_1"中动画地显示二阶系统阶跃响应曲线，以电影方式创建动画。

（1）设计界面　选择"New"→"App"→"2-Panel App with Auto-Reflow"，在 App Designer 环境创建具有两个面板的 App 界面。创建两个标签 Label、两个按钮 Button、一个列表框 List Box 和一个坐标区 Axes，对象属性见表 S6-3，设计的界面如图 S6-12 所示。

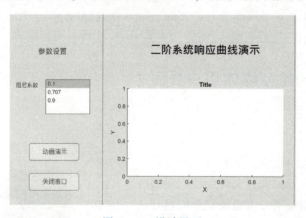

图 S6-12　设计界面

表 S6-3　对象属性

对象类型	控件名称	属性名	属性值
Label	app. Label	string	二阶系统响应曲线演示
		FontSize	24
	app. Label_2	string	参数设置

（续）

对象类型	控件名称	属性名	属性值
ListBox	app. listbox	Items	0.3，0.707，0.9
		Value	0.707
Button	app. button1，app. button_2	fontsize	14
	pushbutton1	Text	动画演示
	pushbutton2	Text	关闭窗口
Axes	App. UIAxes	Title. String	绘制动画曲线

（2）创建动画　以电影方式要先创建动画帧保存到数组中，阶跃响应表达式为 $y=1-\dfrac{1}{\sqrt{1-\zeta^2}}e^{-\zeta x}\sin(\sqrt{1-\zeta^2}x+a\cos\zeta)$。在 App 界面中选择"Code View"切换到 EDITOR 编辑器窗口，在工具栏单击"Function" 按钮，创建一个函数，绘制波形视频帧并保存在数组 M 中，则会在 methods 中添加程序如下：

```
function M = func(app)
%创建视频帧
x=0:0.2:10;
z=str2num(app.ListBox.Value);
k=1;
for n=x
    x1=0:0.2:n;
    y1=1-1/sqrt(1-z.^2).*exp(-z*x1).*sin(sqrt(1-z.^2).*x1+acos(z));
    plot(app.UIAxes,x1,y1);              %绘制曲线
    app.UIAxes.XLim=[0,10];              %设置 X 坐标轴范围
    app.UIAxes.YLim=[0,1.5];             %设置 Y 坐标轴范围
    M(k)=getframe(app.UIAxes);           %抓取坐标区
    k=k+1;
end
end
```

（3）演示动画　单击"动画演示"按钮在坐标轴中显示动画曲线，使用不同的阻尼系数 0.3、0.707 和 0.9 分别调用"func"函数创建视频帧数组，运行界面如图 S6-13 所示，添加按钮"app. Button"，回调函数的程序如下：

```
function ButtonPushed(app, event)
    M1=func(app);       %调用绘制曲线程序
    movie(M1);          %播放
end
```

movie 函数用来播放 M1 视频帧，会打开另一个窗口，不能在 App 界面中播放。

4. 创建对话框

当单击图 S6-13 的"关闭窗口"按钮时，使用对话框显示提问信息，可以使用 msgbox 或 questdlg 函数显示提问消息框，显示的对话框如图 S6-14 所示，"关闭"按钮回调函数如下：

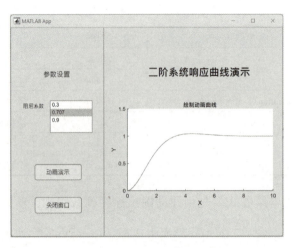

图 S6-13　运行界面

图 S6-14　提问消息框

```
function Button_2Pushed ( app, event )
    B=questdlg ('是否关闭?', '关闭', 'Yes', 'No', 'Yes')
    if B=='Yes'
        close ( app. UIFigure )
    end
end
```

当用户选择"Yes"按钮时关闭窗口，否则继续运行。

✏ **练一练：**使用 msgbox 函数创建提问对话框。

6.3　自我练习

1. 修改实验 1 的界面，使用一组单选按钮来选择曲线的两种类型。
2. 设计一个封面界面，添加到实验 1 中，单击界面进入第二个界面。
3. 设计一个"元旦快乐"的新年贺卡，添加文字、动画和背景音乐。

第 7 章　Simulink 仿真环境实训

7.1　实验 1　连续系统模型的分析和校正

📖 知识要点：

➢ 熟悉 Simulink 的工作环境，掌握模型的创建。
➢ 熟练掌握模块参数的设置和常用模块的使用。
➢ 掌握模型结构的参数化。
➢ 掌握创建子系统并封装。

1. 打开 Simulink 的工作环境

在 MATLAB 的命令窗口输入"simulink"，或单击"Home"面板工具栏中的 ▦ 图标，在出现的窗口如果选择"Blank Model"空白模型，就新建了一个名为"untitled"的空白模型窗口，如图 S7-1 所示。

图 S7-1　Simulink 模型设计窗口

2. 创建模型

创建一个连续系统模型，其结构框图如图 S7-2 所示，其输入信号为阶跃信号。

（1）设计系统的模型结构　系统的输入信号为"Step"模块，系统结构由"Integrator"和两个"Transfer fcn"模块构成，信号叠加使用"Sum"模块，输出使用"Scope"模块。

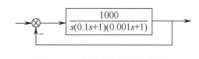

图 S7-2　系统模型结构框图

（2）添加模块 在图 S7-1 中单击工具栏的模块库浏览器按钮🔲出现 Simulink 模块库浏览器，双击左栏中的"Sources"模块库，便可看到子模块库中的各种模块，如图 S7-3 所示。

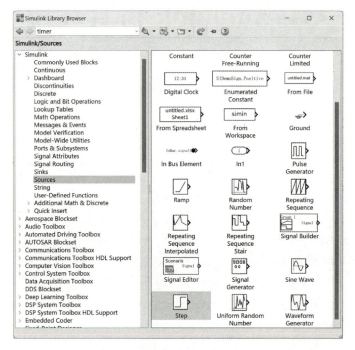

图 S7-3 Sources 子模块库

在图 S7-3 中用鼠标单击所需要的输入信号源模块"Step"（阶跃信号），将其拖放到空白模型窗口"untitled"，也可以用鼠标选中"Step"模块，单击鼠标右键，在快捷菜单中选择"add block to ' untitled '"，则"Step"模块就被添加到"untitled"窗口。

同样的方法将"Continuous"子模块库中的"Integrator"和"Transfer fcn"，"Math Operations"子模块库中的"Sum"，"Sinks"子模块库中的"Scope"模块添加到"untitled"窗口。

✏️ **练一练**：在图 S7-1 的搜索栏中输入"PID"，单击工具栏中的🔍按钮搜索其在哪个子模块库中。

（3）添加信号线 将鼠标放在"Step"模块的输出端，当光标变为十字符时，按住鼠标左键拖向"Sum"的输入端连接"Step"和"Sum"模块。

反馈通道需要由"Transfer fcn"与"Scope"的连接线产生分支，将光标移到信号线的分支点上，按住 Ctrl 键，同时按下鼠标左键拖动鼠标至"Sum"的另一输入端。模型结构框图如图 S7-4 所示。

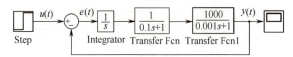

图 S7-4 模型结构框图

（4）调整模块和信号线　选定模块时会出现小黑块编辑框，用鼠标就可以将选定的模块移动或放大缩小。

双击信号线下面需要添加注释的地方，出现空白的虚线编辑框，在编辑框中输入注释分别为"$u(t)$""$e(t)$"和"$y(t)$"。

设置模块颜色，用鼠标右键单击各模块，在快捷菜单中选择"Format"→"Background Color"，设置各模块的颜色。

✎ 练一练：使用"Highlight Signal To Source"菜单项，加亮与信号源连接的信号线。

（5）设置模块参数　将"SIMULATION"面板的"PERPARE"工作区的"Property Inspector"双击打开，就在设计界面右边出现属性窗口，各模块的参数设置见表 S7-1。

表 S7-1　模块参数设置

子模块库	模块	模块名	参数名	参数值
Sources	Step	Step	Step time	0
Math Operations	Sum	Sum	List of signs	| + −
Continuous	Transfer fcn	Transfer fcn	Numerator coefficient	[1000]
			Denominator coefficient	[0.1 1]
		Transfer fcn1	Denominator coefficient	[0.001 1]

（6）仿真运行　单击工具栏中的 ▶ 按钮都可以启动仿真。

双击 Scope 示波器查看仿真结果，单击示波器工具栏的 ▦ 按钮，使波形的 Y 坐标刻度最合适，示波器显示可以看出波形振荡剧烈。

（7）修改仿真参数　启动仿真后，默认采样仿真算法 ode45。

在"MODELING"面板选择"Model Settings"按钮 ⚙，则会打开参数设置对话框，如图 S7-5 所示。

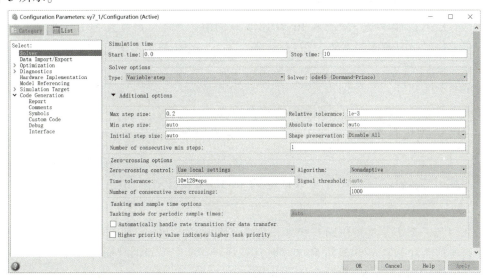

图 S7-5　参数设置对话框

修改图 S7-5 中的 "Max step size" 参数为 0.2, 为了能够在示波器中看到较完整的波形, 修改 "Stop time" 参数为 50。再次运行仿真, 示波器显示较完整的波形, 可以看出系统振荡非常剧烈, 稳定性不好。

在示波器显示窗口单击鼠标右键, 选择 "Style..." 会出现示波器颜色等显示的设置窗口, 修改颜色如图 S7-6a 所示, 则示波器显示如图 S7-6b 所示。

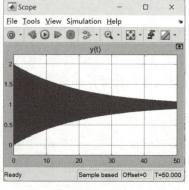

a) 示波器颜色设置　　　　　　　b) 示波器显示

图 S7-6　示波器显示

（8）增加校正装置　为了改善系统的稳定性, 需要在系统的前向通道中增加校正环节, 在模型窗口增加一个 "Transfer Fcn" 模块, 将分子和分母的系数都使用变量 Ta 和 Tb 表示, 创建的模型结构如图 S7-7 所示。

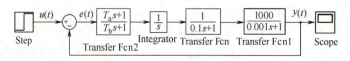

图 S7-7　校正后的模型结构

在 MATLAB 的命令窗口中输入 Ta 和 Tb 变量的值, 并运行仿真查看示波器显示的波形, 例如, 在命令窗口中输入如下命令：

```
>> Ta=0.017;
>> Tb=0.002;
```

在示波器中可以看到系统的性能得到很大的改善, 稳定性很好, 因此修改仿真参数 "Stop time" 为 1 则波形显示如图 S7-8 所示。

练一练：将示波器的显示数据送到 MATLAB 的工作空间。

（9）封装子系统　将校正装置模块设置为子系统并封装, 在参数输入对话框中输入变量 Ta 和 Tb 的值。

单击选中 "Transfer Fcn2" 模块, 选择菜单 "Mask" → "Create subsystem" 创建子系统 "Subsystem...", 打开封装对

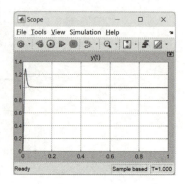

图 S7-8　示波器显示

334

话框。

在 Icon 选项卡的 Drawing commands 栏中设置 "disp（' Correction '）"，则子系统封装后的模型结构如图 S7-9 所示。

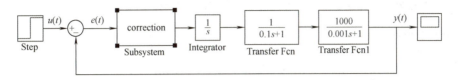

图 S7-9　子系统封装后的模型结构

在 Parameters & Dialog 选项卡设置变量 Ta 和 Tb，在左边选择 Popup，因此在中间的 Dialog Box 中添加#1 和#2，输入 Prompt 分别为 Ta 和 Tb，在右边 Property editor 框中选择 Type options，输入下拉选项的值，如图 S7-10a 所示，图中 Ta 变量设置三个列表项 "0.17" "0.017" 和 "0.0017"，将 Tb 变量设置三个列表项 "0.2" "0.02" 和 "0.002"。在对话框中输入的数据类型是字符型的。

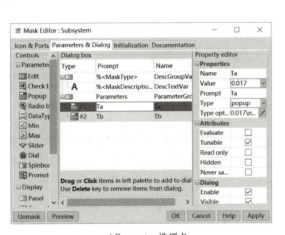
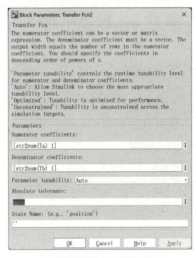

a) Parameters选项卡　　　　　　　　　b) 传递函数的参数设置对话框

图 S7-10　Parameters 选项卡和传递函数的参数设置对话框

但是，由于 Ta 变量必须是 double 型，因此需要将字符串转换为数值型。需要将未封装的子系统参数进行修改，打开 "Transfer Fcn2" 模块的参数设置对话框，修改分子分母参数，如图 S7-10b 所示，将 "Numerator coefficients" 设置为 str2num（Ta），将 "Denominator coefficients" 设置为 str2num（Tb），这样用户从下拉列表中选择时就将转换的数值送给子系统。

在图 S7-10a 中 Documentation 选项卡的 Mask type 栏中输入说明标题 "Correct parameters"，在 Description 栏输入说明：

```
Input numerator Ta
Input denominator Tb
```

封装完毕后单击 "Apply" 或 "OK" 按钮保存设置。

单击的 "Subsystem" 出现如图 S7-11a 所示的参数设置对话框, 上面的文字内容就是 Documentation 选项卡中设置的内容, 通过下拉列表中选择列表项作为分子系数和分母系数, 分别送给变量 Ta 和 Tb, Ta 和 Tb 都是字符串经过转换的数值。单击图 S7-9 中的 correction 模块上的向下箭头, 就可以打开子系统查看, 如图 S7-11b 所示。

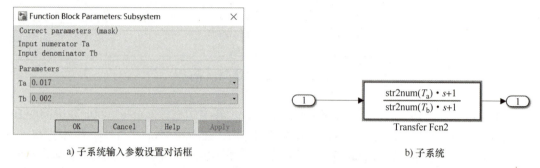

a) 子系统输入参数设置对话框 b) 子系统

图 S7-11 子系统输入参数设置对话框

7.2 实验 2 创建电路 Simulink 模型

👉 知识要点:

➢ 了解 Specialized Power Systems 模块库中的模块。
➢ 掌握电路模型的创建。

1. 创建模型

如图 S7-12 所示电路图中, R1 = 1Ω, R2 = 5Ω, R3 = 10Ω, R4 = 5Ω, R5 = 1Ω, 含有受控电压源、电压源和电流源, 其中受控源为电阻 R3 的端电压 U1 的 2 倍。电压源 V2 = 12V, 电流源 i1 = 2A, 计算电流 I1, I2, I3。

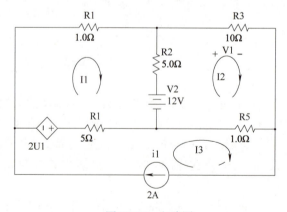

图 S7-12 电路图

创建该模型需要使用多个模块, 使用五个电阻、一个受控电压源、一个电压源和一个电流源来实现, 各模块的名称以及参数设置见表 S7-2, 其中 Elements、Electrical Sources 和 Measurements 子模块库都在 Simscape\Electrical\Specialized Power Systems 模块库中。

表 S7-2　各模块的名称以及参数设置

子 模 块 库	模　　块	模块名	参 数 名	参数值	备 注
Specialized Power Systems	powergui	powergui			
Systems/ Sources	DC Voltage Source	V2	amplitude（V）	12	电源电压
	Controlled Voltage Source	2U1	Source Type	DC	电源类型
	AC Current Source	i1	Peak amplitude（V）	2	电流
			phase	90	相角
			Frequency	0	频率
Specialized Power Systems /Passives	Series RLC branch	R1	Branch type	R	支路类型
			Resistance（Ohms）	1	电阻值
		R2	Branch type	R	支路类型
			Resistance（Ohms）	5	电阻值
		R3	Branch type	R	支路类型
			Resistance（Ohms）	10	电阻值
		R4	Branch type	R	支路类型
			Resistance（Ohms）	5	电阻值
		R5	Branch type	R	支路类型
			Resistance（Ohms）	1	电阻值
Specialized Power Systems/ Sensors and Measurement	Current Measurement	I1, I2			电流表
	Voltage Measurement	U1			电压表
Math Operations	Gain	Gain	Gain	2	比例器
Sinks	Display	D1, D2, D3			显示输出值

将各模块拖放到窗口中，并用信号线连接各模块，则电路的模型如图 S7-13 所示。

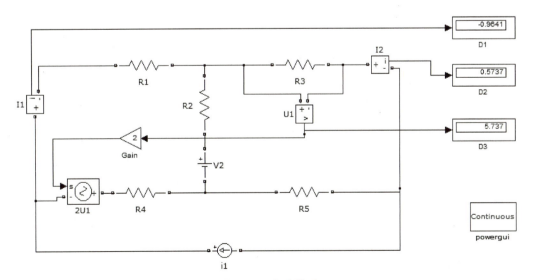

图 S7-13　电路模型

在图 S7-13 中，电流源 i1 是采用 AC Current Source 来实现的，将频率设置为 0，相角设置为 90°变成直流电源；受控电压源的信号是 U1 的 2 倍，因此将 R3 的端电压用电压表 U1 检测并通过比例放大器放大 2 倍送到受控源。

2. 仿真运行

打开菜单"Simulation"→"Configuration parameters..."对话框修改仿真参数，因为这个电路只有电阻没有过渡过程，因此没有连续状态，将"Solver:"栏的"ode45"改为"discrete"，将"Max step size:"栏的"auto"改为 0.2。

单击模型窗口工具栏的 ▶ 按钮，启动仿真。则仿真运行后，在三个 display 模块中就显示出 I1、I2 和 U1 的值，分别是 I1 = −0.9641，I2 = 0.5737，U1 = 5.737，如图 S7-13 所示。

7.3 创建自定义的函数

👉 知识要点：

➤ 掌握自定义函数模块的设计。
➤ 掌握 clock 模块的使用和信号运算的系统设计。

使用 MATLAB 自定义模块来创建用户自己的函数模块，利用（x,y,z）三维数据绘制三维曲线图，绘制的三维曲线的数据表达式为

$$
\begin{cases}
x = \sin(0.1t) . * \cos t \\
y = \sin(0.1t) . * \sin t \\
z = \cos(0.1t)
\end{cases}
$$

由于 Simulink 没有显示三维曲线的输出模块，因此使用 User-Defined Functions 库中的 MATLAB Function 模块创建一个自定义函数模块；并用 Sources 库中的 clock 模块作为输入时间 t，使用 Math Operations 库中的 Product 计算乘法，使用 Sine Wave Function 模块实现正弦和余弦信号，各模块的名称以及参数设置见表 S7-3。

表 S7-3　各模块的名称以及参数设置

子 模 块 库	模　　块	模 块 名	参 　数 　名	参数值	备注
Sources	Clock	Clock	Decimation	1	时间 t
Math Operations	Sine Wave Function	Sin（0.1t）	Frequency	0.1	
		cost	Phase	Pi/2	
		Sin（0.1t）1	Frequency	0.1	
		cos（0.1t）	Frequency	0.1	
			Phase	Pi/2	

创建的模型框图如图 S7-14a 所示，单击 MATLAB Function 模块打开 M 函数编辑器窗口，输入以下函数程序：

```
function plot3Scope(u)
    %绘制三维曲线图
```

```
persistent plotS;                              %定义持久变量
persistent len;                                %定义持久变量
if isempty(len)
    len=1;
else
    len=len+1;
end
if isempty(plotS)
    plotS=zeros(3,10000);                      %初始化大的变量空间
end
plotS(:,len)=u;
h=plot3(plotS(1,:),plotS(2,:),plotS(3,:));     %绘制三维曲线图
axis([-1,1,-1,1,-1,1]);
```

运行仿真，则出现图形窗口如图 S7-14b 所示，绘制（x，y，z）的三维曲线图。

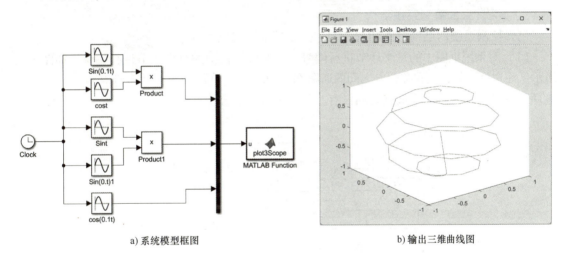

a) 系统模型框图　　　　　　　　　　　　　　　b) 输出三维曲线图

图 S7-14　系统模型和输出显示

7.4　自我练习

1. 使用 Simulink 命令来运行实验 1 中的未较正系统。
2. 将实验 2 中的各电阻模块参数使用变量进行修改，查看运行结果。

第8章 线性控制系统的分析实训

8.1 实验1 简化连接系统的数学模型

☞ 知识要点:

➢ 掌握系统结构框图的简化和连接方法。

➢ 能够将 Simulink 模型转换为数学模型。

1. 简化复杂的控制系统结构

已知控制系统的结构框图如图 S8-1 所示,化简的步骤如下:

(1) 对系统框图中的每个环节进行编号 对系统结构中的每个环节进行编号,如图 S8-1 所示。注意每个分离点和综合点之间的通路都必须算一个单位环节,两个综合点之间没有其他环节可以合并,两个分离点之间没有其他环节也可以合并。

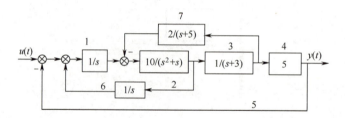

图 S8-1 控制系统的结构框图

(2) 建立无连接的状态空间模型

```
>> G1=tf(1,[1 0]);
>> G2=tf(10,[1 1 0]);
>> G3=tf(1,[1 3]);
>> G4=tf(5,1);
>> G5=tf(-1,1);
>> G6=tf(1,[1 0]);
>> G7=tf(-2,[1 5]);
>> Sys=append(G1,G2,G3,G4,G5,G6,G7)
Transfer function from input 1 to output...
     1
#1: -
     s

#2: 0

#3: 0

#4: 0
```

```
#5: 0
#6: 0
#7: 0
Transfer function from input 2 to output...
......
```

（3）写出系统的连接矩阵 **Q**

```
>> Q=[1 6 5;          %通路 1 的输入信号为通路 6 和通路 5
2 1 7;               %通路 2 的输入信号为通路 1 和通路 7
3 2 0;
4 3 0;
5 4 0;
6 2 0;
7 3 0;]
```

（4）列出对外的输入和输出端的编号

```
>> INPUTS=1;          %系统总输入由通路 1 输入
>> OUTPUTS=4;         %系统总输出由通路 4 输出
```

（5）生成组合后的系统的状态空间模型

```
>> G =connect(Sys,Q,INPUTS,OUTPUTS)
Transfer function:
        50 s^2 + 250 s + 2.082e-014
--------------------------------------------------
s^6 + 9 s^5 + 23 s^4 + 15 s^3 + 60 s^2 + 170 s-150
```

2. 使用 Simulink 创建模型并转换

使用 Simulink 创建系统模型，输入和输出模块分别使用"In1"和"Out1"，将模型保存为文件"' shiyan8_ 2_ 1. mdl"文件，模型结构图如图 S8-2 所示。

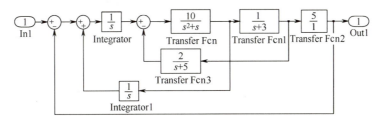

图 S8-2　Simulink 模型结构图

在命令窗口中输入命令将模型转换为传递函数的数学模型：

```
>>[num,den]=linmod(' shiyan8_2_1');
>> sys=tf(num,den)
Transfer function:
-3.553e-015 s^5 - 3.553e-014 s^4 + 2.842e-014 s^3 + 50 s^2 + 250 s + 6.821e-013
----------------------------------------------------------------------------------
        s^6 + 9 s^5 + 23 s^4 + 15 s^3 + 60 s^2 + 170 s - 150
```

✐ **练一练**：获取 sys 的分子和分母系数，将系数小于 0.001 的参数省略。

8.2 实验 2 对控制系统性能进行分析

👉 **知识要点**：

➤ 熟练掌握控制系统时域分析法并计算性能指标。

➤ 熟练掌握绘制系统的各种频域特性曲线，计算开环性能指标。

➤ 能够计算闭环性能指标。

➤ 熟练掌握绘制系统的根轨迹曲线。

➤ 掌握分析系统的稳定性和稳态误差。

1. 创建二阶系统的传递函数模型

已知二阶系统结构图如图 S8-3 所示，写出其传递函数。

使用 M 文件"shiyan8_3.m"创建传递函数：

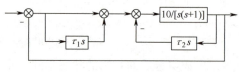

图 S8-3 二阶系统结构图

```
function G=shiyan8_3(t1,t2)
% shiyan8_3 计算传递函数
G11=parallel(1,tf([t1 0],1));
G12=feedback(tf(10,[1 1 0]),tf([t2 0],1));
G2=series(G11,G12);
G=feedback(G2,1);
其中 τ1=0、τ2=0.1 和 τ1=0.1、τ2=0 时分别计算其传递函数：
>> G1=shiyan8_3(0,0.1)

Transfer function:

       10
---------------------
s^2 + 2 s + 10
>> G2=shiyan8_3(0.1,0)
Transfer function:
     s + 10
---------------------
s^2 + 2 s + 10
```

2. 绘制时域响应并计算性能指标

（1）绘制系统的时域响应 绘制系统 G1 和 G2 的阶跃响应和脉冲响应，如图 S8-4 所示。

```
>> step(G1,G2)
>> figure(2)
>> impulse(G1,G2)
```

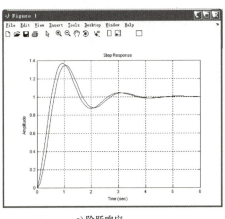
a) 阶跃响应

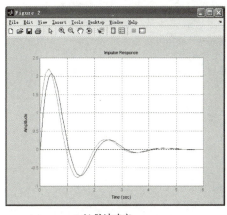
b) 脉冲响应

图 S8-4　阶跃响应和脉冲响应

根据 G1 和 G2 的传递函数可以得出，G2 = G1 * s/10 + G1，因此通过阶跃响应曲线来验证，曲线如图 S8-5 所示：

```
>> t=0:0.1:5;
>> y11=step(G1,t);
>> y12=impulse(G1,t);
>> [y12,t12]=impulse(G1);
>> y=y11+y12/10;             %阶跃响应+脉冲响应/10
>> plot(t11,y)
>> [y21,t21]=step(G2);
>> hold on
>> plot(t21,y21)
```

从图 S8-5 可以看出，G1 系统的阶跃响应+脉冲响应/10 与 G2 系统的阶跃响应曲线是重合的。

✎ 练一练：

1）绘制 G1 系统的斜坡和抛物线响应曲线。

2）绘制 G2 系统的正弦信号响应曲线。

（2）计算时域性能指标　计算 G1 系统的超调量 σ_p、上升时间 t_r、峰值时间 t_p 和过渡时间 t_s：

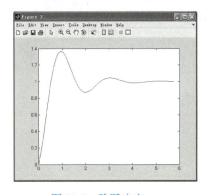

图 S8-5　阶跃响应

```
>> [w,z]=damp(G);
>> wn=w(1)
wn =
    3.1623
>> zeta=z(1)
zeta =
```

```
      0.3162
>> detap=exp(-pi*zeta/sqrt(1-zeta^2))*100          %计算超调量
detap =
     35.0920
>> tr=(pi-acos(zeta))/(wn*sqrt(1-zeta^2))           %计算上升时间
tr =
      0.6308
>> tp=pi/(wn*sqrt(1-zeta^2))                        %计算峰值时间
tp =
      1.0472
>> ts1=3/(zeta*wn)                                  %计算过渡时间
ts1 =
      3.0000
>> ts2=4/(zeta*wn)
ts2 =
      4.0000
```

3. 绘制频域特性曲线并计算性能指标

（1）绘制系统的 nyquist 曲线

```
>> nyquist（G1，G2）
```

nyquist 曲线如图 S8-6 所示。用鼠标单击图中曲线可以获取当前点的频率、实部和虚部。可以看出 nyquist 曲线没有包围（−1，j0）点，因此系统是稳定的。

✎ **练一练**：获取 w=20 时的频率特性的实部和虚部。

（2）绘制系统的 bode 图显示频率特性指标　绘制系统 G1 和 G2 的 bode 图，如图 S8-7 所示。

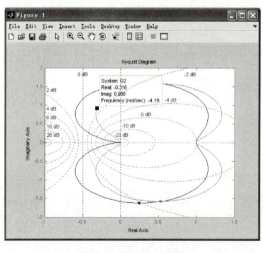

图 S8-6　nyquist 曲线

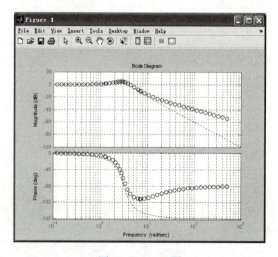

图 S8-7　bode 图

```
>> bode(G1,'r:',G2,'bo')
>> [Gm1,Pm1,Wcg1,Wcp1]=margin(G1)%获得性能指标
```

```
Gm1 =
    Inf
Pm1 =
    53.1445
Wcg1 =
    Inf
Wcp1 =
    3.9995
>> [Gm2,Pm2,Wcg2,Wcp2]=margin(G2)%获得性能指标
Gm2 =
    Inf
Pm2 =
    72.0800
Wcg2 =
    NaN
Wcp2 =
    4.1231
```

可以看出 G1 和 G2 的相角域度是 Pm1 和 Pm2 都大于 0，因此系统稳定。

✎ **练一练**：使用 margin 函数绘制 bode 图。

（3）绘制 nichols 图

```
>> nichols(G1,G2)
>> ngrid
```

绘制的 nichols 图如图 S8-8 所示。使用 ngrid 绘制等 M 圆和等 α 线。

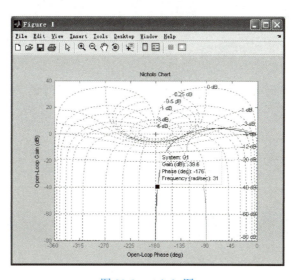

图 S8-8　nichols 图

4. 绘制根轨迹

当图 S8-3 中的 $\tau_1 = 0.1$、$\tau_2 = 0.1$ 时绘制根轨迹：

```
>> G3=shiyan8_3(0.1,0.1);
>> rlocus(G3)
>> sgrid
```

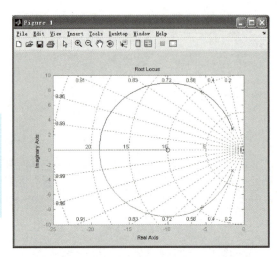

用鼠标在 G3 的根轨迹上获取等 ζ 线为 0.58 的点的增益和闭环极点：

```
>> [k,p]=rlocfind(G3)
k =
    8.1151
p =
  -5.5575 + 7.7630i
  -5.5575 - 7.7630i
```

根轨迹没有与虚轴的交点，因此 k 从 0 ~ ∞ 系统稳定。根轨迹图如图 S8-9 所示。

图 S8-9　根轨迹图

5. 计算稳态误差

计算系统 G3 的位置误差系数 k_p、速度误差系数 k_v 和加速度误差系数 k_a：

```
>> G3=shiyan8_3(0.1,0.1);
>> [num,den]=tfdata(G3);
>> num3=num{1}
num3 =
     0    1    10
>> den3=den{1}
den3 =
     1    3    10
>> Gs=poly2sym(num3)/poly2sym(den3);       %将多项式转换为符号表达式
>> Gs=subs(Gs,'x','s')
Gs =
((s)+10)/((s)^2+3* (s)+10)
>> kp3=limit(Gs,s,0,'right')
kp3 =1
>> kv3=limit(s*Gs,s,0,'right')
kv3 =
0
>> ka3=limit(s^2*Gs,s,0,'right')
ka3 =
0
```

346

8.3　实验 3　系统的超前校正环节设计

👉 知识要点：

➤ 掌握系统超前校正的设计方法和步骤。
➤ 掌握系统校正前后性能指标的分析对比。

使用超前校正环节来校正系统，已知系统的开环传递函数为 $G(s)=\dfrac{2}{s(1+0.25s)(1+0.1s)}$，要求校正后系统的速度误差系数小于 10，相角域度为 45°。

1. 超前校正的步骤

超前校正的步骤如下：

1）根据速度误差系数计算 k。

2）根据校正后系统相角域度 $\gamma'=45°$ 和未校正系统相角域度 γ，计算出 $\varphi_m=\gamma'-\gamma+\Delta$。

3）然后计算 $a=\dfrac{1+\sin\varphi_m}{1-\sin\varphi_m}$。

4）在未校正系统上测出幅值为 $-10\lg a$ 处的频率就是校正后系统的剪切频率 ω_m。

5）求出 $T=\dfrac{1}{\omega_m\sqrt{a}}$，最后得出校正装置的传递函数为 $aG_c(s)=\dfrac{1+aTs}{1+Ts}$。

2. 建立原系统数学模型

建立原系统的传递函数，并计算系统的频率特性指标。

```
>>num1=2;
>>den1=[conv([0.25 1],[0.1 1]),0];
>>G1=tf(num1,den1)
>>kc=10/2;pm=45;
>>[mag1,pha1,w1]=bode(G1*kc);
>>Mag1=20*log10(mag1);
>>[Gm1,Pm1,Wcg1,Wcp1]=margin(G1*kc);%计算未校正系统的相角域度
```

3. 设计超前校正装置模型

```
>>phi=(pm-Pm1+10)*pi/180;            %校正装置的相角域度加10度余量
>>alpha=(1+sin(phi))/(1-sin(phi));
>>lm=-10*log10(alpha);
>>wcg=spline(Mag1,w1,lm)              %插值运算得出穿越频率
wcg =
    7.1010
>>T=1/wcg/sqrt(alpha);
>>Tz=alpha*T;
>>Gc=tf([Tz 1],[T 1])                 %校正装置
Transfer function:
0.2499 s + 1
------------
0.07936 s + 1
>>G=Gc*G1                             %校正后系统
Transfer function:
            0.4998 s + 2
-----------------------------------------
0.001984 s^4 + 0.05278 s^3 + 0.4294 s^2 + s
>>bode(G,G1,Gc)                       %显示三个 bode 图
```

使用 spline 三次样条插值函数，在未校正系统的对数幅频特性曲线上，找出幅值为 $-10\lg a$ 对应的频率；校正装置及校正前后系统的 bode 图如图 S8-10 所示。

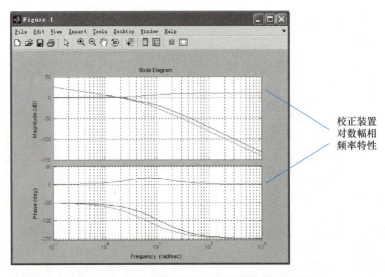

校正装置
对数幅相
频率特性

图 S8-10 校正装置及校正前后系统的 bode 图

在图 S8-10 中红色曲线为校正后曲线，超前校正使用超前角来增加相角域度，提高系统的稳定性。

8.4 自我练习

1. 创建一个控制系统的状态空间模型为 $\dot{x} = \begin{bmatrix} 0 & 1 & 0 & 0 \\ 0 & 0 & 1 & 0 \\ 0 & 0 & 0 & 1 \\ -50 & -48 & -28 & -9 \end{bmatrix} x + \begin{bmatrix} 0 \\ 0 \\ 0 \\ 1 \end{bmatrix} u' \ y = [10\ 2\ 0\ 0] x$。

2. 使用 rltool 命令打开根轨迹设计器窗口，查看系统 $G = k \dfrac{s^3 + 7s^2 + 24s + 24}{s^4 + 25s^3 + 35s^2 + 50s + 24}$ 根轨迹变化。

3. 用 Simulink 创建实验 3 的系统模型，使用 "Step" 模块为输入信号，显示并分析系统校正前后的性能。

附录

附录 A　程序的调试

在 MATLAB 的程序编制过程中，需要不断地调试来完善程序，因此使用高效的调试工具是非常重要的。

程序发生的错误主要有两种：语法错误和逻辑错误。语法错误是指违反了 MATLAB 的语法规则而发生的错误，如命令不正确、标点符号遗漏、分支结构或循环结构不完整、函数名拼写错误等，语法错误在 MATLAB 编译时就会被发现，并终止执行。逻辑错误一般是因为算法错误产生的，逻辑错误的调试需要借助 MATLAB 的调试工具。

MATLAB R2021a 提供了三种调试工具，包括直接检测、M 文件编辑/调试器窗口和专用调试命令。

A.1　直接检测

直接检测是随时检测程序运行过程中的变量，对于简单的程序可以使用这种方法调试。

1）对于需要检测的变量可以通过删除语句行末尾的分号，或在程序的适当位置加显示变量值的语句，将结果显示在命令窗口中。

2）在程序的适当位置添加 "keyboard" 语句，当程序运行至此句时会暂停运行，并在命令窗口显示 "k>>" 提示符，这时就可以在命令窗口查看和修改各变量的内容。

A.2　警告提示和出错提示

当程序运行时，会有警告提示和出错提示在命令窗口中出现，警告提示一般为橙色文字，出错提示为红色文字，警告提示时程序仍然能够运行，而出现出错提示时程序已经因出错中断了，因此应该学会根据警告和出错信息来查找原因并修改。

【例 A-1】　编写 M 文件，绘制阻尼系数在 [0,1] 的二阶系统响应曲线。

在 M 文件编辑/调试器窗口中创建脚本文件 "A_1.m"，程序窗口如图 A-1 所示。

在图 A-1a 中，可以看到程序边框的最右边，对应行有橙色的警告提示，当鼠标单击该橙色线时会出现如图 A-1b 所示的警告提示，说明应该在行末加 "；"。

如果将第四行中的点乘中的点去掉，则当在 M 文件编辑/调试器窗口中单击工具栏

"Run"按钮 ▷ 时，会在命令窗口中出现出错提示"Inner matrix dimensions must agree."表示在第四行矩阵尺寸必须匹配，因此就很容易找出错误并修改了。

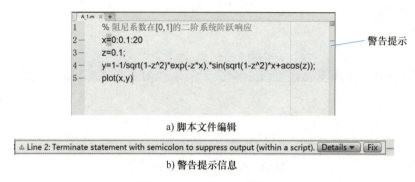

a) 脚本文件编辑

b) 警告提示信息

图 A-1　M 文件编辑器窗口

A.3　使用 M 文件调试器窗口调试

MATLAB R2021a 的 M 文件编辑/调试器窗口专门用来对 M 文件进行编辑和调试，图 A-2 为例 5-10 在 M 文件编辑/调试器窗口中的显示。在图 A-2 中用于调试的菜单主要是"EDITOR"面板的"Breakpoints"和"POBLISH"面板的"Section"按钮。

【例 A-2】　在 M 文件编辑/调试器窗口中将例 5-10 打开，绘制三种不同阻尼系数的二阶系统响应。

```
function y=ex5_10(zeta)
% EX5_10 二阶系统的阶跃响应
% zeta 阻尼系数
% y 阶跃响应
t=0:0.1:20;
if (zeta>=0)&(zeta<1)
    y=p1(zeta,t);
elseif zeta==1
    y=p2(zeta,t);
else
    y=p3(zeta,t);
end
plot(t,y)
title(['zeta='num2str(zeta)])

function y=p1(z,x)
% 阻尼系数在[0,1]的二阶系统阶跃响应
y=1-1/sqrt(1-z^2) * exp(-z * x) .* sin(sqrt(1-z^2) * x+acos(z));

function y=p2(z,x)
% 阻尼系数=1 的二阶系统阶跃响应
y=1-exp(-x) .* (1+x);

function y=p3(z,x)
```

```
% 阻尼系数>1 的二阶系统阶跃响应
sz=sqrt(z^2-1);
y=1-1/(2*sz)*(exp(-((z-sz)*x))./(z-sz)-exp(-((z+sz)*x))./(z+sz));
```

1. "EDITOR" 面板的 "Breakpoints" 按钮

当单击 "EDITOR" 面板的 "Breakpoints" 按钮的下拉箭头时，出现以下选项。

（1）Clear All　清除所有断点。

（2）Set/Clear（F12）　设置和清除光标所在行的断点，断点是在调试时需要暂停的语句，在图 A-2 中设置断点，则断点所在行前面有一个红点，设置或清除断点更简便的方法是直接在该行的前面用鼠标单击一下。

（3）Enable/Disable　使光标所在行的断点有效/无效。

（4）Set Condition　设置或修改光标所在行断点的条件，选择该菜单项就会出现如图 A-3 所示的对话框，则该行前面会出现黄点，例如，"zeta>1" 条件满足时设置该行为断点。

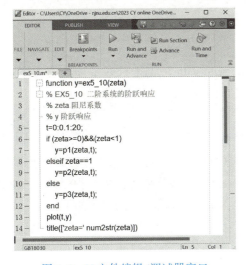

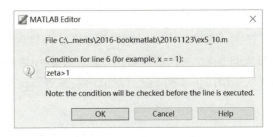

图 A-2　M 文件编辑/调试器窗口　　　　图 A-3　设置/修改断点条件

（5）Stop on Errors/Warnings…　设置出现错误或警告时是否停止运行。

2. "EDITOR" 面板中断时的工具栏

当设置断点后在命令窗口调用函数：

```
>> y=ex5_10(1)
```

则程序停止在断点处，窗口的工具栏如图 A-4 所示。

（1）Step 　单步运行，如果下一句是执行语句则单步执行下一句；如果本行是函数调用，则下一句不会进入被调函数中，而直接执行下一行语句。

在图 A-2 中可以看到当前执行的语句行前面有向右的绿箭头，当光标放在变量 "zeta" 上时可以看到变量的当前值。

（2）Step in 和 Step out　如果本行是函数调用，Step in 是单步运行进入被调函数。例如，打开例 A-2，当单步运行到 "y=p1（zeta,t）;" 行时，使用 "Step in" 菜单进入子函数 p1。

当使用"Step in"进入被调函数中后可使用"Step out"菜单项立即从函数中出来，退回到上一级调用函数去继续执行。

（3）Run to Cursor　继续运行程序到光标所在行。

（4）Continue　如果在中断状态，就从中断处的语句行运行到下一个断点或程序结束为止。

（5）Quit Debugging　退出调试模式并结束程序运行和调试过程。

3. "PUBLISH" 面板的 "Section" 按钮

"Section" 是和以前 MATLAB 调试窗口中的"Cell" 单元调试的同一概念，将程序分成一个个独立的程序区（Section），每个程序区用"%%"来分隔可以单独调试，使调试过程更加方便。

（1）插入程序区　在菜单和工具栏中都可以选择插入单元分隔符"%%"来创建程序区，或者单击按钮"Section" 🖼️来插入程序区。

（2）插入带标题的程序区　单击按钮"Section with Title" 🖼️来插入带标题的程序区共插入两行：

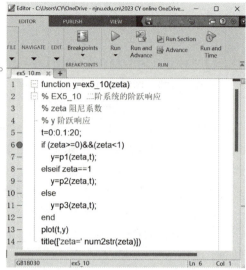

图 A-4　中断时的窗口

```
%% SECTION TITLE
% DESCRIPTIVE TEXT
```

在例 A-2 中插入带标题的程序区，并修改程序区标题和描述，使用程序区来单独调试。在 M 文件编辑/调试器窗口中创建三个程序区如下，为了能够单独运行每个程序区，在每个程序区里增加了 x 和 z 变量赋值语句，等调试完就可以删除该语句，则程序如下：

```
%% 0<zeta<1
% 阻尼系数在[0,1]的二阶系统阶跃响应
x=0:0.1:20;
z=0.5;
y=1-1/sqrt(1-z^2)*exp(-z*x).*sin(sqrt(1-z^2)*x+acos(z));

%% zeta=1
%阻尼系数=1的二阶系统阶跃响应
x=0:0.1:20;
z=1;
y=1-exp(-x).*(1+x);

%% zeta>1
%阻尼系数>1的二阶系统阶跃响应
x=0:0.1:20;
z=2;
sz=sqrt(z^2-1);
y=1-1/(2*sz)*(exp(-((z-sz)*x))./(z-sz)-exp(-((z+sz)*x))./(z+sz));
```

每个单元都用"%%"分隔，并创建了不同的标题，当光标移到某个单元时该单元为当前单元背景变为黄色，如图 A-5 所示。

（3）Evaluate Current Section　在光标所在的程序区中单击鼠标右键在菜单中选择"Evaluate Current Section"运行当前程序区并显示结果。

使用了程序区调试工具以后，M 函数文件的调试更加模块化，并实现了所见即所得的调试过程，非常高效。

MATLAB 还提供了专门的调试命令，在命令窗口中输入"help debug"就可以查看各种调试命令的简单描述。

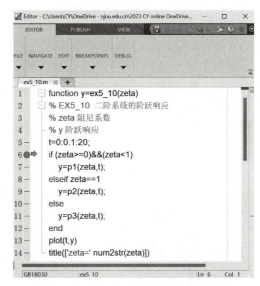

图 A-5　M 文件编辑器窗口的程序区调试

A.4　使用实时编辑器窗口调试

实时编辑器（LIVE EDITOR）是在 MATLAB 中创建实时文件时打开的，实时编辑器与 M 文件编辑器窗口相似的功能是可以编辑程序、设断点、运行调试；不同的是还可以在程序中增加 TEXT 帮助文本信息，也可以增加控件和任务，还可以更加方便地将程序分成单元（Section）来调试。

【例 A-3】　创建实时脚本文件，绘制著名的"玫瑰线"。

使用极坐标 polar 函数绘制玫瑰线，保存文件为"A_3.mlx"，单击工具栏"Run"按钮▶，运行程序窗口如图 A-6 所示。

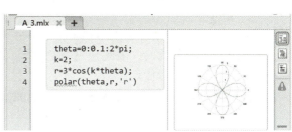

图 A-6　实时文件编辑器窗口

（1）添加帮助文本　将光标放在需要插入文本的行，在实时编辑器 LIVE EDITOR 面板中选择▤插入文本：

绘制玫瑰线
```
r＝3cos(k＊theta)
```

并可以对文本进行字体、格式、标题等修改。

（2）调试程序　在程序行的行号 1 上单击鼠标，设置断点，以便在运行时在该行暂停；在行号与程序之间的空白处单击"运行到此行"按钮，则程序运行到该行暂停；使用单步运行按钮单步运行函数和脚本。

（3）添加控件来选择 k 的变化　将光标选中"k＝2"行中的"2"，在工具栏选择按钮"Control"，然后在下拉选项中选择"Numeric Slider"滚动条控件，则在程序中增加了滚动条，用鼠标右键单击滚动条，选择"Configure Control"，在出现的属性页面设置滚动条的最大值为 8，最小值为 0，步长为 1，图 A-7 所示为单击滚动条 k = 5 时的运行结果。

在程序中添加的控件可以是滚动条、下拉列表、复选框、文本框和按钮。

（4）生成函数 可以将脚本文件生成函数，将图 A-6 中的"k = 2"行删除，然后选择所有的代码行，单击工具栏的"Refactor"重构按钮，选择下拉选项

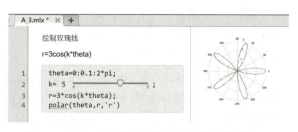

图 A-7 加文本和滚动条的实时文件编辑器窗口

"Convert to Function"将脚本转换为函数，保存为"A_3_1. mlx"文件，并将函数的输入参数改为 k，程序如下：

```
function A_3_1 ( k )
  theta=0: 0. 1: 2 * pi;
  r=3 * cos ( k * theta ) ;
  polar ( theta, r, 'r' )
end
```

而"A_3_1"文件则变成调用"A_3_1"函数的程序，将输入参数改为 5，就可以调用函数运行，"A_3. mlx"文件的程序如下：

```
A_3_1 ( 5 );
```

附录 B M 文件剖析

MATLAB 的 M 文件编辑/调试器窗口提供了对 M 文件调试的功能，但程序虽然通过，并不一定是运行效率最优的，因此在 M 文件编辑/调试器窗口还提供了专门的分析工具，可以对程序代码进行分析和优化。

【例 B-1】 将例 5-10 修改为主函数名为 fl2_1 并保存为 fl2_1. m 文件。

```
function y=fl2_1(zeta)
t=0:0.1:20;
if (zeta>=0)&(zeta<1)
    y=p1(zeta,t);
elseif zeta==1
    y=p2(zeta,t);
else
    y=p3(zeta,t);
end
plot(t,y)
title(['zeta=' num2str(zeta)])

function y=p1(z,x)
y=1-1/sqrt(1-z^2) * exp(-z * x).* sin(sqrt(1-z^2) * x+acos(z));

function y=p2(z,x)
y=1-exp(-x).* (1+x);
```

```
function y=p3(z,x)
sz=sqrt(z^2-1);
y=1-1/(2*sz)*(exp(-((z-sz)*x))./(z-sz)-exp(-((z+sz)*x))./(z+sz));
```

B.1　代码分析

M-Lint 工具可以分析用户 M 文件中的错误或性能问题，不一定分析的问题都必须消除，要具体问题具体对待。

单击 M 文件编辑器窗口的菜单"Tools"→"Code Analyzer"→"Show Code Analyzer Reporter"，如图 B-1 所示，可以显示分析后返回的 Profiler 分析报告，报告中包括被分析的 M 文件路径和多个分析结果，分析结果的格式是"行号：分析结果"。

图 B-1 中函数文件的分析结果是"3: Use && instead of & as the AND operator in（scalar）conditional statements."和"16: Input argument ' z ' might be unused, although a later one is used. Consider replacing it by ~."单击"3:"可以查看该行的问题，将"&"改为"&&"；单击"16:"将改行的"z"去掉，然后单击"Run Report on Current Directory"按钮就没有提示了。

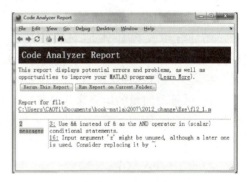

图 B-1　Code Analyzer 分析报告

B.2　Profiler 分析工具

Profiler 分析工具可以打开程序性能剖析窗口，对程序中命令的运行时间进行分析，从而找出运行的"瓶颈"。

打开程序性能剖析窗口的方法有两种：

1）使用 MATLAB 窗口的 HOME 面板中，单击在"Code"区中工具栏按钮 Run and Time。

2）在 M 文件编辑器窗口，单击工具栏的按钮 Run and Time。

将"Run this Code"文本框中内容输入为"y=fl2_1(0.5)"，单击窗口中的"Start Profiling"按钮开始剖析程序，出现如图 B-2a 所示的分析结果。

a）Profiler分析结果　　　　　　　　b）Profiler分析内容页面

图 B-2　Profiler 分析结果和分析内容页面

355

在图 B-2a 中以表格显示"剖析分析汇总表",从上到下按占用时间的多少排列;如果需要得出某个命令分析的详细内容,则可以单击表格第一列中的各命令名进入超链接。单击第一行的"fl2_1"的超链接,则出现图 B-2b 所示相应的内容页面,可以看到每行语句运行的时间、占有比例、未运行的语句等信息。

可以看到给函数文件运行的时间为 0.112s,plot 语句运行的时间占 86.2% 时间。

B.3　M 文件性能优化

MATLAB 语言是解释性语言,所以有时 MATLAB 程序的执行速度不是很理想。为了能够提高程序的运行效率,编程时应注意以下几个方面:

1. 使用循环时提高速度的措施

循环语句及循环体是 MATLAB 编程的瓶颈问题,MATLAB 与其他编程语言不同,MATLAB 的基本数据是向量和矩阵,所以编程时应尽量对向量和矩阵编程,而不要对矩阵的元素编程。改进这种状况有三种方法:

1)尽量用向量的运算来代替循环操作。

2)在必须使用多重循环的情况下,如果两个循环执行的次数不同,则建议在循环的外环执行循环次数少的,内环执行循环次数多的,也可以显著提高速度。

3)应用 Mex 技术。

如果耗时的循环不可避免,就应该考虑用其他语言,如 C 或 Fortran 语言,按照 Mex 技术要求的格式编写相应部分的程序,然后通过编译连接,形成在 MATLAB 可以直接调用的动态链接库(DLL)文件,这样就可以显著地加快运算速度。

2. 大型矩阵的预先定维

给大型矩阵动态地定维是个很费时间的事,由于 MATLAB 变量的使用之前不需要定义和指定维数,当变量新赋值的元素下标超出数组的维数时,MATLAB 就为该数组扩维一次,大大地降低了运行的效率。

建议在定义大矩阵时,首先用 MATLAB 的内在函数,如 zeros( ) 或 ones( ) 对其先进行定维,然后再进行赋值处理,这样会显著减少所需的时间。

3. 优先考虑内在函数

矩阵运算应该尽量采用 MATLAB 的内在函数,因为内在函数是由更底层的 C 语言构造的,其执行速度显然很快。

4. 采用高效的算法

在实际应用中,解决同样的数学问题经常有各种各样的算法。例如,求解定积分的数值解法在 MATLAB 中就提供了两个函数:quad 和 quad8,其中后一种算法在精度、速度上都明显高于前一种方法。因此,应寻求更高效的算法。

5. 尽量使用 M 函数文件代替 M 脚本文件

由于 M 脚本文件每次运行时,都必须把程序装入内存,然后逐句解释执行,十分费时。

例 题 索 引

参 考 文 献

［1］ 王正林，刘明 . 精通 MATLAB：升级版 ［M］. 北京：电子工业出版社，2011.

［2］ 张志涌 . 精通 MATLAB R2011a ［M］. 北京：北京航空航天大学出版社，2011.

［3］ 陈怀琛，吴大正，高西全 . MATLAB 及在电子信息课程中的应用 ［M］. 4 版 . 北京：电子工业出版社，2013.

［4］ 郑阿奇 . MATLAB 实用教程 ［M］. 4 版 . 北京：电子工业出版社，2016.

［5］ 曹弋 . MATLAB 在电类专业课程中的应用：教程及实训 ［M］. 北京：机械工业出版社，2016.

［6］ 孙忠潇 . Simulink 仿真及代码生成技术入门到精通 ［M］. 北京：北京航空航天大学出版社，2015.